国際環境法講義

Lectures on International Environmental Law, 2nd Edition

[第2版]

西井正弘・鶴田 順 [編]

NISHII Masahiro　　TSURUTA Jun

[著者]

西井正弘	鶴田 順
西村智朗	高村ゆかり
佐俣紀仁	児矢野マリ
久保田 泉	岡松暁子
堀口健夫	本田悠介
小坂田裕子	遠井朗子
瀬田 真	真田康弘
小林友彦	鳥谷部壌
柴田明穂	青木節子
石井由梨佳	権 南希
平野実晴	岡田 淳
南 諭子	萬歳寛之
掛江朋子	樋口恵佳
藤井麻衣	

有信堂

第 2 版　はしがき

　本年2022年は、ストックホルムでの国際連合による初の環境会議であった「国連人間環境会議」開催から50年目、1992年のリオデジャネイロ「国連環境開発会議」（地球サミット）から30年目にあたる。この間、国際環境法の発展は、著しいものがある。本書『国際環境法講義』の初版が出版されたのは、2020年4月のことである。幸いにも多くの大学で教科書として採用され、2021年2月には増刷がなされ、その際に読者からのご指摘や執筆者自身が気づいた誤植などは、訂正表や修正の形で改めてきた。この間にも、国際環境法に関係する事件は多発し、国際会議も多数開催されている。さらに重要なことは、内外で数多くの研究成果が発表され出版されていることである。

　このような状況のもとで、執筆者の協力のもと、各自が担当する章や、コラム、事件・判例を見直すとともに、新たに、【コラム】として3項目、海洋汚染に関連して、「ロンドン条約96年議定書の遵守手続」（岡松暁子氏）と「トリー・キャニオン号原油流出事故」（瀬田真氏）、生物多様性に関連して、「遺伝資源と先住民社会」（小坂田裕子氏）を追加した。また、【国際環境法　基本判例・事件】として3件、「ガブチコヴォ＝ナジマロシュ・プロジェクト計画事件」（平野実晴氏）、「モーリシャス燃料油流出事故」（樋口恵佳氏・藤井麻衣氏）、「2017年米州人権裁判所『環境と人権』勧告的意見」（鳥谷部壌氏）を収録しており、読者のさらなる研究のために〈参考文献〉もアップデートしている。

　この2年間で、大学教育に大きな影響を与えたものは、新型コロナによるリモート授業ではないかと思う。インターネットによるオンライン講義は、教室での対面授業とはいくつかの点で変化をもたらしたのではないかと考える。研究会や学会も、リモート開催になる場合が増え、研究面にも変化が生じているように思われる。授業に関しては、教員と受講生が一度も直接顔を合わせるこ

となく、画面を通してのやり取りを続け、期末試験でなく、「レポート」の提出とその採点で、「講義」が"完結"することも生じた。遠隔授業の良かった点としては、教科書を予め十分読み込んで授業に参加し、教員の【問い】に対し積極的に調べてレポートを書く受講生が増えたように感じられたことである。本書が、このような新たな状況に十分対応できるよう、今後も努力していきたいと思う。

出版状況の厳しい現代において、『国際環境法講義〔第2版〕』を出版できたのは、執筆者の協力はもとより、有信堂高文社の髙橋明義社長による原稿のとりまとめや丁寧な校正作業に多くを負っている。それのみならず、初版には付することができなかった「多数国間環境関連条約　年表・索引」などの作成にも多大のご努力をしていただいたことに対して心から感謝を申し上げたい。

「多数国間環境関連条約　年表・索引」の採録対象文書や記載内容・順序については、該当箇所の「凡例」を参照してください。

読者の皆さんからの反応が、執筆者に対する大きな刺激と励みを与えることになると思う。どうか忌憚ないご意見をお寄せいただければ幸いです。

2022年4月　共編著者を代表して

京都大学名誉教授　　西井　正弘

はしがき

　環境問題は、身近な問題から地球規模の問題まで多様であり、その実態も複雑で、対策も困難なことが多い。さらに、衝撃的な出来事が発生し、写真や映像で強烈な印象を与える事例も少なくない。学校教育においても「環境教育」は、初等・中等教育の場でも行われており、一定の「知識」や「情報」をもつ学生も多い。総合学習などで、主体的に取り組んできた人もいる。なかには、インターネットにより「検索」すれば、簡単に「答え」が見つかると考える人もいる。ただ、地球規模の環境問題に対する法的な理解を深めるためには、体系的な学習（学修）が、必要だと思われる。

　1972年のストックホルム国連人間環境会議から半世紀になろうとする現在、「国際環境法」という学問分野は、その存在を確かなものとしているといえよう。同分野の研究書や論文、教科書も多数刊行されている。優れた著作も少なくない。「国際環境法」科目は、大学院や学部で開講されており、学部レベルでいえば、法学部などの社会科学系学部や国際関係学部・教養学部などの学際的・文理融合型学部において、開講されている。それぞれの大学で、学修の目的や履修方法を提示するとともに、シラバスを充実させて個々の授業内容を明確化する努力が払われている。また、授業の形態も、講義形式のほか、セミナーや、アクティブ・ラーニング（能動的学修）としてのグループワークやディベートなどが取り入れられている。他方、「国際環境法」の授業は、「選択科目」だったり、2単位で開講されることも多い。「国際法（総論）」を履修していない学生も受講する場合がある。教える側には、授業の進め方に工夫が必要であろう。

　本書『国際環境法講義』は、まさに字義通り講義のための教科書として、共編者の鶴田順氏の主導的な役割のもとに企画されたものである。有信堂高文社

の高橋明義社長には、丁寧な本づくりを進めていただき心より感謝を申し上げたい。有信堂からは、水上千之・西井正弘・臼杵知史編『国際環境法』（2001年）と、西井正弘・臼杵知史編『テキスト国際環境法』（2011年）を、多くの研究者のご協力のもとに出版していただいた。増刷の度に、判型を維持しつつ内容の充実を図ってきたが、国際環境法、とりわけ地球環境条約は、その内容や規制対象など大きく変化を示している。そこで、これまでにも執筆いただいた方（青木節子、児矢野マリ、高村ゆかりの各氏）のほか、学界の中心・中堅・新進の研究者にも執筆いただき新しい書名で出版することになった。

　本書は、「国際環境法」の体系書を目指すものではなく、教科書として指定いただいた教員が、各自の講義計画のなかで、利用しやすいように、また受講生もさらにその内容を深めていけるようにいくつかの試みをしている。まず読みやすく、コンパクトに各章をまとめることを心がけ、各章末には、各執筆者が読者に薦める〈参考文献〉をコメントを付けて紹介し、【問い】を投げかけているが、【答え】は書かれていない。学生から「正解は何ですか？」と聞かれることも多いが、国際環境法において、簡単に「正解」は見出せないことを学ぶことも大事だと思う。さらに、QRコードによって、情報へのアクセスが便利になると思う。他方、読者にお断りしておかなければならない点がある。それは用語（訳語）の問題であり、たとえば "Development" をどのように訳すかを執筆者に委せたことである。"Environment"（環境）と密接な関係を有する用語を「開発」とするか「発展」とするか、その選択された理由も考えてほしい。

　本書は、第一部「総論」として、基本原則や、手続的義務、履行確保、環境条約の国内的実施などを取り上げ、第二部では、「各論―個別の環境問題への対応」としている。「国際環境法」の対象となる環境問題のすべてを過不足なく取り上げてはいない。新しく登場した環境問題や、変化の激しい分野について、【コラム】としてまとめていただいた。講義の導入として、あるいは、発展問題として利用できるのではないかと思う。また、【国際環境法　基本判例・事件】として巻末に付した事案は、事実・判旨・解説・参考文献を載せてあり、国際法（慣習国際法・条約）の一層の発展に果たした役割を読み解くことに役立つであろう。

　国際環境法の歴史は、永くはないが、その発展は著しい。その対象とする「（地球）環境問題」は複雑であり、またその法的対応も変化している。本書が、「国際環境法」の全体像の把握に迫るための教科書として多くの場でご利用いただければ、これに過ぎる喜びはない。お読みいただいた読者や教科書として採用していただいた先生方からの積極的なご批判をいただければと願っている。執筆者自身も、内容を更新するとともに、さらなるバージョンアップをめざして、努力していきたいと思う。

　2020年3月　共編著者を代表して

京都大学名誉教授　　西井　正弘

国際環境法講義〔第2版〕／目　次

はしがき

第一部　総　論

第一部

総　論

1章　国際環境法の形成と展開

西井　正弘

1.　はじめに

　「国際環境法」（International Environmental Law）と呼ばれる国際法の一分野が、今日存在することは広く認められている。本書では、環境の保護を目的とする法規範群[1]を「国際環境法」を構成するものと捉え、いかなる背景をもって形成されたかに留意しつつ、主要な国際環境条約に触れるとともに、いくつかの基本原則を概観し、また国際環境法の課題を明らかにしていきたい。

　国際環境法で扱う「環境」という用語の統一的な定義は存在しない。1972年の国連人間環境会議（United Nations Conference on the Human Environment: UNCHE）の「人間環境宣言」（ストックホルム宣言）では、人間環境とは、自然的側面と人工的側面をもつとされていた[2]。1992年の国連環境開発会議（United Nations Conference on Environment and Development: UNCED、通称：地球サミット〈Earth Summit〉）の「環境と開発に関するリオデジャネイロ宣言」（リオ宣言）では、この会議は「地球的規模の環境及び開発のシステムの一体性」を保護する国際的合意をめざす（前文）とされ、地球環境システム（global environmental system）における自然環境も、人間との関わりで問題とされる。環境損害や環境への悪影響をもたらすものは、人間の行為であって、地震、津波や火山の噴火などによる「自然災害」は原則として含まない[3]。広く「環境」を捉える1992年の気候

1）　国際環境法の法規範は，国際法規範を主とするが，国内法規範も国際環境法の「法形成」や「実施」について重要な役割と関連性を有する．

2）　人間環境宣言の前文1項．原則2項では，保護されるべき天然資源として，「空気，水，土地，動植物及びとりわけ自然の生態系の代表的なものを含む」とされている．

3）　自国内の自然災害やその他の緊急事態が他国の環境に有害な効果をもたらす場合には，当該国に通報することを，リオ宣言は求めている（原則18）．

変動枠組条約も、「気候変動の悪影響」について、「気候変動」に起因する「自然環境又は生物相の変化」であって、「自然の（生態系）及び管理された生態系の構成、回復力若しくは生産力、社会及び経済の機能又は人の健康及び福祉」に対し著しく有害な影響を及ぼすものであると定義し（1条1）、「気候変動」とは、「人間活動に直接又は間接に起因する気候の変化」であって、観測される気候の「自然な変動」に対して追加的に生じるものとする（1条2）。人間活動に起因する「有害な影響」を受ける「自然環境又は生物相」あるいは「生態系」が、同条約の対象とされている。1985年のオゾン層保護に関するウィーン条約の前文6項と1条1においても同様の規定がある。

　次節では、国際環境法は、その法領域がどのように形成されてきたかを検討していく。

2.　国際環境法の形成

　語義としての「環境」とは、人間を取り巻くものという意味であるが、自然環境のみならず、「景観」や「快適性」もまた、国際環境法の適用対象となりうる[4]。

　国際環境法は、どのように形成されてきたかをまず概観しておこう。国際環境法の発展過程を時期区分する試みも存在する[5]。発展過程を時期区分することに意義はあるが、研究者による各時期の理由づけや捉え方によって違いが生じることになる。以下では、便宜的に（1972年と1992年の国連環境会議を画期として）3区分するが、別の視点から異なる区分方法も十分可能である[6]ことを断っておきたい。

---

4)　松井芳郎『国際環境法の基本原則』（東信堂，2010年）6-8頁.

5)　臼杵知史「序章　国際環境法の形成と発展」西井正弘・臼杵知史編『テキスト国際環境法』（有信堂高文社，2011年）1-15頁．松井芳郎，前掲書，注（4），11-25頁.

6)　Philippe Sands and Jacqueline Peel, *Principles of International Environmental Law*, 3rd ed., 2012, p.22. サンズは，(1)19世紀の2国間漁業条約から，1945年の国連創設まで，(2)1972年のストックホルム会議まで，(3)ストックホルム会議から1992年のリオ会議まで，(4)リオ会議以降の4区分とする.

(1)　1972年のストックホルム国連人間環境会議以前

　20世紀の初め、農業に有用な鳥類の保護に関する条約（1902年）や、米英日露間のオットセイ保護に関する条約（1911年）をはじめ、商業的に価値のある生物種の過剰捕獲防止のための条約が締結された。最初の捕鯨取締条約は1931年にジュネーブで採択され、第二次大戦後の1946年国際捕鯨取締条約は、商業捕鯨の規制を通じて「鯨族の適当な保存を図って捕鯨産業の秩序ある発展を可能にする」ことを目的とした条約であった。これらの条約に共通にみられる考え方は、生物種あるいは生態系の保護の観点からではなく、人間による有用生物利用の利益を最大化しようとすることを目的としたものであった。1992年の生物多様性条約（⇒11章）においても、その考え方は、「生物資源の持続可能な利用」（前文5項）などに依然として存在しているが、20世紀前半においては、生物の多様性自体を保全すべきとの考え方は希薄であった。

　国境を接する隣国間で、汚染防止を規定した最初の条約として、米加間の境界水域条約（1909年）が存在する。また、1930年代に生じたカナダから米国への越境大気汚染に関しては、トレイル熔鉱所事件判決では、相隣関係の法理を用いて、後にストックホルム宣言原則21やリオ宣言原則2において、明文化される「領域使用の管理責任」の考え方が登場した。

　第二次大戦後、海洋汚染問題について、1950年代に船舶からの油の排出の規制を行う海水油濁防止条約（1954年）が採択され、国連専門機関の「政府間海事協議機関」（IMCO）の設立（1958年。1982年に「国際海事機関」〈IMO〉と改称）によって、公海上の船舶に対する船籍国（旗国）の権限と汚染の影響を受ける沿岸国の権限の調整が試みられたが、その成果は限定的であった。1958年の第一次国連海洋法会議で採択された公海条約では、海水油濁防止規則の作成（24条）や、放射性物質による汚染防止措置（25条）を、締約国に求めている。1967年に、リベリア船籍のタンカー、トリー・キャニオン号が、英仏海峡の公海上で座礁し、原油流出事故が発生し、英仏両国に甚大な被害を生じた（⇒コラム⑦）。この事件を契機として、「油による汚染を伴う事故の場合の公海上の措置に関する条約」（公海措置条約）と「油による汚染損害についての民事責任に関する条約」（油濁民事責任条約）が、1969年に採択された（⇒9章）。

　1960年代において、後の国際環境法に大きな影響を与えたものは、先進国に

おける公害問題であり、また、1962年に出版されたレイチェル・カーソン（Rachel Carson）の『沈黙の春』（*Silent Spring*）であった。ソ連をはじめとする社会主義国の公害問題は当時は隠ぺいされており、主として資本主義先進国の産業活動の増大に伴う公害の深刻さが注目されていた。他方、開発途上国においては、人口増加や、干ばつによる被害など、貧困や低開発がもたらす弊害が、主たる関心であった。北欧諸国では、西ヨーロッパからの越境大気汚染により、酸性雨が農作物や湖沼の漁業に悪影響を及ぼすようになった。酸性雨のように汚染源が特定できず、また汚染の累積的な結果としてもたらされる環境損害に対して、被害国に対して損害との因果関係の立証を求める、国際法の伝統的な考え方ではその対応は不十分であった。国際法は、私人行為による国家の国際責任については、過失責任主義の考え方を採用してきた。国家は、私人の加害行為を事前に「相当な注意」（due diligence）をもって防止する義務を負う。この相当な注意義務違反が、国家機関の過失を意味するとされた。しかし、前述のトレイル熔鉱所判決では、私企業よる煤煙発生に伴う損害を防止する注意義務をカナダが履行していたか否かでなく、危険の予測される企業活動に領域を使用させたこと、また結果として損害が発生したことを理由として、カナダ政府にその責任があるとしたものである。

　さらに、1960年代には、原子力の利用や宇宙活動に伴い、引き起こされる危険について「高度に危険な活動」（highly dangerous activity）として位置づけ、被害者に加害国の過失を立証させることは困難であるとして、条約で活動国に対し厳格責任を義務づける条約が採択された。

　原子力損害については、原子力施設や原子力船の運用管理者に責任を問うことのできる、1960年原子力分野の第三者責任に関するパリ条約（3条）や、1962年原子力船運用管理者責任条約（2条）が結ばれた。宇宙活動については、1967年の宇宙条約（6条、7条）で、宇宙活動が国家機関・私人いずれによってなされる場合にも国家は国際責任を負うとされ、地上にある他国・私人に与える損害について、賠償責任を負うとされた。1972年の宇宙損害責任条約（2条、4条）は、宇宙物体や宇宙物体の衝突で生じた、地上・飛行中の航空機に与えた損害について、無過失責任の適用が規定された。ただし、原子力の利用や宇宙活動について、核兵器や他の大量破壊兵器を地球周回軌道や天体に設

置することや宇宙空間に配置することが禁じられ、天体上における軍事基地や兵器実験、軍事演習の実施は禁止された（宇宙条約 4 条）が、それ以外の軍事目的の利用は、核兵器や原子力潜水艦、軍事偵察衛星などについて、これらの条約の対象外であった。

⑵　1972年ストックホルム会議から1992年リオ国連環境開発会議まで

　ストックホルム会議（1972年 6 月 5 日～16日）は、国連主催の最初の環境会議であり、1970年にモーリス・ストロング（Maurice Strong）が事務局長に就任し、実質的な準備期間は短かったけれども、「かけがえのない地球」（Only One Earth）の標語のもとに、東ドイツが招請されなかったことを理由として不参加であったソ連圏諸国を除き、中国を含む113カ国が参加した。しかし、環境と開発の関係について、会議での先進国と途上国の対立は、国家主権をめぐって容易には解消しなかった。

　ストックホルム会議は、法的拘束力を有さないソフト・ローである「人間環境宣言」（ストックホルム宣言）を生み出し、「人間環境のための行動計画」（Action Plan for the Human Environment）の採択や、環境を扱う国連機関として「国連環境計画」（UNEP）の創設をもたらし、国際環境法形成にとって重要な理念、取り組むべき課題や組織を生み出す役割を果たした。

　①　「人間環境宣言」（ストックホルム宣言）　　同宣言は、前述の「領域管理責任」の考え方を拡大し、自国領域内および自国の管理下の活動によって、他国領域のみならず公海を含む国家管轄権外の区域の環境にまで損害をもたらさないよう確保する責任があるとした（原則21）。また、前文 6 項では、歴史の転換点に到達したとの文言から始め、環境の質の向上に言及し、「現在及び将来の世代のために人間環境を保護し改善すること」が、人類にとっての至上の目標、すなわち平和および経済的、社会的発展とともに、またこれらの目標との協調のもとに追求されるべき目標とされた。現在の国際環境法において、基本原則と考えられている「世代間衡平」（⇒コラム①）や「持続可能な開発」（⇒ 2 章）の考え方が謳われている。

　②　「人間環境のための行動計画」　　109項目の勧告からなる行動計画は、1970年代に採択される環境条約についての具体的な勧告を含んでいた。条約の起草

作業はストックホルム会議以前からすでに行われていたが、次期ユネスコ (UNESCO) 総会において作成、採択を求められた「世界遺産条約」は、1972 年に採択された（行動計画勧告98・99）。また、1973年にワシントンの外交会議 で採択された「絶滅危惧動植物種の国際取引に関する条約」（CITES）につい ても、その採択を促されている（⇒12章）。

　③　**国連環境計画**　　国連環境計画（UNEP）は、1972年12月の国連総会決議 (2997/XXVII) でナイロビに設置された、管理理事会、事務局と環境基金など からなる国連総会の補助機関である。UNEP は、国際環境法の形成に関して、 まず「地域海プログラム」(the Regional Seas Programme)[7] として、1976年「地 中海汚染防止条約」をはじめ、地域海環境条約の準備、採択に貢献した。

　④　**国際環境法の形成**　　1973年の第四次中東戦争で、石油輸出国機構 (OPEC) 諸国が「石油戦略」を発動して引き起こされた第一次石油ショックと 1979年のイラン革命による第二次石油ショックによって、エネルギー危機と各 国の景気停滞、国際収支の悪化が生じた。とりわけ、開発途上国においては、 換金を目的とした一次産品価格の大幅低下、農民や労働者の生活苦から都市へ の流入、先進国からの開発援助の停滞など、途上国の経済状況は悪化し、借款 に一層頼らざるをえなくなった。他方、米国をはじめとする先進国において も、地球環境問題が主要な関心事ではなくなり、環境条約の採択も、海洋汚 染、大気汚染、オゾン層保護、有害廃棄物の越境移動など特定分野の条約の採 択など成果はみられるが、1980年代末の「冷戦の終焉」まで、地球環境問題 が、先進諸国の主要関心事となることはなかった。

　(a)　**環境と開発の関係**　　ストックホルム会議10周年にあたり、1982年 UNEP 管理理事会特別会合が開催され、「ナイロビ宣言」が採択され、長期的 な環境展望を行う特別委員会の設置を国連総会に勧告する決議が採択された。 国連総会決議により設置された「環境と開発に関する世界委員会」（ブルントラ ント委員会）の報告書（Report of the World Commission on Environment and Development)[8] が、1987年の国連総会決議で採択された。この報告書は、国連

7）　UNEP は，地域海として，地中海，アラビア湾，西・中央アフリカ海域，東アフリカ海域、 東南太平洋，アデン湾・紅海，カリブ海，南太平洋の環境保全に取り組み，条約や国際文書の 採択に貢献している．

総会から、2000年までに「持続可能な開発」を達成するための長期戦略を提示するよう要請された研究課題に対する回答でもあった。1980年代から環境と開発の関係について議論されてきた「持続可能な開発」概念[9]は、環境と開発の関係を捉えるうえで重要であり、多くの国連文書等において容認された。

　1992年のリオ宣言の原則27では、「持続可能な開発の分野における国際法の一層の発展」のため国と人民が協力することを謳い、「持続可能な開発（SD）」の分野に属する国際法の発展をめざしている。また、1997年の国連環境計画（UNEP）管理理事会が採択した「ナイロビ宣言」では、「持続可能な開発を目指す国際環境法」に言及されている。「持続可能な開発」が、国際環境法に含まれるか、その理念の達成をめざすものであることを示唆している。

　(b)　国連環境計画（UNEP）の果たした役割　　事務局長に、ムスタファ・トルバ（Mustafa K. Tolba）が就任した後、UNEP事務局は、1985年オゾン層保護に関するウィーン条約や1987年オゾン層破壊物質に関するモントリオール議定書（⇒8章）の起草や、1989年有害廃棄物の越境移動に関するバーゼル条約（⇒13章）の起草に重要な役割を果たすことになった。

(3)　1992年リオ会議以降

　1992年に、リオデジャネイロで開催された「国連環境開発会議」（UNCED）は「地球サミット」（Earth Summit）と呼ばれ、国際環境法の発展に画期をなすものであった。1989年に終わった冷戦後の世界において「環境」と「開発」がどのように位置づけられるべきかという点をめぐって、先進国、市場経済移行国（気候変動枠組条約の附属書Ⅰで、「市場経済への移行の過程にある国」とされた旧社会主義国）と開発途上国の間で、その負うべき責任と求める利益をめぐり対立は存在した。しかし、気候変動枠組条約で、気候系を保護すべきことが、「衡平の原則」と「共通だが差異ある責任」および各国の能力に従い、「人類の

---

8)　World Commission on Environment and Development, *Our Common Future*, Oxford University Press, 1987. 翻訳は，環境と開発に関する委員会『地球の未来を守るために』（福武書店，1987年）.

9)　「持続可能な開発」か「持続可能な発展」かという表記は，development（開発・発展）の捉え方の問題であり，本書では執筆者の判断に委ねている。「持続可能な開発」概念の成立については，西井正弘「『環境安全保障』における持続可能な開発」黒澤満編著『国際共生と広義の安全保障』（東信堂，2017年）152-157頁.

現在及び将来の世代」のためであることが明記された（3条1）ように、総論
としての方向性は一致できたといえよう。

　①　「環境開発宣言」（リオ宣言）　　「環境開発宣言」（リオ宣言）は、法的拘束
力を有しないソフト・ローであるが、環境と開発の関係について、「持続可能
な開発」という概念を、国連の公式文書で明確に規定し、この概念が、国際環
境法の基本原則として広く認められる端緒となった。また、宣言は、ほぼ網羅
的に主要な「原則」を列挙する。原則1は、持続可能な開発の中心に「人」を
置いている。原則2では、自国資源を開発する主権的権利と自国領域を使用さ
せる際の「領域管理責任」を明記した。原則4は、持続可能な開発達成のた
め、環境保護が開発過程の不可分の一部であるとした。原則5では貧困の撲滅
が、また原則6では、途上国の特別の状況およびニーズへの配慮が、原則7で
は、共通だが差異ある責任が規定される。その他、市民参加（原則10）や、国
内環境法令の制定（原則11）、賠償責任・補償に関する国内法の整備（原則13）
など、国内的措置にまで踏み込んでいる。環境と貿易（原則12）、有害物質の移
転防止（原則14）、汚染者負担（原則16）、予防的アプローチ（原則15）の採用の
ほか、国際環境法の手続的義務に関する、環境影響評価（原則17）、緊急時の通
報・援助（原則18）、事前通報・協議（原則19）の規定もある。さらに、持続可
能な開発を達成する役割をもつものとして、女性（原則20）、青年（原則21）、先
住人民（原則22）を取り上げている。そのほかに、抑圧下の人民の保護（原則
23）、武力紛争時の環境保護（原則24）などがあり、最後の原則27で、リオ宣言
に具現化された諸原則の実施および持続可能な開発分野において国際法の発展
に協力することを謳っている。

　②　「持続可能な開発のための行動計画」（アジェンダ21）　　地球サミットで、採
択された「行動計画」は、「アジェンダ21」と呼ばれ、全40章からなる膨大な
文書である。第38章では、国連環境計画（UNEP）について、国際環境法の発
展、その実施促進、諸機能の調整に専念すべきことが認められた（38.22(h)）。
また第39章では、国際法制度およびメカニズムと題され、国際環境法の見直し
と発展を目標とすること（39.2）、武力紛争時の環境破壊について国際法の取組
み（39.6）、実施メカニズム（39.8）、国際法の立法過程への開発途上国を含むす
べての国の参加（39.9）、紛争解決方法・メカニズムの拡大（39.10）など、今後

取り上げるべき内容と UNEP の任務が明確化された。

　③　国際環境法の展開　　1992年の国連環境開発会議では、上記のリオ宣言と「アジェンダ21」のほかに、国連気候変動枠組条約（UNFCCC）と生物多様性条約（CBD）の二つの条約が、コンセンサスで採択されたものの、会議参加国間に見解の相違が存在したため未解決の問題が残されていた。また、熱帯雨林の破壊からの保護をめざす森林条約の交渉は、熱帯雨林所在国からの強い反対を受け、「森林原則声明」（すべての種類の森林の管理、保存及び持続可能な開発に関する地球規模のコンセンサスのための法的拘束力のない有権的諸原則の声明）として、採択され決着した。

　次節以降で考察するように、このリオ宣言を出発点として、国際法の基本原則の検討や条約への取込みが進み、また地球環境条約の採択や進展が図られることになる。

3.　国際環境法の基本原則

　「国際環境法の原則」の存在、あるいはその適用可能性の問題は、2005年の「鉄のライン」鉄道事件仲裁判断（⇒**基本判例・事件④**）において、言及される。国際環境法においていかなる基本原則が存在するかについて、見解の一致はみられないが、たとえば、サンズ（Philippe Sands）は、①天然資源に対する主権的権利および他国領域・国家管轄権外の環境に損害を生じさせない責任、②防止の原則（principle of preventive action）、③協力（co-operation）の原則、④持続可能な開発の原則、⑤予防原則（precautionary principle）、⑥汚染者負担の原則（polluter pays principle）と⑦共通だが差異ある責任（common but differentiated responsibility）の原則をあげている。

　本章では、第一部において検討された原則のいくつかについて言及する。

(1)　持続可能な開発

　「持続可能な開発」（sustainable development: SD）が、1992年の地球サミットの中心的テーマとなり、リオ宣言の27の原則中、半数近くの原則（1、4、5、7、8、9、12、20、21、22、24、27）において SD という表現が用いられてい

る。その後、経済開発と環境保護を各国の経済政策のなかで両立させうるキーワードとして「持続可能な開発」(SD) が一定の役割を果たしてきた。また、2015年の「国連持続可能な開発サミット」(United Nations Sustainable Development Summit: UNSDS) において、開発途上国の開発に重点が置かれていた「ミレニアム開発目標」(MDGs) に代わり、2030年までに先進国を含む国際社会全体で達成すべき目標として、「持続可能な開発目標」(SDGs) を含む「持続可能な開発のための2030年アジェンダ」(2030 Agenda for Sustainable Development) を採択されたことをどのように評価するかが、国際環境法における SD 概念の位置づけにとって重要である (⇒2章)。

(2)　予防的アプローチ・予防原則

　予防的アプローチ (precautionary approach) や予防原則 (precautionary principle) の文言が、1980年代以降の環境条約や国際文書に登場する。両者の違いや適用される場合の条件などを明確にし、国際環境法において同概念を位置づけるためには、個別条約の分析と国際環境法の判例の分析が必要である (⇒3章)。

(3)　世代間衡平・共通だが差異ある責任

　「世代間の衡平」(inter-generational equity) の概念 (⇒コラム①) は、国際文書や環境条約のなかに認められる表現をまとめたものである。前者は、1972年のストックホルム宣言前文6項にある「現在及び将来の世代のために人間環境を保護し改善すること」は、人類にとっての至上の目標 (平和および経済的・社会的開発という確立した基本的目標) とともに、またこれらの目標との調和のもとに追求されるべき目標であるとの表現がある。その後、将来世代のニーズと現代世代のニーズを損ねないとした「持続可能な開発」概念を明確にしたブルントラント委員会報告書で、「世代間衡平」が明示され、さらに1992年のリオ宣言の原則3でも明記された。同時に、先進国と途上国の間で現に存在する富の不公平の是正をめざす「世代内衡平」(intra-generational equity) も主張されている。

　「共通だが差異ある責任」(common but differentiated responsibility: CBDR) の原

則（⇒コラム②）は、地球環境条約の交渉過程において、オゾン層破壊や気候変動（地球温暖化）の責任はもっぱら先進国にあると主張する開発途上国と、地球環境問題やその悪化に対しては、すべての国家が責任を分担しなければならないと主張する先進国の対立を収める表現として登場してきたものである。1992年のリオ宣言原則 7 や、同年の気候変動枠組条約 3 条 1 で、「共通に有しているが差異のある責任」という文言が明記された。2015年の国連首脳会議において採択された「持続可能な開発のための2030年アジェンダ」（総会決議70/ 1 ）は、2000年に国連総会で採択された「国連ミレニアム宣言」（総会決議55/ 2 ）における「ミレニアム開発目標」（MDGs）を引き継ぎ、「持続可能な開発目標」（SDGs）として、広範で普遍的な政策目標として、17の「持続可能な開発目標」と169の関連づけられたターゲットが掲げられている。とくに、「2030年アジェンダ」の宣言10では、新アジェンダが、国際法の尊重や世界人権宣言、国際人権諸条約、ミレニアム宣言、2005年サミット成果文書に基礎を置くことに言及しており、国際環境法のみならず国際人権法の発展にも影響を与えている。また、同宣言12において、1992年のリオ宣言のすべての原則に言及するとともに、その原則 7 「共通に有しているが差異ある責任」の原則の再確認を例示的にあげており、この原則が国際環境法の原則として、一般に受け入れられていることを示唆しているといえよう。

　「2030年アジェンダ」に掲げられた「持続可能な開発目標（SDGs）」は、2016年から2030年までの15年間に、「関連する国際規則や約束」と適合することを維持しつつ、各国の政策の余地を尊重する（宣言21）と明記されていることからも、法的な文書というよりも、「経済」「社会」「環境」の 3 側面を調和させることをめざす政策文書とみるべきであろう（前文）。

4.　国際環境法の特徴

　国際環境法も国際法の一領域であることから、その法的な性質は、基本的には同じと考えられる。条約は、国家間で締結され、合意した国家のみを拘束する（地域的な経済統合をめざす機関、たとえば以前の欧州共同体〈EC〉、現在の欧州連合〈EU〉もメンバーになりうる条約もある）。また、慣習国際法も、一貫した国家

実行とそれを法的義務とする認識（法的信念 *opinio juris*）の存在によって、形成されるとされている（国際司法裁判所規程38条(1)(b)）。国際環境法の特徴に触れつつ、その展開を概観する。

(1)　環境条約と慣習国際法

①　**環境条約の特徴**　　環境条約も、国際法の条約と同一の構造であることから、締約国（当事国）のみを拘束する法規範であって、条約の非当事国を拘束するものではない。また、条約から脱退すれば、規定に従って、条約上の義務を免れることになる。

　多くの国家を地球環境条約に参加させることが条約の目的達成のためには望ましいので、環境条約には次のような特徴がみられる。第一に、条約の起草やその履行監視において、NGO をはじめとする非国家主体が重要な役割を演じる場合が多い（国際人権条約など国際法の他領域でも同様の傾向はみられ、環境条約が先駆けではない）。第二に、科学的な知見が不十分で、見解が分かれる環境問題について、条約を起草する方法として、まず一般的義務と条約レジームを動かす組織を規定する「枠組条約」を採択し、その後定期的に開催される締約国会議において「議定書」や附属書を、新規作成または改定し、具体的な義務を明確化していく方式がとられる。第三に、環境条約への参加を促すため、締約国に対する財政・技術支援の約束（positive incentive）を与えたり、非締約国との貿易禁止など不利益（negative incentive）を規定する条約もある。第四に、条約・議定書の義務の遵守を促すため、締約国からの報告制度を設け、専門家からなる補助機関による審査と締約国会合での検討や、締約国の義務不履行に対して「不遵守手続」の制度が設けられることがある。第五に、条約の内容を変更するための手続として、条約改正手続のほか、一定の義務の履行を前倒しする「調整」という方法が用いられ、一定期間内に異議を唱えなかった場合には、新たな義務をすべての締約国は負わなければならない。このような環境条約の特徴をまとめると、それは「生きた条約」システムであるといえよう。

②　**慣習国際法の形成**

(a)　**慣習国際法**　　慣習国際法の成立とその時期の確認は、国際法一般においても、必ずしも自明のことではない。国際環境法においても「鉄のライン」

鉄道事件（⇒**基本判例・事件**④）において述べられているように、「環境法分野において、何が規則（rules）あるいは原則（principles）を構成するか、また何がソフト・ロー（soft law）か、いかなる環境条約の規則あるいは原則が慣習国際法の発展に貢献してきたかは、かなりの論争がある」とされ、特定の規則や実行が慣習国際法であるとの認定は容易ではない。

（b）　非拘束的文書の役割　　国際法一般においても、非拘束的文書の有する意義は次第に大きくなっているが、国際環境法において、国際組織や政府間の非拘束的文書・声明や、国際会議の宣言・文書（ストックホルム宣言、リオ宣言、アジェンダ21）なども、慣習国際法の発展に貢献している。

③　**国際環境法の展開**　　ストックホルム宣言原則21とリオ宣言原則２に述べられている、国家の「天然資源に対する主権的権利」と「越境環境損害を生じさせない責任」が、慣習国際法として今日確立しているか、検証する必要がある。前者については、1962年の「天然資源に対する恒久主権」決議（国連総会決議1803/XVII）当時は、慣習国際法とはいえなくとも、少なくとも今日その慣習法性は認められよう。後者の「領域管理責任」は、一連の判例を通じて、領域国が相当の注意を欠き他国に損害を与えた責任を負うとされる。それ以外にも両宣言で言及されている「原則」が、今後慣習法や条約上の義務として認められることはありうるが、国家実行や判例の積み重ねをみていく必要があろう。

(2)　手続的義務

国際環境法における手続的義務は、損害の発生防止や削減に直結するものではないが、間接的に寄与する措置を実施する義務と捉えられており（⇒4章）、その主要な手続的義務の実態を検証していく必要がある。

①　**事前通報・事前協議義務**　　環境に悪影響を生じるおそれのある活動については、その原因国が活動に着手する前に、影響を受けるおそれのある潜在的被害国に対して、事前通報を行う義務や、活動実施前に関係国間で事前協議を行うことを規定した条約が関係国間に存在しない場合でも、一般的義務として確立されているかを明らかにする必要がある。

②　**環境影響評価の実施義務**　　国内法でも多くの事業実施に先立って、環境影響評価を行うことが義務づけられているが、国際環境法上も「環境影響評

価」（Environmental Impact Assessment: EIA）を行う義務が、条約上どこまで義
務づけられているかをみる必要がある。

　③　**緊急事態の通報義務・協力義務**　　環境損害が発生しあるいは切迫した危
険が生じた場合に、原因国が潜在的被害国や関係国際機関に対して、迅速に通
報する義務が存在するかといった問題である。1986年のチェルノブイリ原子力
発電所で、国境を越える放射線被害をもたらした原子力事故が発生した際、ソ
連が早期に通報しなかったことで多大の被害を周辺諸国に生じさせたのか、通
報の遅れが国際法違反であったか否かが問題となった。同年9月26日、国際原
子力機関（IAEA）において、「原子力事故早期通報条約」が作成され（1986年
10月27日効力発生）、また「原子力事故援助条約」（1987年2月26日効力発生）も成
立した。後者は、原子力事故の際の援助要請と援助提供についての権限や手続
を定めている。

(3)　履行確保

　多数国間条約の規定を締約国にどのように実施させ、また条約義務の違反
（breach）や不履行（non-compliance）に対してどのような対応をとるかについて
は、いくつかの方法が存在する。伝統的な国際法のもとでは、一の当事国によ
る多数国間条約の重大な違反に対しては、条約法条約の規定（60条2）による
条約の全部または一部の運用を停止しまたは条約を終了させることができる。
また、紛争解決手続に従って、交渉による紛争解決あるいは第三者のあっせん
や仲介を求め、条約で定められた手続を受諾している場合には、調停や、仲裁
あるいは国際司法裁判所の利用が可能である。最後の紛争解決手続は、地球環
境条約においても規定しているものが多い。地球環境条約では、国際法の事後
的手続では、環境を保護するという目的に十分応えることができないとして、
その他いくつかの手続を発展させている。

　①　**国内的措置の報告制度**　　環境条約の実施は、それぞれの締約国に委ねら
れているので、その履行状況を条約事務局に定期的に報告させ、報告書を評価
し、条約目的の達成状況を把握する必要がある。そのため、専門家からなる補
助機関を設け、各国の国内的措置の実施状況を評価（assessment）するととも
に、条約全体の状況を判断する必要が生じている。

② **不遵守手続**   環境条約の違反に対して、事後的に救済を求めるよりは、事前に条約違反の発生を防止することが、条約目的の達成に資するとの考えのもとに、「予防措置」（preventive measures）をとることを求める条約もある。多くの条約（議定書）において設けられた遵守メカニズムは、締約国に課された義務（報告義務、分担金の支払い義務、規制対象物質の削減義務など）を怠った場合、「違反」（breach）としてではなく、義務の「不遵守」（non-compliance）として扱い、それを取り扱う組織として、「履行委員会」を設け、議定書の規定の尊重を基礎として事案の友好的解決を確保すること（モントリオール議定書不遵守手続8項）とし、またバーゼル条約の義務の実施・遵守を「促進」「監視」し、「確保」する任務（バーゼル条約遵守メカニズム）を与える。メカニズムの目的を「条約上の義務を遵守するために締約国を支援すること」としており、不遵守国に対する制裁（権利・特権のはく奪）というよりも、遵守を促す「援助」であったり、精々「警告の発出」にとどめ、「非対決的・促進的性格」のものとする規定が共通している[10]。

5. おわりに

国際環境法が取り扱う対象は、〈第二部 各論—個別の環境問題への対応〉の各章で考察されているように、その範囲も取り組む方式も多様でありまた時間の経過につれて変化している。それら環境条約に認められる共通性と独自性を発見するとともに、それらをもたらす理由を検討していく必要があろう。ただ、1972年ストックホルム宣言前文1項や1992年リオ宣言原則1が明示するように、多くの環境条約は「人間中心主義的」（anthropocentric）目的をもって形成されてきたことは忘れられてはならない。環境条約は、その多くが環境そのものというより、「人の健康や福祉」「生活の質」を守るべき保護法益としている。生態系を保護すべきとする1992年の生物多様性条約は、生物の生態系が有する「内在的価値」とともに、生態学上からレクリエーションや芸術上など多

---

10) 松井芳郎，前掲書，注(4)，320-321頁．京都議定書の遵守メカニズム（2005年）は，例外的に，議定書に基づく温暖化ガスの抑制・削減義務について，「手続及び制度の目的は、議定書に基づく義務を促進し，助長し，実施（強制 enforce）すること」とし，強制的な措置を強く打ち出している．

様な価値をあげる（前文1項）。また、生物の多様性が「進化」や「生命保持の機構の維持」のために重要であると述べ（同2項）、環境それ自体が有する「価値」にも目が向けられている。今後の環境条約や国際環境法の発展の方向を示唆しているのかもしれない。

〈参考文献〉

1. 松井芳郎　『国際環境法の基本原則』（東信堂、2010年）。
   国際環境法の主要な基本原則を国際法全体のなかに位置づけることを明確な目的として、深く考察した文献であり、研究書として読まれるべきものである。
2. Philip Shabecoff, *A New Name for Peace: International Environmentalism, Sustainable Development, and Democracy*, University Press of New England, 1996. フィリップ・シャベコフ（しみずめぐみ・さいとうけいじ訳）『地球サミット物語』（JCA 出版、2003年）。
   1992年のリオ国連環境開発会議（地球サミット）とその後までを対象とし、環境運動、東西関係・南北問題、政治・経済との関係、NGO、科学者、国連など利害関係者の動きをジャーナリストの眼で捉えたもの。
3. 西井正弘編『地球環境条約——生成・展開と国内実施』（有斐閣、2005年）。
   環境省の担当官や研究者が共同して、地球環境条約のほとんどについて、その成立から、内容、その後の展開まで考察するとともに、日本での国内実施にも言及した先駆的な文献である。
4. Alan Boyle & Catherine Redgwell, *Birnie, Boyle & Redgwell's International Law and the Environment*, 4th ed., Oxford University Press, 2021. P・バーニー／A・ボイル（池島大策・富岡仁・吉田脩訳）『国際環境法』（慶応義塾大学出版会、2007年）。
   原著は、1992年の初版以来、その広範な対象と詳細な検討によって教科書として各国で広く使用されており、本書4版はその最新版（2021年）である。原著3版（2007年）では全体構成を変更している。なお翻訳書は、2002年の2版を翻訳したものである。

【問い】

1. 国際環境法は、国際法の一領域なのか。両者に違いがあるとすれば、どのような特徴が存在しているといえるか。
2. 国際環境法において、条約と慣習国際法の占める重要性はどのように評価されるべきか。

2 章　持続可能な発展

西村　智朗

1.　「持続可能な発展」の形成

⑴　ストックホルム会議から『我ら共有の未来』

「持続可能な発展」（sustainable development）とは、国際環境法における基本原則の一つであり、多くの多数国間環境協定や重要な国際機関決議のなかで確認することができる基本理念である。第二次世界大戦後、先進国の高度経済成長とともに始まった環境問題は、過度なエネルギー使用や大量生産大量消費に対する批判を受けて、環境保全と経済成長のバランスをどのように保つかが議論され、そのなかで両者を調和させる必要性から誕生した概念である。

　持続可能な発展は、国連が設置した元ノルウェー首相 G.H. ブルントラントを委員長とする「環境と発展に関する世界委員会」により1987年に採択された報告書『我ら共有の未来』（*Our Common Future*）[1] のなかで提唱されたことにより、国際的な関心を集めた。ただし、「持続可能な発展」という言葉は、上記委員会がつくり出したものではない。同概念が提唱される前から、環境と発展を両立させる必要性は国際社会で認識されており、1972年に開催された国連人間環境会議（ストックホルム会議）では、発展と環境の調和やそのための合理的な計画の重要性を謳う人間環境宣言（ストックホルム宣言）[2] が採択された。また同会議を機に設立された国連環境計画（UNEP）も、ecodevelopment

---

1) Report of the World Commission on Environment and Development, "*Our Common Future*", A/42/427, Annex, 4 August 1987. 邦訳として環境と開発に関する世界委員会（大来佐武郎監修）『地球の未来を守るために』（福武書店，1987年）．ただし，本文中の日本語訳は同書のものではない．

2) Declaration of the United Nations Conference on the Human Environment, Stockholm, 16 June 1972, UN Doc. A/CONF48/14/Rev.1.

概念を提唱し、環境と発展の不可分性を強調していた。また、「持続可能な発展」という用語自身は、環境NGOである国際自然保護連合（IUCN）と世界保全基金（WWF）が、国連環境計画（UNEP）と共に作成した1980年の報告書『世界保全戦略』（*World Conservation Strategy*）[3] のなかですでに登場していた。同報告書は、人類生存のために、生物資源の保全が重要であるという観点から、持続可能な発展の達成を重要視した。そもそも、環境と発展に関する世界委員会を設置した国連総会は、委員会の任務として「西暦2000年までに持続可能な発展を達成し、これを継続させるための長期戦略を提示する」ことを要請していた[4]。このことからわかるように、「持続可能な発展」は、あらかじめ国連から要請された研究課題であったことに留意する必要がある。

　同報告書は、持続可能な発展を「将来の世代のニーズを満たす能力を損なうことなく現在の世代のニーズを満たすこと[5]」と定義した。この定義は、この後、国連の数多くの文書のなかで確認されており、国家、市民、研究者などから広い支持を得ている。

(2)　リオ会議

　1992年のリオ会議（国連環境発展会議）において、持続可能な発展は基本理念として認知されることとなった。同会議で採択された環境と発展に関するリオ宣言[6] は、原則1で「人は、持続可能な発展への関心の中心にある」ことを確認し、「持続可能な発展を達成するため、環境保護は発展過程の不可分の一部を構成する（原則4）」という前提に立ったうえで、貧困の撲滅（原則5）、共通に有しているが差異のある責任（原則7）、生産消費様式の改善（原則8）、科学的理解の改善（原則9）、環境と貿易の関係（原則12）、ステイクホルダーの役

---

3) International Union for Conservation of Nature and Natural Resources with the advice, co-operation and financial assistance of the United Nations Environment Programme (UNEP) and the World Wildlife Fund (WWF), *World Conservation Strategy: Living Resource Conservation for Sustainable Development*, 1980.

4) Process of preparation of the Environmental Perspective to the Year 2000 and Beyond, UN Doc. A/RES/38/161, 19 December 1983.

5) *Supra* note 1.

6) Rio Declaration on Environment and Development, Report on the United Nations Conference on Environment and Development, UN Doc. A/CONF.151/26 (Vol. I).

割（原則20、21および22）といった多くの課題に持続可能な発展概念を関連させるとともに予防アプローチ（原則15）、汚染者負担（原則16）、環境影響評価（原則17）などの重要な環境法原則を確認した。同時に、持続可能な発展のための行動計画として「アジェンダ21」が採択されたほか、持続可能な発展に関連する分野横断的な問題に取り組む機能委員会として、経済社会理事会のもとに持続可能な発展に関する委員会が設置された。

　その結果、1970年代のいわゆるストックホルム会議時代に採択された多数国間環境協定には明記されていなかった「持続可能な発展」概念は、リオ会議以降の協定では、ほぼ共通の規範として登場するようになる。たとえば、リオ会議を機に採択された気候変動条約[7]は、原則を定める3条で「締約国は、持続可能な開発を促進する権利および責務を有する（4項）」と規定する。生物多様性条約[8]は、その前文で「現在および将来の世代のため生物の多様性を保全しおよび持続可能であるように利用すること」を決意する。同様に砂漠化対処条約[9]も「砂漠化に対処する」ことを持続可能な開発のための土地の総合的な開発の一部を成すものを行うことと定義し（1条(b)）、条約の目的を砂漠化の影響を受ける地域における持続可能な開発の達成に寄与することと定める（2条1項）。

(3)　リオ会議後の動き

　その後、1997年の環境と発展に関する国連の特別総会を経て、2002年に持続可能な発展に関する世界サミットがリオ会議の10周年を記念して開催された。同会議は、人類発祥の地とされるアフリカ大陸の都市、南アフリカのヨハネスブルグで開催され、成果文書として、持続可能な発展に関するヨハネスブルク宣言（ヨハネスブルク政治宣言）と実施計画が採択された[10]。同宣言は、ストックホルム会議とリオ会議での合意事項を確認し、その後の成果を踏まえて、持

---

7)　正式名称は，気候変動に関する国際連合枠組条約.

8)　正式名称は，生物多様性に関する条約.

9)　正式名称は，深刻な干ばつまたは砂漠化に直面する国（とくにアフリカの国）において砂漠化に対処するための国際連合条約.

10)　Report of the World Summit on Sustainable Development, Johannesburg, South Africa, 26 August -4 September 2002, UN Doc. A/CONF.199/20.

続可能な発展のビジョンを尊重し、それを実施する世界を実現するための指針として、直面する課題とそのための約束、多数国間主義の確認と実施への決意を明記した。同宣言は、ストックホルム宣言やリオ宣言のように、これまでの国際社会が蓄積させてきた環境保護に関する国際法原則の確認や法の漸進的発達を促すようなものではなく、国連加盟国、国際機関、ステイクホルダーが共有する持続可能な発展の重要性の確認やその実現に向けた決意を示す政治的文書の色彩が強いが、それでもストックホルム、リオ両会議から継承する諸課題を解決するため、国際法と多数国間主義に基づいて行動することを確認している[11]。

　そして、2012年には、リオデジャネイロで再び持続可能な発展をテーマとする国連会議が開催された。リオ＋20と呼ばれる持続可能な発展に関する国連会議では、これまで環境保全活動や政策提言を実践してきた先進国に代わり、中国やホスト国のブラジルといった新興国が積極的に会議をリードするといった変化もみられた。同会議では、成果文書である『我々が望む未来』(*Future We Want*)[12] のなかで、「リオ会議後の20年間の持続可能な発展の実現が不十分であり、これまでの成果と残された問題の再評価と新たに出現しつつある課題への対処」を協調し、UNEP改革など既存の制度の修正や環境保護を経済活動に組み込むグリーン経済を共通の取組みとして認識することなどを確認した。

2.　持続可能な発展の内容

(1)　国際裁判判例

　このように持続可能な発展が国際社会で受け入れられるようになった背景には、ストックホルム会議で露呈した先進国と発展途上国の環境保全に対する認識の乖離や1980年代後半に登場した地球規模環境問題などがあげられる。

　前述したように、『我ら共有の未来』で表明された持続可能な発展の定義を再確認すると、そこには二つのキー概念が含まれていることがわかる。一つは

---

11)　UN Doc.A/CONF.199/20, para.10.
12)　The Future We Want, Resolution adopted by the General Assembly on 27 July 2012, UN Doc. A/RES/66/288.

「ニーズ」の概念であり、とくに貧困層に対する特別の配慮を重視する。もう一つは、「環境能力の限界」である[13]。他方で、国際法、とくに環境協定のなかで、持続可能な発展を定義したものは、ほとんど存在しない。ただし、国際裁判のなかには、持続可能な発展に言及した判決がいくつかみられる。

　1997年にスロバキア（提訴時はチェコスロバキア）とハンガリーの間でダニューブ川のダム建設について争われたガブチコヴォ・ナジマロシュ計画事件のなかで、国際司法裁判所（ICJ）は、人類の自然への介入による現在および将来世代の人類へのリスクの認識、1970年代から20年間の新しい規範の形成を踏まえて、「経済発展を環境保護と調和させる…ニーズが、持続可能な発展という概念に適切に表明されている[14]」と述べた。その後、オランダとベルギーの間で争われた鉄のライン鉄道事件において、仲裁裁判所は、2002年の判決のなかで、上記 ICJ 判決を引用しつつ、「環境法と発展に関する法は、二者択一としてではなく、相互に補強しあう統合的な概念として存在し、それは、発展が環境にとって重大な損害を引き起こす場合、当該損害を防止する、または少なくとも緩和する義務が存在することを要請している[15]」ことを確認したうえで、「この義務は、今や一般国際法の一つの原則となった[16]」との判断を示している。これらの判決からわかることは、紛争当事国間で、環境保護政策と経済開発政策が対立する場合、持続可能な発展が両者を調和させるために機能するということと、環境保護と経済発展は、決して対立する政策であってはならず、とくに経済開発が環境損害を引き起こすことがあってはならないという理念を内包しているとみることができる[17]。

---

13)　*Supra* note 1.

14)　Case concerning the Gabcikovo-Nagymaros Project, *ICJ Rep.*1997, para.140, p.78.

15)　Award in the Arbitration regarding the Iron Rhine ("Ijzeren Rijn") Railway between the Kingdom of Belgium and the Kingdom of the Netherlands, 27 *Reports of International Arbitral Awards*, para.59, pp.66-67.

16)　*Ibid.*

17)　Cairo Robb, Marie-Claire Cordonier Segger and Caroline Jo, "Sustainable Development Challenges in International Dispute Settlement", Marie-Claire Cordonier Segger and Judge C.G. Weeramantry ed., *Sustainable Development Principles in the Decisions of International Courts and Tribunals: 1992-2012*, Routledge, 2017, pp.147-171.

(2)　専門家報告書

　環境と発展に関する世界委員会の報告書『我ら共有の未来』には、同委員会のもとに設置された環境法専門家によって採択された環境保護と持続可能な発展に関する法原則提案[18] が附属している。同提案によれば、すべての人は、その健康と福祉のために十分な環境を享受する権利を有するとされており、持続可能な発展が人権としての環境権にも影響を与えることを示唆する。また世代間衡平、自然生態系の保全と持続可能な利用、発展途上国への支援などとともに、環境損害に対する無過失責任や環境影響評価、事前協議といった環境問題に対処する手続、環境問題に関する国家責任などを規定する。

　その後、特にリオ会議以降、持続可能な発展概念が国際環境法の原則として、どのような意味を持ちうるかについては、国際機関や研究者（学会）によって、熱心に議論されてきた。たとえば、前述の持続可能な発展委員会が1995年に作成した「持続可能な発展のための国際法原則」によれば、相互関連と統合、環境と発展、国際協力、参加、意思決定および透明性、そして紛争回避ならびに紛争解決手続、モニタリングおよび遵守の5項目で全部で15の原則または概念を確認する。また国際法協会（ILA）は、2002年に持続可能な発展に関連する国際法原則のニューデリー宣言を採択し、これをヨハネスブルク会議に提出した。同宣言には、天然資源の持続可能な利用、衡平および貧困撲滅、共通に有しているが差異のある責任、人間の健康、天然資源および生態系に対する予防アプローチ、グッドガバナンス、ならびに統合および相互関連性の七つの原則が掲げられている。

　二つの文書の内容や射程範囲は必ずしも同じではないが、持続可能な発展が、予防原則や共通に有しているが差異のある責任など、リオ会議以降の多数国間環境協定のなかに明記される国際環境法の基本原則の根拠として機能していること、世代間および世代内の衡平を強く意識していること、そして、様々な対象の相互関連性を確認し、それらを統合しようという認識を共有していることが共通点として確認できる。

　リオ会議後の重要な多数国間環境協定は、その目的や原則のなかに持続可能

---

18)　WCED Experts Group on Environmental Law, Summary of Proposed Legal Principles for Environmental Protection and Sustainable Development, *Our Common Future*, pp.300-310.

な発展概念をキー概念として挿入しているが、これらの協定は、一部の例外を除き、きわめて短期間に多数の締約国数を確保し、その普遍化に成功している。

(3) WTO と持続可能な発展

このようなリオ会議をはじめとする国連の動きは、冷戦構造崩壊後の自由貿易レジームにも重要な変化をもたらした。従来、環境保全を目的とした貿易規制措置は、それが恣意的もしくは不当な差別の手段または偽装した制限となる可能性が指摘され、国際貿易に関する基本的枠組を定めた貿易と関税に関する一般協定（GATT）においても、一般的例外措置（20条）に組み込まれなかった。しかしながら、リオ会議で貿易政策と環境政策が相互支援的であるということが確認される[19]に伴い、GATT を引き継ぐ形で1994年に採択された世界貿易機関（WTO）を設置するためのマラケシュ協定は、その前文に「環境を保護し及び保全し並びにそのための手段を拡充することに努めつつ、持続可能な開発の目的に従」うとの文言を新たに加えた。この効果は、WTO 紛争解決手続にも現れ、上級委員会は、エビ・カメ事件で GATT 時代の先例のマグロ・イルカ事件を修正し、一般的例外を規律する GATT 20条も環境の保護および保全に関する国際社会の現段階の関心に照らし合わせて解釈しなければならないと判断した[20]。

(4) 日本の国内法における持続可能な発展

日本の国内法では、1993年に施行された環境基本法のなかで、環境の保全が、環境に対する未然防止とともに、「健全で恵み豊かな環境を維持しつつ、環境への負荷の少ない健全な経済の発展を図りながら持続的に発展することができる社会が構築されること」を旨として、行われなければならない（4条）と規定する。

---

19) アジェンダ21第2章プログラムB貿易と環境の相互支援.

20) United States-Import Prohibition of Certain Shrimp and Shrimp Products, *Report of the Appellate Body*（hereafter cited as US Shrimp Case I-AB）, WT/DS58/AB/R, 12 October 1998, paras.129-130. なお、WTO と持続可能な発展の関係については，拙稿「WTO と持続可能な発展」『名古屋大学法政論集』245号（2012年）1-35頁.

3.　新たな動き

(1)　持続可能な発展の進化

　持続可能な発展は、その形成過程から明らかなように、経済発展と環境保全の調和を目的とする概念として誕生した。しかしながら、冷戦構造の崩壊やグローバリゼーションの進展に伴い、同概念は、より包括的な概念へと変容しつつある。ヨハネスブルク政治宣言によると、持続可能な発展は、環境と発展の二項対立の調和概念から環境、経済開発、社会開発の「三つの柱」（pillars）の統合概念として再構成されたことが確認できる。リオ会議後の1993年に世界人権会議が採択した「ウィーン宣言および行動計画」は、「発展の権利」が、現在および将来世代の発展および環境における必要性に公正に適合するように実現されるべきである（11項）ことを踏まえた上で、先住人民が経済的、社会的および文化的福祉ならびに持続的発展の成果を享受できることを再確認し（20項）さらに、法適用および訴追機関を含む司法の運営は、民主主義とともに持続可能な発展のプロセスにとっても不可欠であると断言した（27項）[21]。

　この現象は、環境問題はもちろんのこと、人口増加に伴う食料問題やエネルギー問題、貧困の撲滅、およびジェンダーや難民を含めた人権問題など、解決しなければならない課題が山積する21世紀において、国連を中心とする国際社会が、持続可能な発展を目指す枠組みのなかで、development の内容をより具体的に再定義したと理解することができる。

　このように、持続可能な発展は、環境保全と経済発展の調和概念から、人権を含む社会発展を包含する複合的な規範へとその内容を拡張させている。そのことは、持続可能な発展が、単なる環境保全の概念ではなく、国際社会が目指すべき共通の到達目標へと昇華されたことを示している。

(2)　持続可能な発展／開発目標（SDGs）

　持続可能な発展概念の進展について、最も大きな成果は、2015年の国連総会で採択された持続可能な開発／発展目標（SDGs）である。リオ＋20の成果文書

---

21)　Vienna Declaration and Programme of Action.

『我々が望む未来』は、次の国際社会のステップとして、より包括的な持続可能な発展の目標を設定するために政府間交渉を開始することに合意し、オープンな作業部会とその後の国連総会での検討を経て、2015年に『我々の未来を変革する』と題した総会決議「持続可能な発展のための2030年アジェンダ」[22] を採択し、後述する17の目標と169のターゲットからなる「持続可能な開発／発展目標（SDGs）」を掲げた。

　SDGs は、国連総会が2000年に採択した国連ミレニアム宣言[23] と1990年代に開催された主要な国際会議で採択された目標を統合するかたちで、2015年までの目標として策定した「ミレニアム開発／発展目標」（MDGs）を引き継ぐものとして位置づけられる。MDGs の目標は以下の八つから構成される。

①極度の貧困と飢餓の撲滅

②普遍的初等教育の達成

③ジェンダーの平等の推進および女性の地位向上

④幼児死亡率の削減

⑤妊産婦の健康の改善

⑥HIV／エイズ、マラリアそのほか疾病の蔓延の防止

⑦環境の持続可能性の確保

⑧発展のためのグローバル・パートナーシップの推進

　このうち、環境保全に関する目標⑦のターゲットは、以下の四つである。

７A　国の政策および計画のなかへの持続可能な発展原則の統合と環境資源の喪失の転換

７B　生物多様性の喪失の削減と喪失の割合における十分な削減の達成（2010年まで）

７C　安全な飲料水および基本的衛生に持続的にアクセスできない人口割合の半減（2015年まで）

７D　少なくとも１億人のスラム街住民の生活における著しい改善の達成

---

22)　Transforming Our World: The 2030 Agenda for Sustainable Development, UN Doc. A/RES/70/1.

23)　Resolution adopted by the General Assembly, UN Doc. A/RES/55/2.

（2020年まで）

　MDGs が、その名の通り、development に重点を置いた目標であり、ミレニアム宣言をはじめとする既存の国連文書を統合して作成されているのに対して、SDGs は、2012年のリオ＋20から 3 年間の検討と市民からのフィードバックを経て完成させたという点で対照的な評価が存在する[24]。

　SDGs の17の目標は以下の通りである。

目標 1　あらゆる場所・あらゆる形態の貧困の撲滅

目標 2　飢餓の終結、食料安全保障および栄養改善の実現と持続可能な農業の促進

目標 3　あらゆる年齢のすべての人々の健康的な生活の確保と福祉の促進

目標 4　すべての人々への包摂的で公正な質の高い教育の提供と生涯学習の機会の促進

目標 5　ジェンダー平等の達成とすべての女性および女児の能力強化

目標 6　すべての人々の水と衛生の利用可能性と持続可能な管理の確保

目標 7　すべての人々の安価で信頼できる持続可能な近代的エネルギーへのアクセスの確保

目標 8　包摂的で持続可能な経済成長およびすべての人々の完全かつ生産的な雇用と働きがいのある人間らしい雇用の促進

目標 9　強靭なインフラ構築、包摂的で持続可能な産業化の促進、およびイノベーションの推進

目標10　各国内および各国間の不平等の是正

目標11　包摂的で安全かつ強靭で持続可能な都市および人間居住の実現

目標12　持続可能な生産消費形態の確保

目標13　気候変動およびその影響を軽減するための緊急対策

目標14　持続可能な開発／発展のための海洋・海洋資源の保全と持続可能な形での利用

---

24)　蟹江憲史編著『持続可能な開発目標とは何か——2030年へ向けた変革のアジェンダ』（ミネルヴァ書房，2017年）．See also Pamela S Chasek, Lynn M. Wagner, Faye Leone, Ana-Maria Lebada and Nathalie Risse, "Getting to 2030: Negotiating the Post-2015 Sustainable Development Agenda", 25-1 *Review of European Community and International Environmental Law*, 2016, pp.5-14.

目標15　陸域生態系の保護、回復、持続可能な利用の推進、持続可能な森林の経営、砂漠化への対処、ならびに土地の劣化の阻止・回復および生物多様性の損失の阻止

目標16　持続可能な開発／発展のための平和で包摂的な社会の促進、すべての人々に対する司法へのアクセスの提供、あらゆるレベルにおける効果的で説明責任のある包摂的な制度の構築

目標17　持続可能な開発／発展のための実施手段の強化と、グローバル・パートナーシップの活性化

　SDGs を採択した国連総会決議は、主要な原則を掲げるパラグラフ10で「新アジェンダは、国際法の尊重を含め、国連憲章の目的と原則によって導かれる」として、具体的に「世界人権宣言、国際人権諸条約、ミレニアム宣言および2005年サミット成果文書」のほか、「発展の権利に関する宣言」などその他の合意に言及した上で、新アジェンダを実施するために、「（我々は）国際法に対するコミットメントを確認するとともに、新たな発展目標は、国際法のもとでの権利と義務に整合する形で実施する」ことを確認している[25]。
　したがって、SDGs 自身は、国際法上法的拘束力のない「ソフト・ロー」にすぎないものの、その内容は、環境保全のみならず、国際社会全体で取り組むべき普遍的課題の克服のために国際社会の法規範の枠組みで実現することが期待されている。加えて、SDGs が国連およびその加盟国のみならず、自治体、企業、市民団体といった非国家アクターからも高い関心を集めていることにも注目しなければならない。

〈参考文献〉
1．環境と開発に関する世界委員会（大来佐武郎監修）『地球の未来を守るために』（福武書店、1987年）。
　　持続可能な発展概念を世に送り出した国連報告書 Our Common Future の日本語訳。同概念がどのような社会背景を踏まえて提唱されたかがわかる。
2．淡路剛久他編『持続可能な発展（リーディングス環境・第5巻）』（有斐閣、2006年）。
　　持続可能な発展概念に関する論文や資料が精選されている。シリーズのその他

---

25)　Transforming Our World, *supra* note 22, para.18.

の4巻も、環境問題の全体像を理解するための良書である。

3．Transforming our world: the 2030 Agenda for Sustainable Development, A/
RES/70/1（『持続可能な発展のための2030年アジェンダ』）
　　SDGs を採択した国連総会決議。2015年からの15年間で国際社会が持続可能な
発展の達成に向けてめざすべき17のゴールと169のターゲットが確認できる。

【問い】

1．持続可能な発展概念が明記されている多数国間環境協定を探し、同概念の存
　　在意義について検討しよう。

2．持続可能な発展概念とその他の原則（たとえば共通に有しているが差異のあ
　　る責任原則や予防原則）との関係について考えてみよう。

3．SDGs の内容をその前身である MDGs と比較しよう。その上で、SDGs が国際
　　環境保全に与える影響を、主体（誰が実施するか）や効力（国際条約との関係）
　　といった観点から検討してみよう。

3章　予防原則・予防的アプローチ

高村　ゆかり

1.　国際法における予防原則とその展開

(1)　国際法における予防原則

　近年の人間活動の規模の拡大、技術の開発と革新は、私たちの生命や健康、私たちをとりまく環境に対するさまざまなリスクを生み出している。こうしたリスクは、環境が多数の構成要素とその複雑な相互作用により成り立っていることと相まって、物質や人間の行為が環境にもたらすと予想される結果がどの程度の蓋然性で発生するのか、現段階では十分な確実性をもってリスクを科学的に評価することが難しい場合も少なくない。国際的な環境問題への解決の法的枠組みを提供する国際環境法が直面しているのは、想定される結果が生じる蓋然性や想定される結果の科学的証拠に不確実さが存在するという事態であり、こうした科学的不確実性を伴う潜在的「リスク（危険性）」をいかに取り扱うかという問題である。

　こうした科学的不確実性に直面して登場したのが予防原則／予防的アプローチ（precautionary principle/ precautionary approach）である。1992年にブラジル・リオデジャネイロで開催された国連環境開発会議（地球サミット）で採択されたリオ宣言原則15は、「深刻な又は回復不可能な損害のおそれがある場合には、科学的な確実性が十分にないことをもって、環境の悪化を未然に防止するための費用対効果の高い措置を延期する理由としてはならない」とする。予防原則の定式化は文書によりさまざまだが、①損害や悪影響のおそれがあるが、②科学的確実性が十分にない場合でも、③環境悪化を未然に防止する措置をとる、というのがその共通要素である。すなわち、科学的不確実性を伴う潜在的リスクに対して、将来において当該リスクが顕在化し環境悪化が生じるのを防

止するために政策決定者（国際レベルでは国家）がとるべき行動を示す原則である。

　国際法上の一般原則として予防「原則」と呼びうるか、単なる「アプローチ」にとどまるかは国家間で争いがある。「予防原則」が用いられる場合には、潜在的リスクに対して環境悪化を未然に防止する強力な予防的対処を求める枠組みが想定され、他方で、「予防的アプローチ」が用いられる際には、国家により大きな裁量を与える枠組みが想定される傾向はあるが、「原則」か「アプローチ」かによってその法的効果は必ずしも厳密に区別されてこなかった。それゆえ、本章では、引用箇所を除き、特段の断りのない限り、先験的に、予防原則と予防的アプローチを区別しないで「予防原則」という用語を使用する。

⑵　予防原則の登場と国際的展開

　予防原則は、元来、規制権限を有する行政機関は、危険の可能性を予期し、できるかぎりそれを防止することで環境リスクを最小にすべきであるという1970年代の西ドイツの *Vorsorgeprinzip* の考え方に基づくものであったとされる。1980年代、西ドイツ政府は、世論の支持を基礎に、酸性雨や北海の汚染の問題などに対処する政策を正当化するためにこの原則を援用してきた。

　国際社会においても、環境問題の深刻化とこれまでのさまざまな経験を背景に、科学的に確実となってからでは環境への脅威に効果的に対応できない場合がありうるという認識が高まり、問題解決のために国家が国際的に共同行動をとる際に、科学的不確実性が伴う場合でも、予防原則を適用して未然防止措置をとることが合意されるようになった。1982年に国連総会で採択された世界自然憲章が、国際レベルで予防原則が最初に承認された文書であるといわれる。1985年のオゾン層保護条約は、その条文に予防原則の言及こそないものの、現実の損害について確固とした証拠が提示される前に未然防止措置の必要性を認めた最初の多数国間の国際条約と考えられている。

2.　実定法における予防原則の規定

(1)　環境条約における予防原則

　予防原則は、80年代末以降採択された多くの環境条約や国際文書に登場する。近年の環境条約における予防原則の言及は顕著であり、オゾン層保護、地球温暖化から海洋環境の保護までさまざまな分野の条約に共通してみられる。他方で、環境条約での定式化と実定法化の程度はさまざまである。

　第一に、予防原則の適用により誰が何を行うことが要請または許容されるかという原則適用の帰結が異なる。1992年の北東大西洋の海洋環境の保護に関する条約（OSPAR条約）のように、個別の締約国に対して、予防原則に基づく未然防止措置をとることを義務づける条約もあれば、残留性有機汚染物質に関するストックホルム条約のように、条約の機関に対して予防的アプローチに基づいて手続を進行し、決定を行うことを義務づける条約もみられる。他方で、バイオセイフティに関するカルタヘナ議定書のように、個別の締約国が予防的アプローチに基づく措置をとることを義務づけないが許容する場合もある。また、気候変動枠組条約3条3項のように、予見される損害または結果を回避するのにとられるべき措置の費用対効果性について言及するものもある。

　第二に、予防原則の適用条件の定式化にも違いがみられる。とりわけ、予防原則が発動されるために必要な①科学的に完全な証拠はないものの予見される損害または結果の程度、②予見可能性の程度についてである。①の予見される損害の程度について、気候変動枠組条約3条3項など予防原則を規定する条約の多くは、「深刻な又は回復不可能な損害のおそれがある場合」を、予防原則適用の条件とする。しかし、OSPAR条約など海洋環境保護に関する条約のいくつかは、人の健康への危険、生物資源と海洋生態系への損害、アメニティの損失、海洋のその他の正当な使用への干渉がありうると考える合理的な根拠がある場合に、予防原則に基づいて未然防止措置をとる、と定め、「深刻な又は回復不可能な」程度の損害が予見されることまでは要求していない。②の予見可能性の程度については、一般に、損害の「おそれ」の存在を要件とするものが多いが、一定の「合理的根拠（理由）」の存在を求める条約（OSPAR条約、ロ

ンドン条約1996年議定書など）がある。残留性有機汚染物質に関するストックホルム条約は、「地球規模の措置が正当化されるような重大な人の健康及び／又は環境への悪影響」のおそれがあると「委員会が決定」することを原則発動の要件としている。また、問題となる科学的不確実性がどこに存在する場合に予防原則が発動されるのかという点について、特定しない条約（気候変動枠組条約）や、原因行為と損害または影響の因果関係の不確実性を問題とする条約（越境水路及び国際湖水の保護並びに利用に関する条約、OSPAR条約など）が多いが、損害の程度やリスクの水準（カルタヘナ議定書）、損害を受けるおそれのある資源の条件（国連公海漁業実施協定）の不確実性を問題とする条約もある。

(2) 裁判所における予防原則の援用と適用

90年代半ば以降、国際裁判においても予防原則が紛争当事国により援用され、その解釈や適用が国家間で争われる事件が増えている。一般的に、国際裁判所に持ち込まれる国家間紛争の数はきわめて限られているなかで、環境に関連する紛争のほぼすべてで予防原則が援用されているのは注目すべきであろう。なお、保健・衛生分野でも、予防原則が援用され、その解釈や適用が国家間で争われる事件がある。世界貿易機関（WTO）の紛争処理機関でも、EUによる成長促進目的でホルモン剤を使用した牛肉の輸入禁止措置が衛生植物検疫措置の適用に関する協定（SPS協定）に違反するとして、米国とカナダが提訴した成長ホルモン事件などで予防原則が争点となった。

3. 予防原則をめぐる論点

(1) 予防原則は慣習国際法の規則か

予防原則をめぐる争点の一つは、予防原則が、個別の条約を離れて、一般的に国家を拘束する慣習国際法の規則たる地位を有するかという点である。問題領域ごとに、予防原則を適用した具体的な措置が個別の条約で規定され、予防原則に基づく国家の行動規範が領域ごとに明確になりつつある。他方で、予防原則が慣習法の規則として認定されれば、条約が規律しない分野において、また、これらの条約に参加しない非締約国との関係でも予防原則を援用しうる。

これまで国際裁判で予防原則が援用された事件において援用されたのは、特定の条約の規定ではなく、慣習国際法の原則としての予防原則であった。

　国家実行をみると、予防原則の慣習法性に関する国家の立場は一様ではない。EU は、EU 委員会の予防原則に関するコミュニケーション（2000年）においても、前述の成長ホルモン事件などで WTO の紛争解決機関においても、予防原則は慣習国際法上の規則であるとの見解を表明してきた。他方、米国は、自国が同意する条約の規定を離れて、予防原則を国家間関係に一般に適用される法原則と認めることに反対し、むしろ「原則」ではなく「アプローチ」であると主張してきた。国家実行をみると、潜在的リスクに対してあまねく自動的に予防原則が適用されることが国家間の合意となっているとみるのは難しい。

　予防原則が慣習国際法たる地位を有するかについて学説の立場も分かれる。Sands や Cameron などは、その内容の理解が必ずしもすべて一致しておらず、曖昧な点があっても、予防原則は人間環境宣言原則21の定める越境環境損害防止義務に付随するものであり、条約や国家実行などに照らして、予防原則が慣習法上の規則であることはすでに幅広い支持を得ているとする（慣習法説）。それに対し、予防原則を一般的目標や政策として考えることはできても、その解釈は多様であり、その適用の効果はこれまでになく影響多大であり、一般国際法の原則と考えることに慎重な見解も強い（消極説）。

　学説の対立点の一つは、予防原則の一般性と多様性に対する評価にある。こうした予防原則の特質は、予防原則をはじめとする国際環境法の「原則」に期待される機能との関係で不可避的に伴うものである。社会、経済といった多数の要因が複雑に関連し、また、科学的不確実性を伴っているために、しばしば問題の解決に向けて国家間で迅速な合意形成を行うことが難しいことから、こうした国際環境法の「原則」には、第一に、まずは一般的な文言で「原則」を定式化することで、徐々に国家間の合意の水準を上げていく役割が期待されている。第二に、科学的不確実性の存在とも関連し、当該問題についての科学的知見や社会、経済、技術などの状況が時間とともに変化し、合意した「規則」の妥当性が変化する可能性があるため、「原則」は、こうした変化に対応するだけの一般性と柔軟性を必要とし、同時に、こうした変化のなかでも国際社会の行動の大筋の方向性を示し、予見可能性を高める役割を期待されている。

「原則」が登場してきたこうした要請に照らせば、原則が一般的で、柔軟性（その裏返しとしての曖昧さ）を有するからこそ、その要請に応える機能を果たすことができ、それゆえに「原則」としての存在意義がある。こうしてみると、予防原則がその内容に一定程度の一般性、柔軟性を伴うことは不可避である。

　さらに、原則のなかでもとくに予防原則は、不確実性ゆえに決定や主張の根拠を科学が提供し得ない状況において、それに代わって、あるいは、それを踏まえて、政策決定者の決定や主張の正統性を新たに提供する機能を果たすこととなる。この正統性は、一定の科学的、客観的事実ではなく、社会的に許容可能と思われるリスクの水準を決定する過程によって提供されるため、原則の発動条件や帰結など、その機能の発現は、問題となる事案や原則適用の局面によって異なり、その発動条件や適用の帰結などが異ならざるをえない。

　しかしながら、その規定ぶりに多様性があるといっても、それぞれの定式の中核的概念が相矛盾し、体系的に理解しえないというでたらめな多様性ではない。「十分な科学的証拠はない場合でも不確実性を伴うリスクに対して十分に注意して対処する」という予防原則を構成する基本要素は共有されており、そもそも異なる状況への柔軟な対応を存在意義とする原則が一見して多義的であることのみを理由に、予防原則の慣習法性を即断するのは適切ではないだろう。

　現時点で予防原則の慣習法性を認めえないにしても、多様な定式に共通する予防原則の中核的概念は、国際社会における行動規範として確実に浸透しつつある。前述したように、多くの環境条約に予防原則を反映した規定が盛り込まれている。また、国際法委員会（ILC）で作業が行われ、2001年に国連総会に提出された「国際法で禁止されていない行為から生じる損害を発生させる結果に関する国際責任」に関する条文草案の注釈は、予防原則が慣習法上の原則であるかについて言及しないまま、リオ宣言原則15によれば、予防原則は「慎重に行動する一般的規則」（a...general rule of conduct of prudent）であるとした。

　国際裁判においても、1999年のみなみまぐろ事件暫定措置命令において、オーストラリアとニュージーランドが、予防原則は一般国際法の原則であり、不確実性に直面して意思決定における注意と警戒を要求すると主張したのに対して、国際海洋法裁判所は、「締約国は、ミナミマグロ資源に生じる重大な損

害を未然に防止するために実効的な保全措置がとられることを確保するよう慎慮をもって（with prudence and caution）行動すべき」であるとし、紛争当事国が示した科学的証拠を最終的に評価できないとしつつ、紛争当事国の権利保全とみなみまぐろ資源のさらなる悪化を防止する措置がとられるべきとした。判断が依拠する事実に科学的不確実性が存在する状況で国連海洋法条約を解釈するに際して、なぜ裁判所がそうした暫定措置を命令できるのかという理由づけは明確ではないが、予防原則の基本的な考え方を反映した解釈を行ったとも考えることができるだろう。こうした立場に立てば、予防原則は、潜在的リスクへの対処に際して既存の国際法規則の解釈と適用に指針を提供する機能を果たしているといえる。その後、MOX プラント事件やジョホール海峡埋立事件で、国際海洋法裁判所は、その判断に予防原則を援用せず、また原則の詳細について判断しなかったが、「慎慮」は、リスクに関する情報交換、リスクの評価、そしてリスクの対処方法の検討に協力することを紛争当事国に要求すると判じ、暫定措置の根拠の一つとしている。

　2011年の国際海洋法裁判所海底紛争裁判部による深海底における探査活動を行う個人および団体を保証する国家の責任および義務に関する勧告的意見は、機構が採択した規則のもとで、企業の深海底活動を保証する国家と機構は予防的取組方法を適用する義務がある一方、予防的アプローチは、保証する国家の相当の注意の一般的義務の不可欠の部分となっており、機構の規則を含め、一層多くの国際条約・国際文書などにも組み込まれ、予防的アプローチは、慣習国際法の一部となりつつあるとした。

　現時点で慣習法上の地位を獲得したと考えるのは難しいにしても、慣習法の成立要件の一つである「国家の一般的慣行」の要件を満たす方向で国家実行が着実に積み重ねられており、慣習法上の原則として結晶化の過程にあるともみることができるのではないか。

(2)　立証責任の転換を伴うか

　潜在的リスクから効果的に人間の健康や環境を保護するという観点からは、予防原則の適用が立証責任の転換という法的効果を伴うものかどうかは予防原則をめぐる最大の争点の一つである。一般的には、権利関係の発生・変更・消

減などの法律効果を主張する側がその要件が満たされていることを証明する義務を負う。伝統的国際法では、他国の環境または国家管轄権を越える地域の環境に損害を与えない限りにおいて、ある国の領域内での活動は禁止されていないので、当該活動が損害を生じさせていると主張する側がその因果関係を証明しなければならない。それゆえ、予防原則の適用による立証責任の転換とは、すなわち、潜在的リスクを生じさせる活動を行う者に対して環境への損害または悪影響が生じないことを立証する義務を負わせることをいう。核実験事件再審事件やMOX加工工場事件でも、紛争当事国の間で主張が対立した点である。

　一般に、活動を行う者が、大概においてリスクに関する情報を持っており、リスクに関して適切に判断を行うにあたって必要な情報を最も容易に提示できる立場にある。他方で、立証責任を転換した場合、不確実性が伴うなかでリスクがないということを証明することは容易ではない。ゼロリスクの証明を要求することにもなりかねず、社会的利益を生み出す活動であっても行うことができなくなるというおそれもある。

　現時点では、予防原則の規定が自動的かつ全面的な立証責任の転換をもたらすことについて国際社会の合意はない。1995年の核実験事件再検討事件では、ニュージーランドが、2001年のMOXプラント事件暫定措置命令では、アイルランドが、予防原則は一般国際法上の原則であるとしたうえで、環境に悪影響を生じさせうる活動を行う国がそのような悪影響のリスクが生じないことを証明する責任があるとして、予防原則を援用して立証責任の転換を主張したが、いずれの事件でも裁判所はこうした主張を認めなかった。予防原則を定める環境条約にも、立証責任の転換を定める明文の規定はみられないが、具体的な予防措置を制度化し、それによって立証責任を転換するという手法をとる条約がある。海洋投棄に関する1972年ロンドン条約の1996年議定書のように、環境影響がないと認められるものをあらかじめリストにし、それ以外のものを海洋投棄する場合には悪影響のリスクがないことを投棄者が証明することを求めるリバースリスト方式は、条約のもとで事実上立証責任の転換を図ったものといえる。同様のアプローチは、OSPAR条約やバルト海環境保護条約にもみられる。

(3)　予防原則と越境環境損害防止義務

　越境環境損害防止義務は、越境的文脈において、損害発生前にそれを事前に防止しなければならないという環境損害の未然防止原則（principle of prevention of environmental harm）を適用するもので、現在では一般国際法上の義務たる地位を占めている。この未然防止原則と予防原則が時折混同されることがある。発生する損害について科学的不確実性が存在しない場合には未然防止原則が適用されるのに対し、予防原則は、発生が予見される損害についての科学的不確実性の存在を前提に適用される。他方、予防原則に基づく措置は、損害を生じさせうる潜在的リスクへの対処を目的とし、本質的に未然防止の性格を有する。

　越境損害防止義務の体系化をめざす ILC の「国際法で禁止されていない行為から生じる損害を発生させる結果に関する国際責任」に関する条文草案は、その注釈のなかで予防原則について言及している。3条の注釈は、越境損害防止義務のもとで、原因国は、予見不可能な結果のリスクを負わないが、他方で、「損害防止または損害のリスクの最小化のための『あらゆる適切な措置』をとる義務は、かかるリスクを伴うとすでに適切に評価されている活動に限定されない。当該義務は、かかるリスクを伴う活動を確認する（identify）ための適切な措置をとることにも及」ぶとした。すなわち、こうしたリスクを生じさせるか科学的に十分な証拠がない活動についても、その活動がこうしたリスクを伴うものかを明らかにするための適切な措置をとることが越境損害防止義務の一部を構成するとしている。さらに、注釈は、越境損害防止義務が、「とりわけ、十分な科学的確実性がない場合であっても、深刻なまたは回復不可能な損害を回避または防止するために十分な注意を払って適切と思われる措置をとることを意味しうる」とし、このことは、リオ宣言原則15に規定されているとした。そして、リオ宣言原則15によれば、予防原則は「慎重に行動する一般的規則」であるとしたうえで、「国家は、科学的知見の進展に遅れないで継続的に未然防止義務を再検討する必要がある」ことを意味しているとした。

　条文草案にみられる ILC の立場は、予防原則に基づき、損害の発生に科学的不確実性が存在する一定の場合にも越境損害防止義務が適用されうるとの理解に立つものである。予防原則の慣習法性を論じることなく、しかし、潜在的

リスクへの対処という文脈において、リオ宣言原則15が示すような「予防」の
概念に照らして、潜在的リスクへの対処も包括した越境損害防止義務の体系化
を図っているといいうる。なお、条文草案は、越境損害防止義務のもとで防止
の対象となる損害の水準を「重大な」(significant) 損害であるとするのに対し
て、上記の注釈において、十分な科学的不確実性がない場合に損害の回避また
は防止のための措置をとる対象となる損害の水準は、「深刻なまたは回復不可
能な」(serious or irreversible) 損害であるとしている点には留意が必要である。
「『重大な』(significant) は『検出可能な』(detectable) をこえる水準であるが、
『深刻な』または『相当な』(substantial) の水準である必要はない」。科学的不
確実性がある場合に損害防止の措置がとられうるのは、科学的不確実性がない
場合に防止が求められる損害の水準よりも高い水準の損害が予見される場合で
ある。

　越境損害防止義務の履行において、活動を行う国を含む関係国は、協議を行
い、利益の衡平な均衡に基づいて解決を追求する義務を負う（条文草案 9 条 1
項、2 項）。その利益の均衡において考慮されるべき要因には、活動を行う国に
とっての活動の重要性、防止費用の支払の程度、同様な活動に適用される防止
基準などとともに、環境への損害のリスクと損害を防止し、リスクを最小限に
する手段の利用可能性も含まれている。注釈は、ここで考慮すべきとされてい
る要因である環境への損害のリスクに、潜在的リスクも含まれることを示唆し
ている。いかに諸要因を考慮するかは国家に委ねられているが、国家の決定に
際して考慮されるべきリスクの範囲が拡大されて、利益衡量において環境損害
のリスクにより大きな重きを置くことが可能となっている。

　2011年の国際海洋法裁判所海底紛争裁判部による深海底における探査活動を
行う個人および団体を保証する国家の責任および義務に関する勧告的意見も、
予防的アプローチは、保証する国家の相当の注意の一般的義務の不可欠の部分
となっているとしたうえで、相当の注意義務との関係で、科学的証拠は不十分
だが潜在的リスクの存在を示す理由がある場合にも相当の注意義務が適用さ
れ、保証国がこうした潜在的リスクを無視するならば「相当の注意」義務を履
行していないということになろうと判断した。

　条文草案では、活動の認可は、環境影響評価を含む、リスク評価に基づくこ

とを定めている（7条）。前述のように、潜在的リスクもまた越境損害防止義務の射程に含まれているが、環境影響評価を含む、リスク評価が行われて初めて、潜在的リスクの存在や態様も明らかになる。その意味で、環境影響評価を含むリスク評価を行う義務は、不確実性はあるが損害を発生させるおそれのある活動を「発見」する機能を果たし、国家がかかるリスクに対して慎重に、かつ、恒常的に注意を払うという予防原則の要請を具体化するものといえる。その観点から、環境影響評価は、「環境損害の未然防止原則と予防原則をつなぐ」手法ともいえる。

　越境損害を引き起こすリスクが不確実性を伴わない場合でも、関連する情報の提供や交換、潜在的被害国への通告や未然防止のためにとられるべき措置に関する協議を行うことが損害を引き起こすおそれのある活動を行う国に要求されるが、越境損害を生じさせる潜在的リスクについて、不確実性ゆえに、環境影響評価を含むリスク評価、情報交換、そのための協力といった手続は一層重要となる。このことは、MOX燃料加工工場事件で、国際海洋法裁判所が、アイルランドが請求した暫定措置を命じることを要請する状況の緊急性を認めなかったが、「アイルランドと英国が、MOX工場の操業のリスクまたは影響に関する情報の交換と、適当な場合それらの情報を取り扱う方法を定めるのに協力することを、慎重と警戒（prudence and caution）が要請している」と判断したことにも符合する。こうした手続的義務は、潜在的リスクを発見し、潜在的被害国の懸念を活動国が認識し、双方の国の利害をリスクの顕在化に先だって事前に調整し、そして、結果として国家間の紛争を回避することにも資するであろう。

　以上のように、越境損害防止の文脈においては、リオ宣言原則15が示すような「予防」の概念に照らして、潜在的リスクへの対処も包括した越境損害防止義務の体系化が進行している。潜在的リスクに対して予防的に措置をとることについては活動国に大きな裁量があるが、他方で、科学的知見の進展に照らして、越境損害のリスクとそれを生じさせるおそれのある活動に対して常に注意を払い、越境損害を生じさせうる潜在的リスクを「発見」し、リスクへの適切な「注意」を常に払う義務が越境損害防止義務の一部を構成することが承認されてきている。その意味で、この文脈で国家に要求される相当の注意（due diligence）義務の水準は従来よりも厳格なものとなろう。また、この文脈において、予防原則の慣習法性は論じられていないが、一般国際法上の義務である越境損害防止義務への予防の「統合」によって、その範囲で予防原則は一般的効果を有するものとなっているということができる。

⑷　予防措置と自由貿易レジームとの緊張関係

　予防原則が国際的にいかに国家の行動を規律するかという問題とともに、国が予防原則に基づいてとった措置が貿易を制限する効果があるとして、WTO協定上問題となる場合が想定される。国家が、環境保護目的で基準や一定の手続を設ける場合、これらの基準や手続が外国産品に国内産品よりも不利な待遇を与える結果になるとすれば、WTO協定との適合性が問題となる。

　科学的不確実性を伴うリスクについて加盟国が予防措置をとることができるのを明確に定めるSPS協定は、有害動植物、病気、病気を媒介する生物や、飲食物・飼料に含まれる添加物・汚染物質・毒素・病気を引き起こす生物により生ずる危険から加盟国の領域内において人または動植物の生命または健康を保護するのに関連するすべての法令、要件、手続などの措置を対象とする（附属書A　1条）。

　協定は、衛生植物検疫措置を、原則として十分な科学的証拠なしに維持しないことを確保しなければならない（2条2項）としたうえで、関連する科学的な証拠が不十分な場合に衛生植物検疫措置をとることができる条件を定める（5条7項）。まず、SPS協定5条7項に基づき以下の四つの要件をすべて満たさなければならない。すなわち、措置は、①リスクの客観的アセスメントを行うには「関連する科学的な証拠が不十分」な状況で、②「入手可能な適切な情報」に基づいて暫定的にとることができる。そして、措置をとる国は、③一層客観的なリスク・アセスメントのために必要な追加の情報を得るように努め、④適当な期間内に再検討を行う。これら四つの条件に加えて、暫定措置は、さらにSPS協定のその他の要件に適合することが求められる。措置が、⑤「適切な保護の水準を達成するために必要である以上に貿易制限的でないことを確保」（5条6項）し（均衡性の原則）、⑥人、動植物の生命または健康に対するリスク・アセスメントに基づかなければならならず（5条）、措置と危険性の評

価の間には客観的または合理的な関係がなければならない。また、⑦同様の条件のもとにある加盟国間で恣意的または不当な差別をしてはならない（無差別原則）（2条3項）。⑧附属書Bに従って、自国の措置の変更の通報と情報の提供を行わなければならない（7条）。

　加盟国は、上記の条件を満たせば、自国内の人、動植物の健康や安全に適切な、国際的基準よりも高い保護水準を自ら決定し、措置をとることができる。しかし、WTO上級委員会は、SPS協定の規定は、予防原則の要請を協定の枠組みに内在させており、予防原則は、締約国のWTO協定上の義務を免除せず、SPS協定5条1項、2項の規定に優越しないという立場をとる。これらの条件が人の健康や環境への潜在的リスクに対処しようと措置をとる国に対して厳しすぎないかとの懸念も強い。さらに、環境条約が定める予防的措置が、その非締約国からWTO適合性が争われる可能性がある。EUによるGMOの輸入禁止措置を米国、カナダ、アルゼンチンが争ったEUのバイテク産品事件はその例である。

　WTO協定は、その前文で、貿易の拡大などと並んで「環境の保全と持続可能な発展」がWTOの目的の一つに位置づけられ、環境保護に効果的な措置をとることができないのはWTO協定の目的にも合致しない。確実な科学的証拠を基本的前提として組み立てられ、各国の環境保護措置の撤回を強制できるほどの強力な紛争処理制度を有する自由貿易レジームが、科学的不確実性を伴うリスクへの対処としてとられる措置を不当に阻害しないか留意を要する。

4.　潜在的リスクの管理——予防原則の制度化と合意形成

　予防原則は、多くの環境条約で規定され、実施されているものの、条約の規定を離れて一般的に国家に義務づけを行う慣習法の原則たる地位を確立したとはまだいうことはできない。立証責任の転換といった効果を有するものとして原則が承認されるにもいたっていない。しかし、予防原則は、環境リスクが不確実性を伴う場合であっても、損害防止の観点から何らかの行動がとられるべきか、いかなる行動がとられるべきかを慎重に検討すべきことを国家に要請している。国家がとるべき行動について一義的な規則はないが、少なくともこう

した環境リスクに対する国家の注意義務の程度はより高いものが求められるようになったといえる。こうした不確実性を伴うリスクに対処する国際社会の一般的行動原則として予防原則の内容の明確化、精緻化を進め、諸国間の合意形成を進めていくことが今後必要である。他方で、問題によってリスクや不確実性の態様、国際社会が許容できるリスクの水準も異なるため、個別の問題ごとに潜在的リスクに対処する枠組み、国家の行動規範を構築する予防（原則）の「制度化」を進めていくことが有効であろう。

　不確実性を伴うリスクの管理という課題は、科学的証拠が十分でないが損害を生じさせるおそれのあるリスクを、私たちの社会が、短期的・長期的にどの程度甘受し、どのような措置により対応するのかを決定することを要請する。それゆえ、リスクが顕在化し損害を被るおそれがあり、他方で、リスク管理措置の費用を負担する市民が、そのリスクの内容と程度について十分に知らされたうえで、その意見が十分に反映されるような意思決定が確保されるよう、各国そして国際的に規則と制度が構築されることがより一層重要になっている。

〈参考文献〉
1．堀口健夫「国際環境法における予防原則の起源——北海（北東大西洋）汚染の国際規制の検討」『国際関係論研究』15号（2000年）29-58頁。
2．高村ゆかり「国際環境法における予防原則の動態と機能」『国際法外交雑誌』104巻3号（2005年）1-28頁。
3．植田和弘・大塚直監修、株式会社損害保険ジャパン・損保ジャパン環境財団編『環境リスク管理と予防原則——法学的・経済学的検討』（有斐閣、2010年）。
4．P. Harremoes et al. (eds.), *The Precautionary Principle in the 20th Century: Late Lessons from Early Warnings*, 2002.

【問い】
1．予防原則の法的地位（慣習国際法性）について論じなさい。
2．国際環境法上の越境環境損害防止義務と予防原則について説明し、相互の関係について論じなさい。

コラム①　世代間衡平

1　世代間衡平の概念

　国際環境法における世代間衡平（inter-generational equity）とは、地球の自然および文化的資源を、それぞれの世代がそれを受け継いだときよりも悪くない状態で次世代に引き継ぎ、また、その資源とそこから得られる恩恵に対する衡平なアクセスを次世代に提供する義務を負う、という考え方を意味する。つまり、現在生きるわれわれが、地球上の自然および文化的な資源を将来世代のために保全するというのが、世代間衡平の中核にある発想である。

2　背景

　国際環境法の学説において世代間衡平の理論が本格的に議論されるようになるのは1980年代に入ってからである。この背景には、第一に、国際社会において環境保護の必要性に対する認識が高まったことがある。加えて、第二に、地球上のさまざまな資源や質のよい環境を享受できる人々と、できない人々との間の不公平を是正する必要がある、という問題意識もあった。

(1)　環境に対する意識の高まり―世代間衡平と「持続可能な発展」概念との関係

　環境や資源を、今の世代から将来の世代へと「世代の間で」（inter-generational）引き継ぐ、という理念は、環境保護への意識の高まりとともに国際社会に広く浸透した。この理念を取り込んだ条約として、早いものでは、1940年代の国際捕鯨取締条約での「将来世代」のための資源捕獲量規制がある。また、1972年にストックホルムで開かれた国連人間環境会議では、各国政府に対して「現在及び将来の世代のために環境を守り、改善する」責務が課された。さらに、1987年のブルントラント報告書では、いわゆる「持続可能な発展」概念と世代間衡平とが明示的に関連づけられた。つまり、ブルントラント報告での「持続可能な発展」概念の定式化――「将来世代のニーズを充足する能力を損なうことなく、

現代の世代のニーズを満たしうる発展」――は、世代間衡平と「世代内衡平」（intra-generational equity：先進国と開発途上国の間の富の不均衡を是正するという意味での衡平）とを対置させつつ、両者を同時に実現することを目指すものであった。その後の1992年に採択された環境と開発に関するリオ宣言でも、第3、第5原則において世代間・世代内の衡平と、持続可能な発展の関連性が述べられている。

(2)　新国際経済秩序・人類の共同財産―途上国側からの問題提起

　他方で、環境保護への意識の高まりのみならず、新国際経済秩序（いわゆるNIEO）に代表されるような途上国側からの問題提起も、世代間衡平理論のルーツの一つとして重要である。深海底や月の資源開発を規律する新たな国際法秩序を構築する際に、途上国側は、これらの資源や領域が将来世代を含む人類全体に帰属する「人類の共同の財産」であると主張した。人類全体に帰属するものである以上、先進諸国がこれらを技術力に任せて自由に開発し、独占することは許されない。途上国と先進国という現代の世代内でも、これらの資源は衡平に配分されるべきであるし、さらに、将来の人類がこれらの利益を享受できるよう、現代世代で消費し尽くすことなく、将来に向けて保全する義務がある、という論理である。結果的に、月や深海底およびそれらの資源は「人類の共同の財産」であると月協定や国連海洋法条約で規定され、諸国家は、「人類の全体の利益」のために、「人類の共同の財産」を将来に向けて保全すべき義務を負うこととなった。つまりこれらの条約の中では、世代間衡平は「人類の共同の財産」という概念を通じて具体化された。

3　理論的な意義と課題

　世代間衡平は、国際法理論の観点からは、これまでは国境線によってバラバラに区切られていた地球上の空間と資源を、統合された

システムとしての「地球」と見る点で、革新的であった。また世代間衡平は、今生きている世代と将来の世代、つまり、現在と未来をつなげる、という新たな発想を国際法理論にもたらすものであった。

しかし、世代間衡平を実現するために誰に、どのような法的権利や義務を与えるべきなのか、将来世代の利益を代理するためにどのような手続がありうるのか、そもそも世代間衡平は法的な概念として成熟しているのか等は、論争的な主題である。

この点、世代間衡平理論の主唱者であるアメリカの Edith Brown Weiss は、1989年の段階で世代間衡平が国際法の一部を構成しているという立場をとった。すなわち、「世代間の正義」という考え方に基づき、各世代は、自然的および文化的資源の基盤を保全する地球的義務（planetary obligation）を負い、同時に、信託の受益者として、先代から引き継がれた遺産から恩恵を受ける地球的権利（planetary right）を与えられるという。実際に世代間衡平は、1992年の生物多様性条約、気候変動枠組条約および ECE 越境事故条約等の前文や、一般的原則を定める規定で言及されている。特に気候変動枠組条約の３条１項は、同条約の目的を実現し、それを実施するにあたり「衡平の原則に基づき、かつ、それぞれ共通に有しているが差異のある責任及び各国の能力に従い、人類の現在及び将来の世代のために気候系を保護すべきである」と定める。この規定は、地球の資源に対する将来世代の利益と、それに伴って現在の世代が負うある種の「受託者」としての義務を実定国際法のレベルで明示した点が注目される。また、現在世代がこの義務を果たすにあたり、「共通だが差異ある責任」に言及しつつ、世代間衡平を実現する上で世代内衡平に考慮することを求めている。

だが、条約上明示されてもなお、この概念がいかなる意味を具体的にもつのか、いまだ議論が尽きない。たとえば、世界各国の国際法研究者から構成される学術団体、国際法協会（International Law Association: ILA）は、2012年の報告書で、共有の天然資源の持続可能な利用に関する国家実行や判例の展開にも留意しつつも、「将来の世代のために環境を保護することが修辞学的な魅力をもつ」が、それが「どの程度規範的な影響をもつかは不明確なままである」と述べるにとどめた。また、国際判例でも将来世代の利益を明示的に認め、世代間衡平の概念を紛争解決の基礎とした事例はない。これらから、国際法上の世代間衡平の意義は、実質的な義務（条約の規定も含む）を実現する際に大きな方向性を示す「指導原則」（guiding principle）にとどまるといわれる。

今日、世代間衡平の基本的な発想自体は広く社会に受け入れられている。だが、この理念が普及したことは、将来の人類に具体的な法的権利・義務を付与し、誰かがそれを代理する、あるいは裁判において将来の人類の利益を認める、というような方向性での国際環境法の発展には結びついていない。この背景には、将来の利益を具体的に実現するための法制度のあり方について、現代世代が一致した見解を持つことがきわめて困難であるという国際社会の現実も関係している。より本質的には、そもそもそのような法制度が可能か、という問いもありうる。将来世代の利益をいかに守るか、そこに法制度はどのように関与できるか（すべきか）、という問題は、世代間衡平がその基本的な発想において広く受け入れられているからこそ、今後も議論され続けていくだろう。

〈参考文献〉

Edith Brown Weiss, *In Fairness to Future Generations: International Law, Common Patrimony, and Inter-generational Equity* (Transnational Publishers, 1989).

Catherine Redgwell, "Principles and Emerging Norms in International Law: Intra- and Inter-generational Equity," in Kevin R. Gray *et al.* (eds.), *The Oxford Handbook of International Climate Change Law* (Oxford University Press, 2016).　　　　（佐俣　紀仁）

コラム②　「共通だが差異のある責任」の原則

1　「共通だが差異のある責任」原則とは

「共通だが差異のある責任」（common but differentiated responsibility; CBDR）の原則は、「持続可能な発展」という概念（2章参照）の構成要素の一つとして、現在および将来の世代のために地球環境を保護することは、先進国であれ、途上国であれ、すべての国の責任であるが、先進国は地球環境問題を引き起こすのに歴史的に大きく寄与し、先進国は途上国よりも問題に対応する財政的・技術的能力を有することから、先進国と途上国の衡平性に配慮し、先進国に途上国よりも重い責任を認めるべきとする考え方である。

国際法では主権国家を平等に扱うことに重きが置かれてきたが、CBDRはそれを修正する考え方といえる。

他方で、主権平等は国際法の基本原則であるが、国家の具体的状況を考慮して異なる取扱いを認めることは平等に反するものではなく、むしろ各国家を平等な配慮と尊重をもって取り扱うこととなるとの捉え方もある。

CBDRの歴史的な起源は気候変動に関する政府間パネル（IPCC）（⇒コラム④）の1990年の第一次報告書に確認できる。その後、1992年に採択されたリオ宣言は第7原則で「国は、地球の生態系の健全および一体性を保存し、保護しおよび回復するために、全地球的なパートナーシップの精神で協力する。地球環境の悪化に対する異なった寄与という観点から、各国は共通のしかし差異のある責任を有する」と述べて、CBDRを地球環境問題に取り組むうえでの基本的な考え方として位置づけた。

2　地球環境条約におけるCBDRの採用

気候変動問題とオゾン層破壊問題に対応した条約では、先進国と途上国の責任の差異化が明確に図られた。先進国と途上国で実体的な権利義務に差を設けたり、実体規定の適用のスケジュールに差を設けたりしている。

気候変動枠組条約は3条1項で条約の目的の達成および実施における指針として、「締約国は、衡平の原則に基づき、かつ、それぞれ共通に有しているが差異のある責任および各国の能力に従い、人類の現在および将来の世代のために気候系を保護すべきである」と規定し、CBDRを明示的に採用した。京都議定書では、気候変動枠組条約の附属書I締約国（先進国等）のみに全体で温室効果ガス（GHG）の排出量を5％削減（基準年1990年）することを義務づけ、非附属書I締約国（途上国）には削減義務を課さなかった。2015年に採択されたパリ協定では、将来的に一つの枠組みとなることを志向し、「共通の責任」に重きを置きつつ、GHGの排出削減（緩和策）や気候変動への適応策といった個々の問題に即して締約国が負う義務の差異化を図っている。排出削減については、すべての締約国が排出削減策（「自国が決定する貢献」）の作成・通報・維持を義務づけられた（協定4条2項）。貢献は「各国の異なる事情に照らした」CBDRおよび各国の能力を考慮するとされた（協定4条3項）（⇒7章）。パリ協定では、CBDRにおける責任の差異化は、「各国の異なる事情に照らして」を付加することにより、締約国を固定的に分類することによる差異化ではなく、締約国の異なる事情に照らした個別的で可変的な差異化となった。

他方で、オゾン層保護に関するモントリオール議定書では、CBDRに明示的に言及していないものの、5条1項で、すべての当事国が同じ誓約によって拘束されるが、一定のオゾン層破壊物質の国内消費量の算定値が1人あたり0.3キログラム未満の途上国については、同物質の生産と消費を段階的に取りやめるための「規制措置の実施時期を10年遅らせることができる」と規定している。2016年に開催された第28回モントリオール議定書締約国会合は、代替フロンとして開発され、オゾン層破壊物質は有さないものの、温室効果が高いハイドロフルオロカーボン（HFC）を規制対象として追加し、締約国を「開発途

上国第一グループ」、「開発途上国第二グループ」と「先進国」の三つに分け、差異のあるかたちでの削減スケジュールを定めた改正案を採択した。

3　CBDR における「共通の責任」

　CBDR は「共通の責任」と「差異のある責任」という二つの要素によって構成されている。CBDR における「共通の責任」は「共通利益」の認識に由来するものである。国際法によって規律することによって得られる利益が、特定の国の利益にとどまらず、多くの国に共通した利益であると認められることにより、国際社会における共通利益となることが促進される。今日、国際社会における共通利益は、安全保障、人権、経済等の国際法が規律する多くの分野で認められているが、資源管理の分野では「人類全体の利益」という概念が、環境保護の分野では「人類の共通の関心事」という概念が用いられている。

4　CBDR における「差異のある責任」

　CBDR における「差異のある責任」は、国際法で重きが置かれてきた主権国家平等に基づく決定が合理性を欠く場合に認められるものである。責任の差異化は、「過去および現在の問題状況の悪化に対する各国の寄与度の違い」と「問題状況の克服における各国の財政的・技術的能力の違い」の二つによって根拠づけられるものである。これら二つの差異化の根拠はいずれも個別的で可変的である。前者は主に途上国が主張するもので、地球環境の悪化に対処するための措置をとる先進国の重い責任を導くことができる。後者は先進国が主張するもので、先進国が有する財政的・技術的能力から導かれる責任であるが、ここでの責任は必ずしも法的な意味での責任として主張されているわけではない。

　先進国が途上国よりも重い責任を負うことを「汚染者負担の原則」（PPP）によって根拠づけようとする論者もいるが、より説得的な説明は「衡平の原則」によるものである。たとえば、気候変動枠組条約の交渉過程において、先進国は、責任の差異化の根拠として、「問題発生への各国の寄与度の違い」（GHGの累積排出量の各国間の違い）という根拠を認めなかった。先進国が主張する「先進国主導論」は、「GHG 排出量の削減に関する一般的な義務」を肯定したうえで、それを世代間衡平で根拠づけ、GHG 排出可能量の配分についても衡平を考慮し、先進国と途上国の「財政的・技術的能力の違い」を踏まえ、先進国が「率先して」取り組むことを肯定するものであった。他方で、途上国が主張する「先進国責任論」は、「GHG 排出量の削減に関する一般的な義務」が設定されてしまうことで、先進国のみならず途上国も削減義務を負うことになることを拒否し、それを世代内衡平の考慮、すなわち、先進国と途上国のGHG の過去から現在までの排出量（累積排出量）の差異や 1 人あたりの GHG 排出量の差異など、「問題状況発生への各国の寄与度の違い」を根拠とするものであった。

5　CBDR の位置づけと機能

　CBDR はリオ宣言やアジェンダ21などの持続可能な発展の分野における多くの国際的な文書で、また気候変動枠組条約、モントリオール議定書や水銀条約などの多数国間条約の本文で採用されるにいたっている。今日、CBDR は、国際環境法の分野でひろく参照され、ひろく採用されている原則として位置づけることができる。

　CBDR の機能については、第一に、CBDR は、国際的な環境保全に関する個別・具体的な規則を定立するにあたっての交渉枠組みを提供し、多くの国の参加を確保するという機能を有している。CBDR は、京都議定書、パリ協定やモントリオール議定書などで、締約国の間で差異化された義務や約束を規定する条約の締結を導いた。第二に、CBDR は条約規則を解釈し実施する際の指針を提供するという機能を有している。たとえば、京都議定書の遵守手続の促進部は、締約国による議定書の実施に助言と便宜を提供し、議定書の約束の遵守を促進するにあたって、CBDR を考慮に入れるとしている。

（鶴田　順）

4章　国際環境法における手続的義務

児矢野　マリ

1.　手続的義務とは何か

　今日、環境損害の発生または悪化の防止における「手続的義務」の役割が注目されている。ここにいう手続的義務とは、環境損害の源や発生メカニズムそれ自体の規制を求めるのではなく、損害の原因やリスクの解明、状況の監視（モニタリング）、情報交換、環境に悪影響を生じるおそれのある活動（以下、環境危険活動という）の影響評価、リスク評価等、損害の発生防止や削減には直結しないものの、間接的にそれに寄与する一定の手続の実施に関する義務である。

　そのうち、とくに注目されているのが、環境危険活動に関する事前通報・協議義務および環境影響評価（EIA）に関する義務（EIAの実施義務、実施を確保するための措置をとる義務）と、緊急事態の通報義務である。いずれも、環境危険活動または緊急事態を管轄もしくは管理する国（以下、原因国という）が負う。

　まず、ここにいう事前通報とは、原因国が、計画された活動（以下、計画活動という）に着手する前に、当該活動により影響を受けるおそれのある他国（以下、潜在的被影響国という）や関係国際機関に対して、当該計画活動に関する情報を提供することである。また、事前協議とは、事前通報に続いて原因国と潜在的被影響国や関係国際機関との間で行われる、当該計画活動に関する意見交換である。

　そして、EIAとは計画活動や計画、プログラム、政策または立法が環境に与えるおそれのある影響を評価する手続である。狭義のEIAは個別の事業計画に関するものであり、昨今注目されている戦略的環境評価（SEA）（計画、プログラム、政策または立法が環境に生じるおそれのある影響を評価する手続）とは区別

される。SEA は、狭義の EIA が実施段階に達した事業計画を扱うことの限界（結果として当該計画の微小な修正にとどまらざるをえないこと）を補うものとして、各国の国内法や欧州地域の条約等で導入が進んでいる。また、越境（transboundary）EIA とは、狭義の EIA のうち、他国または国家の管轄を越える地域の環境への潜在的な影響の評価を意味する。これは事前通報・協議とともに、越境の悪影響を生じるおそれのある活動（以下、越境環境危険活動という）を対象とする手続である。加えて最近では、越境環境危険活動の着手開始後に行う環境に対する影響の監視を、EIA に付随する手続と捉える場合も多い[1]。ここにいう監視とは、認められた科学的方法による汚染または環境損害のリスクもしくは影響の観察、測定、評価および分析である[2]。

　さらに、緊急事態の通報とは、環境損害の発生やその切迫した危険がある場合に、原因国が、潜在的被影響国を含む関係国や関係国際機関に対して迅速に連絡することである。緊急事態は、着手された計画活動に起因する場合もある。

　以上の手続的義務は、原因国に、対象となる活動の着手や事態への対処について決定する権利を認めつつ、一定の手続の実施やその確保のために措置をとることを要求する。この意味で、原因国の決定権を制約する「実体的義務」、たとえば環境危険活動の制限や禁止、原因物質の使用制限や排出削減の義務とは区別される。環境損害の発生やその悪化を防止するためには、その直接要因の規制をめざす実体的義務が重要だが、その設定が困難または不適切なところでは、これら手続的義務はとりわけ有用である[3]。

　今日、多くの環境条約は両者の相互補完的な機能を想定し、締約国の義務を

---

1 ）　E.g. A. Boyle & C. Redgwell, *Biernie, Boyle & Redgwell's International Law and the Environment, 4th ed.*, Oxford University Press, 2021, p. 199. 最近の国際司法裁判所（ICJ）の判決（ウルグアイ河パルプ工場事件 ICJ 判決，国境地域活動事件及道路建設事件 ICJ 合同判決）も同様. *Judgment, Case Concerning Pulp Mills on the River Uruguay*（Argentine v. Uruguay）20 April 2010, paras. 205; *Judgment, Certain Activities Carried out by Nicaragua in the Border Area*（Costa Rica v. Nicaragua）& *Construction of ta Road in Costa Rica Along the San Juan River*（Nicaragua v. Costa Rica）, 16 December 2015, para. 161.

2 ）　Boyle & Redgwell, *ibid.*

3 ）　M. KOYANO, "The Significance of Procedural Obligations in International Environmental Law: Sovereignty and International Co-operation," 54 *Japanese Yearbook of International Law*（2011）, pp. 98-99.

定めている。また1990年代後半以降、手続的義務の遵守問題を争点の一つとして国際裁判に付託される環境紛争も増えている（核実験事件〈再審請求〉、MOX工場事件〈国連海洋法条約〈UNCLOS〉仲裁〉、ジョホール海峡埋立て事件、ガブチコヴォ・ナジマロシュ事件、ウルグアイ河パルプ工場事件、インダス河キシェンガンガ事件、農薬空中散布事件、国境地域活動事件、道路建設事件、南シナ海事件）。そして、最近の複数の国際判例は、このような義務が国際慣習法上確立していることを認めている。

2.　条約上の手続的義務

(1)　導入の進展

　今日、事前通報・協議義務、EIA に関する義務および緊急事態の通報義務は、多様な環境部門・問題領域に関して、多くの条約で明文化されている。まず、事前通報・協議義務は、越境河川を含む国際水路の航行以外の利用（水力発電、灌漑、漁業等）について頻繁にみられる（国際水路非航行利用条約、国際河川水の利用に関する ILA 規則等）。また、海洋汚染（公法条約、海洋投棄規制ロンドン条約、国連海洋法条約〈UNCLOS〉）、放射能汚染（欧州原子力共同体〈EURATOM〉設立条約、二国間条約等）、越境大気汚染（国連欧州経済委員会〈UNECE〉長距離越境大気汚染条約等）にも例がある。環境と開発に関するリオ宣言も、環境危険活動一般につき事前通報・協議（原則19）の重要性に言及した。

　EIA に関する義務は、欧米先進国における EIA 立法の隆盛とその実績を背景に、1980年代から条約（UNCLOS）その他の国際文書（UNEP EIA 目標・原則）に現れ、とりわけ1990年代からは事前通報・協議と連動する義務として、条約その他の国際文書で明文化が急速に進行している[4]。この傾向は欧州地域で顕著だが（EU EIA 指令、UNECE 越境 EIA エスポー条約〈エスポー条約〉、地中海保護バルセロナ条約等）、地球規模の条約でも多様な環境部門・問題領域に拡がりつつある（国際水路非航行利用条約、南極条約環境保護議定書、海洋投棄規制ロンドン条

---

[4]　EIA に関する国際義務（EIA の実施義務，EIA の実施確保のため措置をとる義務）または要請に関する条約等における導入状況とその特徴については，児矢野マリ「環境影響評価に関する国際法と日本」柳原正治・森川幸一・兼原敦子・濱田太郎編『国際法秩序とグローバル経済──間宮勇先生追悼』（信山社，2021年）487-496頁.

約1996年改正議定書）。国連国際法委員会（ILC）の採択した越境損害防止条文案
も、同様である[5]。さらに、国家の管轄権を越えた地域の活動についても、
EIA に関する義務は導入されている（国際海底機構〈ISA〉の採択した深海底鉱物
資源の探査に関する三つの規則）。加えて、現在 UNCLOS のもとで進行している
二つの国際規則案―国家管轄外地域の海洋生物多様性（BBNJ）の保全と持続
可能な利用に関する協定案、「人類の共通財産」である深海底鉱物資源の ISA
開発規則案―の作成作業でも、EIA は重要な論点の一つとなっている[6]。ま
た、リオ宣言も、環境危険活動一般につき EIA の実施（原則17）に言及する。
加えて、必ずしも越境損害を伴うとは限らない計画活動について、EIA の実
施を確保するため措置をとる義務を課す多数国間条約も、一定の環境部門・問
題領域に関して現れている（生物多様性条約、原子力安全条約、放射性廃棄物等安全
条約等）。さらに、世界銀行や欧州復興開発銀行等、開発援助にかかわる一部
の国際金融機関も、融資事業による環境破壊についての国際的な懸念を受け、
EIA の実施を融資の条件としている[7]。それに加えて、近年では、欧州地域を
中心に条約および地域国際文書で SEA の導入例も増えている（EU SEA 指令、
エスポー条約の SEA 議定書等）。

　最後に、緊急事態通報の義務は、1970年代から環境損害の文脈で条約上明記
されるようになり（UNECE 長距離越境大気汚染条約、陸上起因汚染防止パリ条約
等）、今日では、海洋環境の保護一般（UNCLOS 等）、チェルノブイリ原子力発
電所事故（1985年）を契機とする原子力事故による放射能汚染（IAEA 原子力事
故早期通報条約とそれを受けた多くの二国間条約）、国際水路の非航行利用（国際水
路非航行利用条約等）に関しても明文化されている。欧州地域では、広範囲の産
業事故について通報義務を明示する条約もある（UNECE 産業事故越境影響条
約）。また、リオ宣言も緊急事態通報の重要性に言及し（原則18）、ILC 越境損
害防止条文案も義務として明示する。

5）　児矢野マリ「越境損害防止」村瀬信也・鶴岡公二編『変革期の国際法委員会――山田中正大
　　使傘寿記念』（信山社，2011年）239-272頁.

6）　児矢野，前掲注4，510-516頁.

7）　*E.g.* J.-R. Mercier, "The World Bank and Environmental Impact Assessment" & E. Smith,
　　"Implementing the Espoo Convention: An International Financial Institution perspective," in
　　K. Bastneijer & T. Koivurova（eds.）, *Theory and Practice of Transboundary Environmental
　　Impact Assessment*, Martinus Nijhoff Publisher, 2008, pp.291-326.

(2)　法的含意

　通常、環境保全に関する条約は、環境の保護および保全義務や国際慣習法上
国家が負う「相当の注意」義務としての越境環境損害防止義務を、その条約の
規律対象に適合する形で締約国の基本的義務として定めている。条約で明記さ
れた事前通報・協議義務、EIA に関する実施義務や緊急事態の通報義務は、
そのような基本的義務の具体的な内容を構成する。また、基本的義務を履行す
るための適切な措置の内容を判断するための基礎または手段ともなる。この後
者の側面は、手続的義務に特有なものである。以上のようなあり方を国際環境
法の手続化（proceduralization）と呼ぶ論者も多い[8]。さらに、環境損害防止に
関する協力義務を明記する条約も多く、明示された手続的義務はこの義務を具
体化するものでもある。加えて、国際水路の非航行利用に関しては、水利用に
関する衡平利用原則の具体化とも位置づけられる。

　さらに、一定の場合には、予防原則・予防的アプローチを実現するための手
段ともなる[9]。手続的義務は原因国の実体的権利を制限せず、その結果として
計画活動の過剰規制をもたらすことなく環境損害の発生または悪化の防止に寄
与しうるため、このようなあり方は、環境損害の発生または悪化の防止の観点
からは好ましいものだろう。

(3)　制度化の傾向と特徴

　これら手続的義務の基本構造と内容は、条約によりさまざまである。そし
て、手続の具体的な内容および実施方法は、多くの場合に原因国の判断に任さ
れている。けれども、近年ではとくに越境環境危険活動に関する手続に関し
て、一定の傾向および特徴がみられる。これは、条約における先例の増加とそ
の実績を受け、成功事例にならった形で制度化が進んでいること、また EIA
が、先進国の国内法制度をモデルに広く世界各国で国内手続として導入される
ようになり、この動向が条約に影響を与えていること、等の事情によるものだ
ろう。

8）　*E.g.* J. Brunnée, *Procedure and Substance in International Environmental Law*, Brill/Nijhoff, 2020, pp. 40-41.

9）　Koyano, *supra* note 3, pp.119-121.

　第一に、個別条約においては、これらの義務と影響の監視や情報交換を実施する義務も併せて、越境環境危険活動に関する一連のプロセスとして定式化する傾向がある。ここでは、越境 EIA、事前通報および協議に続いて、活動着手後のフォローアップとして、影響の監視、その結果の公表、情報交換、さらに生じうる緊急事態の通報を要求することにより、複合的な監視プロセスが形成されている。これは、とりわけ1990年代以降に採択された条約で顕著である（個別環境部門につき米加大気質協定、UNECE 越境水路保護ヘルシンキ条約、国際水路非航行利用条約、南極条約環境保護議定書、地中海保護バルセロナ条約のマドリード沖合議定書等、越境環境危険活動一般につきエスポー条約、北米環境協力協定、EU EIA 指令等）。さらに、越境環境危険活動に関する最終決定を原因国から潜在的被影響国に通知させ、事前手続の結果の考慮につき後者の監視を想定するものもある（エスポー条約等）。

　第二には、多数国間条約では多くの場合に、条約規定や附属書、また条約の締約国会合の決定等により、手続の実施において原因国に認められている裁量を客観的に制約するために諸々のメカニズムが設けられている。たとえば、一定程度の悪影響を生じるおそれがある場合に手続が要求されているところでは、そのようなおそれの有無について、第一次的な判断権をもつとされる原因国の不適切または恣意的な判断を回避するために、いくつかの条約は制度上多様な工夫を組み込んでいる。具体的には、第三者機関による審査手続（エスポー条約、国際水路非航行利用条約等）、段階的な影響評価の導入（南極条約環境保護議定書）、判断のための基準の設定（EU EIA 指令）である。また、条約規定や附属書で、手続の実施手順や方法等を設定したり（地域海環境保護条約関連議定書）、科学・技術の専門家の関与を組み込んだり、公衆の関与の確保を要求したりする（南極条約環境保護議定書、エスポー条約）ものもある。さらに、関係国の合意文書、ガイドラインの採択を通じて、具体的なプロセスの定型化を図っている場合もある（エスポー条約）。ここでは、手続的義務に基づく一連のプロセスは、関係国または関係機関の関与に支えられた越境環境リスクの「共同管理」の役割を果たす。

　最後に、このような共同管理は、原因国と潜在的被影響国という二国間の相互主義に基づく単なる利害調整のみならず、締約国すべてに共通する多辺的利

益の実現をもめざすものとされる場合も増えている。このことは、とくに事前通報・協議のあり方（多辺的な手続の増加）からみてとれる[10]。事前通報・協議は複合的プロセスの中軸であり、越境環境危険の共同管理における中心的要素といってよいからである。

3.　一般国際法上の手続的義務

(1)　国際慣習法上の地位

　国際判例によれば、国家は国際慣習法上、他国または国家管轄外地域の環境に重大な悪影響を生じるおそれのある自国管轄もしくは管理下の活動について、EIA（越境 EIA）を実施し、潜在的被影響国との関係で事前通報・協議を実施しなくてはならない。また、自国管轄または管理下の緊急事態や深刻な危険について、潜在的被影響国に対して通報しなくてはならない。

　まず事前通報・協議義務は、越境河川の航行以外の利用（水力発電、灌漑、漁業等）に関して、20世紀半ばにラヌー湖事件仲裁判決（1957年）が確認した[11]。その理論的基礎は、越境河川の水利用に関する沿岸国間の平等に基づく衡平利用の原則である。今日では、国際水路の利用にとどまらず、越境環境危険活動一般についてもこの義務が確立しているとの立場が、学説と判例ともに支配的である。国際判例は、このような義務の国際慣習法上の地位に疑問を呈していない（国境地域活動事件・道路建設事件の ICJ 合同判決[12]）。その背後には、前述したこの義務を明記する条約およびその他の国際文書の増大があるだろう。

　次に、越境 EIA の実施義務[13] については、前述した条約等における展開を受け、1990年代後半に国際司法裁判所（ICJ）は、国際水路の非航行利用に関してその意義を示唆した（ガブチコヴォ・ナジマロシュ事件 ICJ 判決[14]）。そして

10)　児矢野マリ『国際環境法における事前協議制度──執行手段としての機能の展開』（有信堂高文社、2006年）206-230頁.

11)　*Lake Lanoux Case, Spain v. France, Award, 16 December, 1957,* 1 *International Environmental Law Reports*（1999）, Cambridge University Press, pp.332-385.

12)　*Supra* note 2, para.106.

13)　この義務に関する詳細な分析については，児矢野，前掲注 4，496-499頁.

14)　*Gabčikovo-Nagymaros Case*（*Case Concerning the Gabčikovo-Nagymaros Dam*）（Hungary v. Slovakia）, para.112.

2010年代以降、国際裁判所は相次いでこの義務の存在に肯定的な判断を示している。すなわち、まず2010年に ICJ は、越境の文脈、とりわけ共有天然資源に対して重大な悪影響を与えるおそれのある産業活動にかかる EIA の実施義務が、一般国際法上存在することを明示し（ウルグアイ河パルプ工場事件 ICJ 判決〈本案〉[15]）、その数年後にその判決を引用し、他国の環境損害防止にかかる相当の注意義務の手続的な内容として、国際慣習法上、他国の環境に対して重大な悪影響を与えるおそれのある活動一般について EIA の実施義務が確立していることを確認した（国境地域活動事件及び道路建設事件 ICJ 合同判決[16]）。さらに ITLOS は、国家間の越境損害の文脈で ICJ が認めた EIA の実施義務を引用し、その法的推論は国家管轄外の地域の環境への影響を伴う活動にも適用可能であり、かつ ICJ のいう共有天然資源への言及は人類の共通財産にも適用可能であるとし、国家管轄外地域においても、環境損害防止のため国際慣習法上 EIA の実施義務が存在することを認めた（深海底活動の保証国の責任に関する ITLOS 勧告的意見[17]）。そして、その後の仲裁判決は、海洋環境に関して EIA の実施義務を検討した際に、前述した ITLOS の判断を引用した（南シナ海事件仲裁判決[18]）。

　加えて、ICJ は最近の判決において、とりわけ他国にかかる越境 EIA に関して、越境損害の防止における相当の注意義務を基礎に、適切な内容を伴う越境 EIA の実施、越境 EIA の実施を要する規模の潜在的な悪影響の有無に関する予備的評価、越境 EIA の結果に基づく潜在的な被影響国への事前通報と協議、および、当該計画活動実施後の影響監視の義務をそれぞれ認めた（国境地域活動事件および道路建設事件 ICJ 合同判決[19]）。これは、越境環境危険活動に関する監視プロセスに関する一連の国際慣習法規則の存在を確認したものといえよう[20]。

---

15)　*Supra* note 2, paras. 203-205.

16)　*Supra* note 2, para. 104.

17)　*Advisory Opinion, Seabed Disputes Chamber of the International Tribunal for the Law of the Sea, Responsibilities and Obligations of States Sponsoring Persons and Entities with Respect to Activities in the Area*, 2 February 2011, paras.147-148.

18)　*South China Sea Arbitration Award（Merits), 12 July 2016, PCA Case No 2013-19 between the Republic of Philippines and the People's Republic of China*, para. 948.

19)　*Supra* note 2, para. 104.

　ただし、越境環境危険活動一般に関するEIAや事前通報・協議に関する国家実行は欧米地域に偏在しており（とくにエスポー条約、EU EIA指令や、それに基づく実施例）、とりわけ越境EIAに関する関連国内法の整備は、非欧米諸国では余り進んでいない。ゆえに、伝統的な国際法学の立場に立てば、国際慣習法の成立要件の一つとされる一般的な国家慣行の存在を確認するのは難しく、現段階で、国際水路の非航行利用のみならず越境環境危険活動一般について、越境EIAの実施義務および事前通報・協議義務の存在を論証するのは容易でない。とはいえ、これらの義務を定める地球規模の条約の増加傾向、ILC越境損害防止条文案に対する諸国の反対の欠如、前述した国際判例に対する消極的評価の欠如を考慮すれば、国家の一般的な規範意識の醸成は推定され、このような義務が形成されつつあるには違いない。国際裁判所もこの点を重視し、越境環境危険活動一般につきこれら手続的義務の慣習法性の認定に踏み切ったものではないかと推測される。

　そして緊急事態の通報義務は、1950年代の国際判例において、一般国際法上の国家の義務として確認されている。裁判所は、海洋交通の自由に加え、人道の根本的配慮および領域使用の管理責任―国家の領域主権に基づく―というより一般的な基礎に基づくものとして、この義務を確認した（コルフ海峡事件ICJ判決[21]）。

(2)　法的含意

　このような手続的義務は、越境環境損害の防止における「相当の注意」の内容の一つとして、また、その内容を具体的に明らかにする手段として、越境環境損害防止義務を具体化するものである。また、国家が負う環境損害防止のための協力義務の具体的な内容を構成する。なぜなら、事前の通報と協議は、潜在的被影響国による有効な危険対処を可能にする。また、関係国間の利害調整を促して紛争防止に資するとともに、計画国の意思決定過程における越境の環境要因の考慮を事実上強化することを通じて、越境環境損害を防止するための手続的規制手段としても、捉えられる。そして、越境EIAの実施は、計画国

---

20)　児矢野，前掲注4，499頁.
21)　*Corfu Channel Case, Merits, ICJ Reports* (1949), p.22.

に越境環境危険活動に伴う環境リスクを的確に把握させ、適切な事前・通報協議の基礎となる。また、このことを通じて環境損害防止のための国際協力を実現するからである。ILC 越境損害防止条文案も、事前通報・協議義務を越境損害防止義務および越境損害防止に関する協力義務の具体的内容を意味するものとして明示し、また越境 EIA をそのように位置づけている。さらに、緊急事態の通報義務は、とくにその源が国家の管轄地域内にある場合には、事前通報・協議義務および越境 EIA の実施義務と同様に、潜在的被影響国による有効な危険対処を可能にする。

　なお、越境 EIA の実施義務については、予防原則・予防的アプローチを読み込む立場（重大な損害を生じるおそれの存在につき科学的に不確実性のある計画活動についても、その可能性があれば事前通報・協議や越境 EIA が要求される、という考え方）も主張されている[22]。しかし、一般に現時点の国家実行を踏まえる限り、個別条約を離れたところでこの立場を支持することは難しい。とはいえ、この点に関して、最近の国際判例は、前述したように越境環境危険活動に関する予備的評価の実施を計画活動の管轄国に求めている（国境地域活動事件および道路建設事件 ICJ 合同判決[23]）。これは、越境損害防止の相当の注意義務を根拠に、発生の蓋然性や損害の規模が必ずしも明確ではない環境リスクへの対処——予備的評価の実施——を求めた点で、相当の注意のなかに予防的配慮を読み込んだともいえよう。ただし、これは、実施の要否が潜在的悪影響の程度に依存するような EIA に関しては、そのプロセスの一部としてスクリーニングが不可欠であることを確認したものともいえ、この意味で EIA それ自体が予防的な含意をもつ場合もあることを示唆するものといえよう。

(3)　義務の内容

　国際慣習法上とられるべき事前通報・協議の具体的な内容、態様、実施方法については、原因国に裁量が認められており（事前通報・協議についてはラヌー湖事件仲裁判決）、越境 EIA の場合も計画国の国内措置による（ウルグアイ河パル

---

22)　*E.g.* claims made by New Zealand in the Nuclear Test case. *Application, 21 August 1995, Request for an examination of the situation, Application of 9 May 1973* (New Zealand v. France), paras.105-111.

23)　*Supra* note 2, paras. 104 & 153.

プ工場事件 ICJ 判決［本案］)。けれども、信義則に基づき、このような手続は実質を伴うものでなくてはならない（事前通報・協議につきラヌー湖事件仲裁判決）。また、実施されるべき EIA の内容は、EIA の実施で相当の注意を払う必要と、計画活動の性質や規模や生じるおそれのある環境への悪影響を考慮して、各事案の個別状況に照らして決定されるという（ウルグアイ河パルプ工場事件 ICJ 判決［本案][24]、国境地域活動事件および道路建設事件 ICJ 合同判決[25]）。なお、越境 EIA における公衆参加（情報公開や意見聴取）の要請は、現段階では、国際慣習法上の義務の内容として確立するにはいたっていない（ウルグアイ河パルプ工場事件 ICJ 判決［本案］)。

　また、緊急事態の通報に関する具体的な態様や方法も、前述した事前手続の義務と同様、通報国の裁量によるものの、信義則に基づき実質を伴うものでなくてはならない。

4.　効用と限界

(1)　機能と効用

　越境環境危険活動を対象とする手続的義務—事前通報・協議義務、越境 EIA に関する義務、緊急事態の通報義務—には、主に二つの機能が期待される。いずれも、条約に基づき手続的義務が複合的な監視プロセスを構成しているところでは、より顕著である。

　第一に、原因国と潜在的被影響国との間で生じうる国際紛争の回避に貢献することである。手続を通じて、潜在的な対立の源が同定され、関連知識が共有され、相互の利益が調整されうるとともに、潜在的被影響国による的確なリスク対処も可能となるからである。第二には、越境環境危険活動に適用可能な国際的基準の醸成を促すこともある。協議を通じて合意が形成されれば、それが関係国間で *ad hoc* な国際基準となる。また、それは将来の類似の活動に関する先例ともなりうる。原因国の意思決定で科学技術の知見がきわめて重要な前提であり、とくに原因国にその獲得能力がない場合にとくに当てはまる。そし

---

24)　*Supra* note 2, para. 205.

25)　*Supra* note 2, para. 104.

て、類似の事案が積み重なっていけば、長期的にはそのような越境環境危険活動に関する行為基準や実体的規則が醸成されていくこともあるだろう。

　次に、原因国の管轄地域内の環境リスクをもっぱら対象とする場合も含めて、手続的義務には次の機能もあるだろう。第一に、環境損害の発生防止またはその危険の削減に寄与する。これらの手続は、環境危険の同定、計画活動の実施措置の「適正さ」の検証、より良い代替措置を含む「適正な」措置の模索を推進するからである。このことは、越境環境リスクの共同管理の契機があるところでは明瞭である。さらに、以上の機能は、手続的義務が予防的配慮を内包する場合には一層強化される。第二に、関係各国の国内法制における手続的義務の編入を通じて、関係国間で関連法制の「ハーモナイゼーション」が一定程度進行する。とくに事前手続の義務を定める条約のもとでは、環境危険活動は原因国において許可制に服し、手続の実施が許可の一つの前提条件となる。また、条約が手続の具体的な内容と実施方法を明示していれば、国内の関連手続も関係国間で平準化されることになる。最後に、公衆の手続関与や彼らへの関連情報の公開の要請を伴えば、間接的にせよ公衆参加という契機により、手続的義務は、環境危険活動にかかる原因国の決定または関連措置の正統性と実効性の確保につながる。透明性のある手続を通じて「民主的コントロール」が可能となり、原因国の能力の不足は公衆の関与により補完され、より有効なリスク対処が促進されうるからである。これは、前述した手続的義務の機能を高める。

　手続的義務の効用は、以上の機能を通じて、原因国の国家主権に対する「柔らかいコントロール」を実現することにある。これは、具体的な実体的規則による「堅いコントロール」の欠如を補うと同時に、個別の場面で国家が負う相当の注意の同定を可能にすることで、堅いコントロールそれ自体にも寄与する。さらに、計画活動に伴う環境危険の適正な管理を通じて、持続可能な発展にも貢献する。

⑵　問題点と課題

　前述した手続的義務の機能と効用をめぐっては、さまざまな限界や課題もある。第一に、手続的義務は、環境危険活動や緊急事態における対処それ自体に

関する原因国の決定権を制限しない。したがって、損害の発生防止やリスクの最小化に間接的に貢献するにすぎない。

　第二に、多くの条約では、手続の実施の要否および手続の具体的な内容と実施方法について、計画国に一定の裁量が認められている。国際慣習法上の義務では、その幅はかなり広い。したがって、計画国が恣意的または不適切に裁量権を行使すれば、この義務は形骸化されてしまう。手続的義務の履行の有無を一つの争点として国際裁判に付託されたいずれの事件でも、当事者間でこの点が争いとなっている。これに対処するためには、原因国の裁量を「適正に」コントロールすることが不可欠だが、条約においてすらそのための仕組みの存否はまちまちであり、全体として十分とは言い難い。すでに述べたように、現段階で欧州地域に適用される条約等には多様な仕組みがある一方で、地球規模の条約のもとでは、そのような仕組みはほとんどない。したがって、この点で何らかの努力が必要である。

　ここでとくに問題となるのが、手続の実施の要否に関する判断である。そもそも、一定程度の悪影響を生じるおそれの有無を適切に判断するためには、その前提として、環境危険活動から生じうる悪影響の程度や性質の評価が不可欠だろう。この点からは、とくに EIA の実施義務の解釈・適用にあたり、予防的な配慮を組み込むことが有益だろう。

　第三に、手続的義務のうち EIA に関する義務は、関係国が自国の関連国内法制度にその内容を適切に組み込まなければ、通常その遵守は確保されないが、これは各国の国内事情もあり必ずしも容易なことではない[26]。とりわけ条約における手続の具体的な定型化が進めば進むほど、国内でもより複雑な配慮を必要とするため、これはますます難しくなる。具体的には、原因国における環境危険と越境環境危険をともに手続の対象とし、または、諸々の手続の実施を複合的に要請する条約等では、通報、協議、情報交換といった相手方のある

---

26)　児矢野マリ「グローバル化時代における国際環境法の機能――国内法秩序の『変革』・『調整』による地球規模の『公的利益』の実現」『論究ジュリスト』23号（2017年）68-70頁；同「原子力災害と国際環境法――損害防止に関する手続的規律を中心に」『世界法年報』32号（2013年）103-105頁．とりわけ EIA に関する義務について，同「海底鉱物資源の探査・開発（Deep seabed mining）と環境影響評価――国際規範の発展動向と日本の現状・課題」『環境法政策学会雑誌』21号（2018年）174-179頁；児矢野，前掲注4，499-510頁．また，事前通報・協議義務について，児矢野，前掲注10，293-294頁．

対外的手続と、EIA や監視という、事業者の関与を伴う余地の大きい一方的手続とを、規定に従い適切に組み合わせて実施しなくてならない。また、公衆の関与を含む手続であれば、以上のプロセスにその契機を組み込まなくてはならず、それが越境環境危険活動を対象とする場合には、関係国の関連国内法制間で一定の整合性も必要になる。

　第四に、手続的義務は、その実施において実務的な諸問題を抱えている。たとえば、合理的な期間内の手続完了、公衆の手続関与のタイミングと方法、越境環境危険に関する手続における担当窓口の設置、関係国間の関連情報の共有、事前通報のタイミング、関連文書の翻訳等である。これに対処するためには、情報および経験の定期的な交換、実務家を含む合同ワークショップの開催、実務的なガイダンスの作成と定期的なレビューといった実務上の工夫や、関係国間における実務的な事項に関する合意の作成等が有効である。現実にもいくつかの条約のもとでは一定程度成功している（エスポー条約等）。けれども、根本的にそのための資源が不足している条約も多く、とくに非欧米地域では現実に大きな問題となっている。

　第五に、手続的義務を規定する条約の増加により、単一の環境危険活動が複数の条約に基づく複数の手続的規律に同時に服するという、条約義務の重複適用が生じる可能性がある。その結果として、手続的義務の遵守確保が阻害される場合がある。つまり、制度上重複する手続相互の連関がないため、限られた資源の浪費、条約間で矛盾する原因国の対応、生じた対立を処理する複数の機関の相互矛盾する決定等を招くおそれもある。この点について、条約の事務局等条約機関間で実務的調整がなされる場合もある（エスポー条約も含め五つの条約等の不遵守が問題となった、ウクライナによるビストロエ可航水路開削事業計画の事案[27]）。しかし、これは事実上の連携にすぎず、必ずしも有効に機能するとは限らない。

　第六に、手続的義務の機能を確保するためには、その不遵守に対処するための手段と方法が重要だが、その実践は諸要因により必ずしも容易なことではない[28]。すなわち、まず条約義務については、条約のもとでの遵守確保手続（報告・審査手続、不遵守手続）等の制度化とその活用が有効である。これは既存の条約のもとでもみられる（エスポー条約）が、計画国の意思や能力等の要因に

より、その現実の有用性には一定の限界もある（前述ビストロエ可航水路開削事業計画の事案[29]）。また、場合によっては、その活動の潜在的被影響国が計画国の義務違反による自国の手続的な権利の侵害を主張し、国際裁判手続への付託も含め、強制的な手段に訴えることもありえ、2000年代以降その例は増えている。ただし、この方法は法律上または事実上の諸要因により、必ずしも常に有用とは限らないだろう。

　最後に、手続的義務の実施状況および条約による導入の進捗状況について、「南北」間格差が顕著である。とくに1990年代以降欧州地域の実行が著しい一方で、アジア・アフリカ地域の展開は僅かにとどまる。今日、開発途上国で開発活動がますます活発になっていることを考慮すれば、これは深刻に憂慮すべき状況といえよう。その根本的要因は、このような義務の実施において開発途上国や経済的過渡期国が抱える、技術、財政および人材面での十分な資源の不足である。さらに、とりわけ EIA に関する義務については、国内環境規制との密接な結びつきも一つの障壁となっていると推定される。この点で、手続的義務をめぐる南北格差は、国内環境規制の進展における先進国と開発途上国間の格差の反映でもある。けれども、手続的義務は、もともと実体的義務と対比される「柔らかい」規律を本質とするものであり、その定式化においても柔軟な性格をもつ。ゆえに、持続可能な発展を積極的に推進する手段として、むしろ開発途上国にとってきわめて有用なツールたりうるだろう。したがって、将来に向けてその積極的な活用を促すための国際協力が強く望まれる。

27)　M. Koyano, "Effective Implementation of International Environmental Agreements: Learning Lessons from the Danube Delta Conflict," in Komori, T. & K. Wellens (eds.), *Public Interests Rules of International Law: Towards Effective Implementation*, Ashgate Publishing Surrey, 2009, pp.259-291; "The Significance of the Convention on Environmental Impact Assessment in a Transboundary Context (Espoo Convention): Examining the Implications of the Danube Delta Case," 26-4 *Impact Assessment and Project Appraisal* (2008), pp.299-314; 「多国間環境条約の執行確保と複数の条約間の調整──『ダニューブ・デルタ事件』の分析を中心に」中川淳司・寺谷広司編『大沼保昭先生記念論文集──国際法の地平』（東信堂，2008年）574-631頁.

28)　Koyano, *supra* note 3, pp.136-145.

29)　*Ibid.*

〈参考文献〉

1．児矢野マリ「環境影響評価に関する国際法と日本」柳原正治・森川幸一・兼原敦子・濱田太郎編『国際法秩序とグローバル経済——間宮勇先生追悼』（信山社、2021年）481-519頁。

　　国際法における環境影響評価に関する義務の発展の到達点を包括的に整理し、それに照らして日本の関連国内法制の問題点と課題を整理し、将来を展望する。

2．J. Brunnée, *Procedure and Substance in International Environmental Law*, Brill/Nijhoff, 2020.

　　国際環境法における手続的義務と実体的義務の関係について、条約や国際判例などの実証分析を通じて理論的に整理する。

3．M. Koyano, "The Significance of Procedural Obligations in International Environmental Law: Sovereignty and International Co-operation," 54 *Japanese Yearbook of International Law*（2011）, pp.97-150.

　　環境危険活動に関する手続（EIA、通報、協議、モニタリング、情報交換）による規律を、実体的な規律と対比しつつ包括的に実証分析し、その意義と課題を解明する。

4．N. Craik, *The International Law of Environmental Impact Assessment: Process, Substance and Integration*, Cambridge University Press, 2008.

　　EIA に関する国際約束とその国内実施に関して包括的に記述することを通じて、EIA が国際環境法において担う役割について整理する。

5．児矢野マリ『国際環境法における事前協議制度——執行手段としての機能の展開』有信堂高文社、2006年。

　　環境分野における条約上の事前協議手続を包括的に分析し、その「行政的手法」としての機能を明らかにすることを通じて、国際環境法の執行過程の構造と特質を明らかにする。

【問い】

1．国家は、自国の管轄または管理のもとで他国または国境を越える地域もしくは場所の環境に重大な悪影響を生じるおそれのある活動に着手しようとする場合、国際慣習法上いかなる義務を負うか。

2．国際環境法において、手続的義務にはいかなる機能および効用を期待することができるか。

3．国際環境法において、手続的義務にはいかなる限界および問題点があるか。また、それにはいかにして対処することができるだろうか。

5章　国際環境法における履行確保
（国家報告制度、不遵守手続など）

西村　智朗

1.　はじめに

　国際環境法も国際法の一分野である以上、一般国際法の適用を受ける。したがって、多数国間環境協定の締約国は、当該協定を「誠実に履行しなければならない（条約法に関するウィーン条約26条）」。そして、ある締約国の多数国間環境協定の義務違反は、条約不履行を構成し、それが重大な違反の場合、他の締約国により、協定の終了または運用停止の根拠として援用される可能性がある（同条約60条2項）。また締約国の協定義務違反は、それが国家の行為に帰属するかぎり、国際違法行為を構成し、国家責任を発生させる（国際違法行為に対する国家責任に関する条文1条および2条）。違法行為国（責任国）は、当該行為を停止し、再発防止措置をとることはもちろん、国際違法行為により生じた侵害に完全な賠償を行う義務を負う（同条文30条および31条）。

　ただし、多数国間環境協定の多くは、締約国の相互の権利義務を規定するというよりもむしろ、地球環境保全という国際社会の共通利益の保護を目的としており、一般国際法をそのまま適用すると、本来の目的を達成できない可能性がある。たとえば、気候変動や生物多様性の喪失などの地球規模環境問題について、多数国間環境協定によって対処するためには、できるだけ多数の締約国を確保することが期待されているが（普遍性の要請）、条約の終了は、そもそも条約の目的を達成することに逆行する。また損害賠償など義務違反に対する厳しい責任追及は、多数国間環境協定への参加を躊躇させる要因となる。したがって、国際環境法には、締約国の協定不遵守を監視するとともに、締約国が積極的に協定義務を履行するよう促す独自の制度を置くことが期待される。

　本章では、多くの多数国間環境協定が導入している情報交換義務および国家報告制度ならびに不遵守手続について、その内容と課題を概観する。

2.　国際環境法における情報の共有と管理の枠組み

⑴　一般国際法としての事前通報義務

　多数国間環境協定における情報交換義務に関連して、一般国際法上認められる国家間の環境に関する情報提供義務について確認しておく必要がある。国家主権に基づき、国家は自国領域を自由に使用することができるが、その一方で自国領域に存在する危険を他国に通報する義務を負う（1949年コルフ海峡事件国際司法裁判所本案判決[1]）。また、越境環境問題において、国家は自国領域の使用が他国に影響を与えるおそれがある場合には、事前にそれを通報し、必要に応じて誠実に協議する義務を負うとされる。国際河川の利用方法をめぐって上流国フランスと下流国スペインとの間で争われたラヌー湖事件仲裁裁判判決（1957年）で、裁判所は、上流国は下流国の利益に合理的考慮を払う必要がある一方、下流国は自国の領土保全の権利のみでは上流国の領域使用（河川の転流）を制限できないと判断した[2]。

　環境問題に関する情報管理の重要性について、1972年のストックホルム宣言では、科学技術の交流に関する支援についての言及（原則20）にとどまったが、イタリアのセベソで発生した農薬工場爆発に伴う汚染土壌の越境投棄事件（1982年）や旧ソ連のチェルノブイリで勃発した原子力発電所爆発事故（1986年）などで、環境に関する情報の共有の必要性が再認識されると、先進国を中心に越境事故に関する情報の交換に関する規則の作成が行われた。すでに1974年に越境汚染のおそれのある活動に対する通報協議に関する理事会勧告を採択していた経済協力開発機構（OECD）は、1988年に越境事故情報の交換に関する理事会決定[3] を採択し、有害施設に関する情報交換、緊急措置の組織化、緊急警報の伝達といった国際協力の強化を促した。

---

1)　The Corfu Channel Case, *ICJ Rep.* 1949, pp.22-23.

2)　Affaire du lac Lanoux, *RIAA* Vol.12, p.281.

3)　Decision of the Council on the Exchange of Information concerning Accidents Capable of Causing Transfrontier Damage [C(88)84/Final], 8 July 1988.

その他にも、1986年の原子力事故の早期通報に関する条約や1989年の有害廃棄物の国境を越える移動およびその処分の規制に関するバーゼル条約等、越境環境問題に関する情報交換を義務づける多数国間環境協定が採択された。国連も1992年のリオ宣言において、有害物質の移転防止（原則14）、緊急事態の通報支援（原則18）に加え、事前通報（原則19）を確認するなど、環境情報の共有と事前通報に関する義務の認識は、相当程度一般化したといえる。

(2)　多数国間環境協定における情報交換の制度化と国家報告制度

　国境を越える環境汚染や地球規模の環境問題を解決するために、対象となる環境問題の現状をできるかぎり正確に把握し、原因行為や有害物質の特定および適切な対応策を集積することはきわめて重要である。また、これらの情報は、科学的知見の向上に伴い、適宜更新していく作業も必要となる。そのために、多くの多数国間環境協定は、締約国間の協力と協働を基礎として、協定が対象とする環境問題の現状について、締約国から情報を収集し、それを共有する制度を置いている[4]。

　このような環境保全に関する情報管理に関して、最も原初的なものは、情報交換である。情報交換は、利害関係を有する二国または関連する複数国の間で直接行われることもあるが、多くの協定は、締約国に必要な情報を条約機関に提供することを義務づける。たとえば、ラムサール条約[5]において、締約国は、領域内の登録湿地の生態学的特徴の変化について、遅滞なく条約事務局に通報する義務を負う（8条2項）。また、このような情報交換は、生物多様性条約[6]（17条1項）やモントリオール議定書[7]（9条1項など）にみられるように、必要に応じて任意に行われることが多い。

　このような環境情報の交換に加えて、多数国間環境協定が目的とする環境保全を実現するために、各締約国の持つ情報や国内での実施措置を定期的に報告させる実例も増えている。とくに、多数国間環境協定が、特定の環境保全を目

4）　P. Birnie & A. Boyle, *International Law and the Environment*, 3rd ed., Oxford University Press, 2009, pp.242-243.
5）　正式名称は，特に水鳥の生息地として国際的に重要な湿地に関する条約.
6）　正式名称は，生物の多様性に関する条約.
7）　正式名称は，オゾン層を破壊する物質に関するモントリオール議定書.

的とし、そのための対応措置を各締約国に求めるとしても、実際には問題となる行為のほとんどは、企業の生産活動や市民の消費行為であることから、協定の義務は、各締約国の国内法や行政上の措置に委ねられることになる。そこで、多数国間環境協定の多くは、関連情報に加えて各締約国が国内でとった立法上、行政上または司法上の措置について定期的に条約機関に報告する義務を課す。たとえば気候変動条約[8]のすべての締約国は、温室効果ガスの排出および吸収源による除去に関する自国の目録、条約の実施のための措置の概要などを送付する義務を負う（12条1項）。これに加えて、附属書Ⅰに掲げられる先進締約国は、共通に有しているが差異のある責任原則に基づいて、約束履行のために採用した政策および措置のほか、上記の政策および措置が、温室効果ガスの発生源による人為的な排出および吸収源による除去に関してもたらす効果の具体的な見積りなどを報告しなければならない（同条2項）。このような情報は、事務局を通じて締約国会議および関連する補助機関に伝達される。締約国会議は、必要な場合には、情報の送付に関する手続についてさらに検討することができる（同条6項）。事務局は、秘密性を保護しなければならないものを除いて、集められた情報について、その内容を公に利用可能なものとする（同条10項）。

　また、締約国がこれまでとってきた実施措置だけでなく、将来とりうる措置の計画を提出させる協定もある。砂漠化対処条約[9]は、砂漠化の影響を受ける締約国に対して、砂漠化に対処しおよび干ばつの影響を緩和するための戦略ならびにその実施に関する情報だけでなく、行動計画を作成する場合は同計画およびその実施についても詳細に記述することを義務づける（26条2および3項）。

　条約機関に提供された情報は、多くの場合、締約国間で共有され、評価を受ける。気候変動条約は、締約国会議の任務として、この条約により利用が可能となるすべての条約に基づき、締約国によるこの条約の実施状況、この条約に基づいてとられる措置の全般的な影響およびこの条約の目的の達成に向けての進捗状況を評価し、この条約の実施状況に関する定期的な報告書を検討しおよび採択することならびに当該報告書の公表を確保することを規定する（7条2

---

[8]　正式名称は，気候変動に関する国際連合枠組条約.
[9]　正式名称は，深刻な干ばつ又は砂漠化に直面する国（特にアフリカの国）において砂漠化に対処するための国際連合条約.

項(e)および(f))。

　このように、各国が制定した国内法や実施する措置が公表されることにより、透明性と利用可能性が確保され、締約国間相互の遵守の保証を付与するとともに、各締約国間の遵守状況が明らかになることで不遵守への抑止力が高まることが期待される。また、締約国に提供される情報は、自国の対応の改善に参考となりうる。

3.　遵守手続

(1)　遵守手続の沿革とその形成

　国連環境計画が作成したガイドラインによると、多数国間環境協定の遵守（compliance）とは、「多数国間環境協定…に基づく義務を当該協定の締約国が履行すること[10]」を意味する。先述したように、環境協定も国際法の成立形式の一部であり、当該協定に規定される義務の不履行は、一般的には国家責任法や条約法の適用を受ける。しかしながら、国家責任の帰結としての原状回復や損害賠償は、事後救済的な効果にとどまるため、地球規模環境問題に期待される事前予防に十分対応できない。また条約法に基づく対応も、義務違反により協定の適用を停止したり終了したのでは、協定の目的である環境保全は達成できない。しかも、環境協定が違反国に対して厳格な制裁措置を用意する場合、締約国になることに躊躇する国が増えることから協定の普遍的参加という立場にむしろ逆行する可能性が高い。そもそも、環境協定の義務の不履行が発生した場合、それは締約国（とくに開発途上国）の故意・過失というよりも、資金や技術の不足を原因とする政策実施の能力上の問題である場合が多い。したがって、多数国間環境協定における遵守手続（compliance measure/procedure）とは、協定締約国による義務の履行を協定機関が監視し、履行できない、または履行できなかった場合にその対応を協議し決定する協定内の手続であり、前述の情報提供義務を前提としつつ、それを制度的に拡張させた手続である。なお、協

---

10)　UNEP（2002）, Governing Council Decision SS.VII/4, "Compliance with and enforcement of multilateral environmental agreements", UNEP（DEPI）/MEAs/WG.1/3, annex II（Feb 2002）

定によっては、不遵守手続と呼ぶものもあるが、制度の意義や性格に違いはない。

　現在では、ほとんどの多数国間環境協定が遵守手続を導入しているが、ストックホルム会議の時代に採択された協定、たとえば、ラムサール条約やワシントン条約は、遵守手続に関する条文上の根拠規定を持たず、締約国会議の任務として協定の実施状況を検討し、勧告するにとどまっていた（ラムサール条約6条2項およびワシントン条約11条3項）。

　普遍的な多数国間環境協定として、遵守に関する規定を初めて置いたのは、オゾン層の保護のためのウィーン条約に基づいて採択されたモントリオール議定書である。同議定書は、「不遵守（non-compliance：公定訳では「違反」）の認定及び当該認定をされた締約国の処遇に関する手続及び制度を検討し及び承認」（8条）し、第4回締約国会合（1992年）で不遵守手続およびその帰結としてとることができる措置の例示リストを採択した[11]。その後、気候変動条約のもとで採択された京都議定書、生物多様性条約のもとで採択されたカルタヘナ議定書[12]および名古屋議定書[13]など、1992年のリオ会議以降に採択された多数国間環境協定のほとんどは、条文のなかで協定の不遵守に対する対処についての手続および制度について効力発生後に開催される締約国会議で承認することを確認する。

(2)　遵守手続の概要

　環境協定の遵守手続は、その名称や機能を含めて条約ごとに異なるが、今日ではある程度の共通性を確認することができる[14]。まず、環境協定は、締約国会議のもとに、遵守を検討するための専門の委員会（遵守委員会）を設置する。委員は、国連の地域グループなど地理的衡平性に配慮して選出されることが多い。委員は、モントリオール議定書のように締約国として選出されることもあ

---

11)　Fourth Meeting of the Parties to the Montreal Protocol on Substances that Deplete the Ozone Layer, Decision IV/4 Non-Compliance Procedure, 1992.

12)　正式名称は、生物の多様性に関する条約のバイオセーフティに関するカルタヘナ議定書.

13)　正式名称は、生物の多様性に関する条約の遺伝資源の取得の機会及びその利用から生ずる利益の公正かつ衡平な配分に関する名古屋議定書.

14)　Gerhard Loibl, "Compliance Procedures and Mechanisms", in Malgosia Fitzmaurice, David M. Ong, and Panos Merkouris ed., *Research Handbook on International Environmental Law*, Edward Elgar Pub, pp.426-449.

るが、京都議定書[15]、カルタヘナ議定書[16]、および名古屋議定書[17] など、最近
の遵守手続では、科学、技術、社会経済または法律といった関連分野の専門性
を考慮しつつ、個人の資格で選出されている。

　遵守手続は、事務局などの条約機関や締約国による付託によって開始され
る。とくに締約国からの付託については、不遵守締約国自身による付託（すな
わち自己申告）も受領可能である点が特徴的である。手続が開始されると、事
務局は関連締約国に情報を送付し、得られた回答および情報は委員会に送付さ
れる。関連締約国は委員会の討議に参加することができ、その結果を踏まえ
て、委員会は適当と考える措置を締約国会議に勧告する。

　遵守手続の性格として、委員会によりとられる措置は、義務不履行に対して
懲罰的・敵対的な性格を有するものではなく、事案の友誼的解決や協力的な遵
守の促進を目的とする。したがって、不遵守の帰結は、手続および制度の目的
に応じて、助言または支援および遵守のための行動計画の作成などが含まれ
る。もっとも、不遵守の宣言（オーフス条約[18]、名古屋議定書）や特定の権利停
止（モントリオール議定書、京都議定書）など、制裁的色彩の濃い措置を用意する
手続も存在する。また、カルタヘナ議定書や名古屋議定書は、不遵守が継続す
る場合に特別の措置を検討することができる。

　遵守手続のなかで、最も顕著な例外は京都議定書の手続である。同議定書

15)　Decision 27/CMP.1 Procedures and mechanisms relating to compliance under the Kyoto Protocol, in Report of the Conference of the Parties serving as the meeting of the Parties to the Kyoto Protocol on its first session, held at Montreal from 28 November to 10 December 2005, Decisions adopted by the Conference of the Parties serving as the meeting of the Parties to the Kyoto Protocol, FCCC/KP/CMP/2005/8/Add.3, 30 March 2006, pp.92-103.

16)　Decision BS-I/7. Establishment of procedures and mechanisms on compliance under the Cartagena Protocol on Biosafety, in Report of the first meeting of the Conference of the Parties serving as the meeting of the Parties to the Protocol on Biosafety, UNEP/CBD/BS/COP-MOP/1/15, 14 April 2004.

17)　Decision NP-1/4. Cooperative procedures and institutional mechanisms to promote compliance with the Nagoya Protocol and to address cases of noncompliance, in Report of the First Meeting of the Conference of the Parties to the Convention on Biological Diversity serving as the Meeting of the Parties to the Nagoya Protocol on Access to Genetic Resources and the Fair and Equitable Sharing of Benefits Arising from their Utilization, UNEP/CBD/NP/COP-MOP/1/10, 20 October 2014.

18)　正式名称は，環境に関する情報へのアクセス，意思決定における市民参加，および司法へのアクセスに関する条約（日本は非締約国）.

は、遵守委員会のなかに遵守促進部と遵守執行部の二つの部会を置く。とくに、後者は京都議定書の中核的義務である先進締約国の温室効果ガス排出削減の数量化された約束（排出削減数値目標）を達成できなかった場合に、議定書の約束不遵守を宣言し、当該締約国の次期約束期間の割当量から超過排出量の1.3倍の排出量控除や遵守行動計画の作成のほか、議定書に定める排出量取引に基づく排出量の移転の適格性の停止を決定することができる。この決定は、締約国会議ではなく、遵守委員会が独立して行えるが、他方でこの決定に対して適正手続を侵害されたと信ずる場合には、締約国は議定書の締約国会合（として機能する条約の締約国会議）に上訴することができる。このように京都議定書の温室効果ガス排出削減数値目標の不遵守については、司法手続に類似する手続を用意している。ただし、議定書18条は「この条の規定に基づく手続及び制度であって拘束力のある措置を伴うものは、この議定書の改正によって採択される」と定められているものの、必要な改正は行われていない。

　このような遵守手続の法的性質について、締約国間の紛争解決手続の一つである調停とみる立場や裁判外紛争解決の形式であるとする見方[19]もあるが、ほとんどの遵守手続は、その手続規則のなかで、遵守に関する手続および制度は、当該環境協定が別に規定する紛争解決手続を害することなく機能することを確認していることから、紛争解決手続とは異なる環境協定独自の制度と理解することが適当である。

(3)　遵守手続の新たな傾向

　遵守手続は、環境保護という目的を達成するために締約国が相互に監視し、不遵守の状態を克服するために編み出された特殊な制度である。そのため、手続はあくまでも締約国間の調整という側面をもつことは間違いない。他方で、手続における検討の透明性や正統性を確保するための措置も導入されつつある。たとえば、京都議定書の手続は、委員会の二つの部会の10名の委員のうち、それぞれ1名を気候変動に脆弱な開発途上島嶼国から選出する。京都議定書を引き継ぐ形で2015年に採択されたパリ協定も2018年の締約国会議決定で作成した遵守手続[20]のなかで、関連する科学的、技術的、社会経済的または法

19)　P. Birnie & A. Boyle, *supra* note 4, p.245.

的分野で認められた能力を有する12名の委員を国連の五つの地域グループから各2名、ならびに開発途上島嶼国および後発開発途上国から各1名を選出する（そのほかに、ジェンダーバランスの目的を考慮に入れなければならない）。また、名古屋議定書の遵守手続は、15名からなる委員のほかに、オブザーバーではあるが、2名の先住人民の社会および地域社会からの代表を選出する。

　モントリオール議定書、京都議定書、カルタヘナ議定書、名古屋議定書など、多くの遵守手続は、条文のなかでは詳細を確定させず、発効後に開催される最初の締約国会議決定によって具体的な手続および制度を決定してきた。もっとも、水銀に関する水俣条約やパリ協定などのように、採択時に遵守手続の目的や性格が共有できたことから、あらかじめ遵守手続の枠組みを条文で確認する条約も出現している。

〈参考文献〉

1. 松井芳郎他編『国際環境条約・資料集』（東信堂、2014年）。
　　カルタヘナ議定書、モントリオール議定書、京都議定書、長距離越境大気汚染条約の議定書、オーフス条約の遵守手続が掲載されている。
2. 西村智朗「国際環境条約の実施をめぐる理論と現実」東京大学社会科学研究所『社会科学研究』57巻1号（2005年）39-62頁。
　　多数国間環境条約の実施と遵守手続に関する学説の推移と国際法における位置づけについて整理している。

【問い】

1. それぞれの多数国間環境協定が、協定上の義務の履行をどのように確認しようとしているか、各協定の条文を確認してみよう。
2. モントリオール議定書、京都議定書、パリ協定の各遵守手続について、遵守を監視する組織（委員会）の役割や不遵守に対する対応について比較してみよう。

---

20)　Decision 20/CMA.1 Modalities and procedures for the effective operation of the committee to facilitate implementation and promote compliance referred to in Article 15, paragraph 2, of the Paris Agreement, in Report of the Conference of the Parties serving as the meeting of the Parties to the Paris Agreement on the third part of its first session, held in Katowice from 2 to 15 December 2018, FCCC/PA/CMA/2018/3/Add.2, 19 March 2019.

6章　日本における国際環境条約の実施

鶴田　順

1．はじめに

　伝統的に国際法が規律してきたのは平等な主権国家間の権利義務関係である。国際社会は平等で絶対的な主権を有する国家の行動自由の場であり、国際法は「合意は拘束する」という原理を根本規範とする、主権国家が自らの活動の自己抑制を相互に約束し合うことによって成立する脆弱で現状肯定的な規範にすぎないとされた。条約は主権国家間の利益調整の結果が権利義務関係として明文規定にまとめられたものにすぎないとされた。

　しかし、今日では、国境を越える人・企業・業界団体・メディア・国際組織・非政府組織の活動やモノ・資金・情報の移動の量の増大と質の変化（いわゆるグローバル化）により、とりわけ環境、人権、労働、犯罪などの分野において、国際法が、それぞれが対象としている問題状況の防止・改善・克服という目的実現のために、国家間関係を規律するのみでなく、各国国内における統治のあり方、国家とその管轄下にいる私人の関係をより一層規律するようになり、そのような規範内容を有する国際法の目的実現の一つの場面・過程である各国国内における実施を、国家間で相互に、また多数国間条約では締約国会議（COP）、締約国会合（MOP）、遵守委員会や履行委員会などの条約機関によって国際的に管理・監督するにいたっている。

　とりわけ、地球環境保護という国際社会の共通利益の増進を目的とする多数国間環境条約においては、条約上の義務が対世化・客観化し、すべての締約国が他の締約国による義務の履行に関心を有し、履行確保のためのさまざまな手続・制度が用意されている（⇒5章）。多数国間環境条約が設定した規範に逸脱した行為への対応は、伝統的国際法における権利義務の国家間性を基礎にして

発展してきた国家責任法や紛争解決手続による事後的な対応では限界があるからである。

　また、多数国間環境条約では、条約規範を漸進的に発展・強化させていく過程において、締約国の義務違反により生じる責任を追及することよりも、義務の不履行の原因の解消、すなわち、締約国の協力による条約規範の履行能力の構築・向上を図ることなどに重きを置く必要がある。多数国間環境条約では条約目的や基本原則が設定され、当該目的を達成するために、また当該基本原則を踏まえて、個別・具体的な規則を徐々に設定していく。条約規範は条約採択時に設定された内容のままでとどまるのではなく、条約目的の実現に向けて、また環境にまつわる問題状況の変化や科学的知見・技術の進展を踏まえて定期的に見直しがなされ、漸進的な発展・強化が図られていく。

　本章は、国際環境条約が設定した目的の実現に向けた動態過程（条約目的実現過程）を整理したうえで[1]、条約目的実現の一つの場面・過程である各締約国における条約の実施（国内実施）について、条約規範を踏まえた国内法整備に焦点をあててみていく。

2.　国際環境条約の目的実現過程

(1)　国際環境法における条約の位置づけ

　一般的に、国際法の存在形式としての法源は、主に、条約、国際慣習法と「法の一般原則」の三つである。国際環境法の分野においては「条約」がとりわけ重要な法源である。特定の損害の防止のための目標や具体的な基準を設定したり、特定の物質の排出基準や輸出入規制を設定するためには、条約による明文の規定が必要不可欠である。油や廃棄物の投棄による海洋汚染の防止、オゾン層の破壊や気候変動の原因となる物質の排出の規制、有害廃棄物や有害化学物質の越境移動の規制、絶滅のおそれのある種や生物多様性の保護・保全などのための規範の設定においては、個々の問題に対応した個別・具体的かつ迅

1）　国際環境条約の動態過程については，cf. 鶴田順「国際環境枠組条約における条約実践の動態過程」城山英明ほか編『融ける境 超える法　第5巻 環境と生命』（東京大学出版会，2005年）209頁，鶴田順「『国際環境法上の原則』の分析枠組」『社會科學研究』（東京大学）57巻（2005年）74頁.

速な規範の設定が必要である。また、そうした規範が科学的知見・技術の進展
や問題状況の変化に柔軟に対応することも必要である。

　海や河川などの特定の領域の環境保全を目的とする条約は1972年の人間環境
宣言採択以前にも存在したが、地球環境保護に関する条約の定立が開始された
のは人間環境宣言の採択以降、とりわけ1980年代に入ってからである。1980年
代から1990年代にかけて多くの多数国間・二国間環境条約が定立された。とり
わけ、海洋汚染、酸性雨、オゾン層の破壊、地球温暖化などの地球規模の広が
りを有する環境問題で、問題状況の防止・改善・克服のために多くの国の参加
と協力を必要とする分野については、多数国間環境条約が問題対処のための国
際協力の基盤を提供している。

(2)　環境条約の課題

　条約という法形式においては、ある特定の時期にある特定の国際法規範を成
文化するため、変化し続ける現実との関係で、現実適合性を確保する必要が生
じる。とりわけ国際環境条約においては、環境にまつわる問題状況の変化や科
学的知見・技術の進展との調整を、継続的に、また迅速かつ柔軟に行うこと
が、条約の存続とその目的実現にとって必須の課題となる。しかし、ここでの
対応は、あくまでも規範としての自律性を失わない限りでの対応である必要が
ある。国際環境条約は、条約規範の現実適合性確保と規範としての自律性確保
という二つの要請にいかなる方法で応えるかという課題を課せられている。

　地球規模の広がりを有する環境問題に対処するためには、まずは個々の環境
問題に対応した条約に多くの国が参加することが重要である。たとえば、条約
が厳しい環境基準を設定し、一部の国のみが当該条約に参加することとなった
場合、それらの国の製造業の国際競争力の低下を招く可能性がある。二国間や
少数国間の短距離越境汚染問題については、損害の発生を受けて、問題状況を
国家間の紛争として法的に構成し、国家責任法や紛争解決手続によって事後救
済を図ることも可能ではある。他方で、地球規模の広がりを有する環境問題に
ついては、環境の悪化や損害が発生したとしても、原因行為の多様性や非特定
性（原因行為と損害発生をつなぐ科学的知見が不十分であることなど）、原因行為国
（加害国）と被害国の複数性や重複性（気候変動の原因となる温室効果ガスの人為的

排出やオゾン層破壊の原因となるクロロフルオロカーボン〈CFC〉などの化学物質の大気への放出は、程度の差はあるにしても、すべての国が日常的に・不可避に行うことなど）という性質を有する。各国国内における私人や私企業の活動が原因行為ではあるものの、地球規模の広がりを有する環境問題は、各国が単独で、また少数の国が協力することで、実効的に対処できる問題ではない。多くの国が条約に参加し、できるだけ同じ規範に服し、基本的な考え方や方向性を共有し、国際的に協力して問題状況の防止・改善・克服にあたることが重要である。

(3)　枠組条約方式の採用

　国際的な環境問題を対象とする条約には、多くの国の参加を確保し、また条約外の変化や進展に迅速かつ柔軟に対応できるように枠組条約方式を採用しているものがある。枠組条約方式とは、条約本体では、条約のもとで設置される事務局等の組織構成、条約の改正手続、附属書や議定書の採択・改正手続について規定するとともに、締約国の問題状況の改善・克服に向けた協力のあり方については一般的・抽象的な規範内容の基本原則、権利や義務を規定するにとどめ、多くの国が参加しやすい規範内容とし、当該規範を具体化するための詳細な基準や要件は、条約の定立・発効後に定期的に開催される締約国会議などで採択・改正される議定書、附属書、決議や勧告などによって定めようとする条約方式である[2]。

　枠組条約方式は、今日、地球規模の広がりを有する環境問題を対象とする多くの普遍的な多数国間条約において、また地域的な環境問題を対象とする条約においても採用されている。枠組条約と議定書の組合せは多くの多数国間条約が採用している。オゾン層保護については1985年に採択されたウィーン条約と1987年に採択されたモントリオール議定書、地球温暖化については1992年に採択された国連気候変動枠組条約と1997年に採択された京都議定書という組合せである。

　条約の附属書は条約の不可分の一部を構成するが、条約本体の条文では一般

　2）　枠組条約方式については，cf. 山本草二「国際環境協力の法的枠組の特質」『ジュリスト』1015号（1993年）145-149頁，兼原敦子「国際環境保護と国内法制の整備」『法学教室』161号（1994年）42-46頁.

的な規則を規定し、他方で附属書では具体的・詳細な規制対象や規制方法について規定するというように、規律密度に応じて両者は使い分けがなされる。条約本体の条文ではなく、条約の附属書を採択・改正することにより、問題状況の変化に伴う規制対象の変化や科学的知見・技術の変化・進展に応じた規範設定を迅速かつ柔軟に行うことが可能となる。

⑷　締約国会議等の設置とその意義──条約規範の定立過程と実施過程の連結・循環

　環境条約の多くでは、締約国に対して、条約の国内的実施のための立法措置等の「適当な措置」をとることを義務づけている。また、条約を目的実現に向けて展開させるための機関として定期的に開催する締約国会議（COP）を設置し、締約国に対してCOPへの定期的な報告を義務づけている。義務づけられた報告の範囲はさまざまであるが、少なくとも、各締約国によってとられた条約の国内的実施のための措置、たとえば、条約の規定内容を各締約国で実施するための個別の法律（国内担保法）の整備状況については報告するように義務づけている。各国国内における私人や私企業の活動（温室効果ガスやCFCの排出、稀少野生動植物や有害廃棄物の国際取引など）が地球規模の広がりを有する環境問題や国際的な環境問題の原因行為であることから、締約国が条約規範を踏まえて国内法を整備し、当該国内法に基づき私人や私企業の活動を規制することは、条約目的の実現にとって実際的で有効な手段である[3]。COPでは締約国による条約の国内的実施に関する報告の検討などを踏まえて、条約目的の実現のために条約規範の維持・強化が図られ、維持・強化された条約規範がその後の各締約国における条約の実施の基盤となる。COPで採択される決議や勧告の多くは締約国を法的に拘束するものではないが、それゆえに採択に係る締約国の合意が得られやすく、問題状況の変化に伴う規制対象の変化や科学的知見・技術の変化・進展に応じた規範設定を迅速に行うことができるという利点を有し、条約目的の実現において重要な役割を担っているといえる。

3）　Cf. 兼原，前掲論文，注⑵，43頁，小森光夫「条約の国内的効力と国内立法」村瀬信也・奥脇直也編『国家管轄権（山本草二先生古稀記念）』（勁草書房，1998年）541-542頁．児矢野マリ「グローバル化時代における国際環境法の機能」『論究ジュリスト』23号（2017年）60-61頁．

3. 国際環境条約の国内実施

⑴ 国際法による国内実施のあり方の義務づけ

　国際法の規範内容の各国の国内法制への編入（国内法化）のあり方は、社会的・経済的・政治的・文化的要因など、さまざまな要因によって決まるものであるが、本章では、国際法が各国国内における実施（国内実施）のあり方をどのように義務づけているかに着目して整理・検討を進める。

　まず、国際法が、国に対して、国際法が定めた特定の結果が達成されることを義務づけている場合がある。そのような結果を達成するための措置・方法のあり方、たとえば、各国が国際法の国内実施のために何らかの法律（国内担保法）の整備を行うか否か、国内担保法の整備は特段行わずに行政的に対応するかなどは、各国の判断に委ねられている。モントリオール議定書は、各締約国が附属書に掲げる規制対象物質の消費量と生産量を規制し、最終的にはその消費量と生産量をゼロとすることを求めているが、そのような結果を達成するための措置・方法については特定せず、各締約国に委ねている。京都議定書は、先進締約国には数値化された温室効果ガスの削減義務を課しているが、数値目標を達成するための措置・方法については各締約国に委ねている。

　次に、国際法が、国に対して、国際法が設定した趣旨および目的の実現のために特定の措置・方法をとることを義務づけている場合がある。このような措置・方法には、条約の規定内容を各締約国の国内で実施するための法律（国内担保法）の整備を義務づけているものがある。国際環境条約では、条約がある特定の行為を規制対象としたうえで、「締約国は、この条約の規定を実施するため、この条約の規定に違反する行為を防止し及び処罰するための措置を含む適当な法律上の措置、行政上の措置その他の措置をとる」（バーゼル条約4条4項）などと規定することで、各締約国に国内担保法の整備などの国内措置を講じる義務を課していることがある。このように、条約が各締約国に対して条約規定に違反する行為の処罰義務を課している場合、そのような処罰義務を国内的に実施するためには、日本国憲法が採用する罪刑法定主義のもとでは、条約が規制する行為を犯罪化し処罰するための法律が必要となる。

(2)　条約の「積極的な」国内実施

　条約によって締約国が講じるように義務づけられていないが、条約目的の実現や条約に基づく規制のより効果的な実施に資するように、締約国の政策的判断によって積極的な国内措置が講じられることもある[4]。

　たとえば、日本は1975年に「絶滅のおそれのある野生動植物の種の国際取引に関する条約」（ワシントン条約）に署名したが、条約の国内的実施のために必要な措置の検討や国内で野生動植物を利用している各業界との調整に時間を要し、1980年に締結して締約国となった。日本はワシントン条約の締結に際し、条約に基づく輸出入規制を国内的に実施するために既存法の改正、具体的には外為法、関税法と漁業法の改正を行った[5]。その後、日本における条約の実施が不十分であり、条約に違反するかたちで規制対象種を大量に輸入し続けているなどの国際的な批判にさらされたことを受けて、日本に密輸入された後の日本国内における取引（国内取引）も規制するために、1987年に「絶滅のおそれのある野生動植物の譲渡の規制等に関する法律」を新たに制定した。同法の制定はワシントン条約が各締約国に課した義務を日本で実施するための法律（国内担保法）の整備ではないが、ワシントン条約による国際取引の規制を・より効・果・的・に実施するために講じられた立法措置といえる[6]。

　また、オゾン層保護条約とモントリオール議定書は締約国にオゾン層破壊物質の製造規制を義務づけているが、その回収・破壊は義務づけてはいない。しかし、日本では、フロン類（CFC、HCFCとHFC）を適正に回収・破壊することにより、フロン類の大気中への放出を抑制するために、「特定製品に係るフロン類の回収及び破壊の実施の確保等に関する法律」（平成13〈2001〉年法律64号）（フロン回収・破壊法）を新たに制定した。オゾン層破壊物質の大気への放

　4）　条約の「積極的な」国内実施については、cf. 島村健「環境条約の国内実施——国内法の観点から」『論究ジュリスト』7号（2013年）89頁、久保はるか「環境条約の国内実施——行政学の観点から」『論究ジュリスト』7号（2013年）91頁.
　5）　日本がワシントン条約の締結に際して講じた国内措置の詳細については、cf. 菊池英弘「ワシントン条約の締結及び国内実施の政策形成過程に関する考察」『長崎大学総合環境研究』14巻1号（2011年）5頁.
　6）　日本におけるワシントン条約の実施のために条約締結後に講じられた「積極的な」措置については、cf. 菊池，前掲論文，注（5），8頁，上河原献二「条約実施を通じた国内・国際双方の変化——ワシントン条約制度実施を例として」『新世代法政策学研究』（北海道大学）12号（2011年）204頁.

出抑制のための措置は、モントリオール議定書 9 条 1 項の研究開発に関する条項で言及されているにとどまり、1992年開催のモントリオール議定書第 4 回締約国会合における決定（Ⅳ/24の 4 項）もオゾン層破壊物質の回収・破壊のための措置を講じることを締約国に「推奨する」にとどまるものであった[7]。フロンの回収・破壊はオゾン層保護条約のもとで締約国に義務づけられた措置ではないものの、条約目的の実現に資する国内措置といえる。

⑶　条約の国内実施のための国内法整備

　条約の国内実施について、条約上の権利や義務を国内的に実施するための法律（国内担保法）の整備のあり方には、①既存法（現行法）で対応、②条約上の権利や義務の実施には不十分あるいは矛盾するような既存法の改正や廃止、③新規立法の三つがある。①と②の場合は、もともとは国内の問題状況への対応の必要性をもとに制定された既存法に「あとから」条約の国内担保法としての性格が与えられることになる。国内担保法の整備には、条約の国内担保法の所掌・執行を担う行政機関の組織法・作用法の整備も含まれる。

⑷　日本における条約の実施のための国内法整備

　①　国内法体系における条約の法的効力　　日本の国際法実務では、条約の締結に際し、国内担保法が完全に整備されていることを確保するよう努めているという（いわゆる「完全担保主義」の採用）[8]。二国間条約でも、多数国間条約でも、条約交渉で条文を確定させるときまでには、日本における条約の実施のためにいかなる国内措置が必要か、当該措置を講じるためには法律（国内担保法）が必要か、国内担保法は既存法で足りるのか、それとも新規立法が必要かなど、国内措置のあり方について関係省庁間で見解の一致にいたっていることが一般的であるという[9]。条約交渉がまとまり、条約が採択され、日本も条約締約国となるという方針決定が政府内でなされると、内閣法制局の審査に入るこ

　　7）　Cf. 高村ゆかり「環境条約の国内実施──国際法の観点から」『論究ジュリスト』7 号（2013年）76-77頁、島村、前掲論文、注（4）、89頁.

　　8）　Cf. 谷内正太郎「国際法規の国内的実施」広部和也・田中忠編『国際法と国内法（山本草二先生還暦記念論集）』（勁草書房，1991年）115頁，松田誠「実務としての条約締結手続」『新世代法政策学研究（北海道大学）』10号（2011年）313-317頁.

とになるが、当該審査には条約（およびその和文）だけでなく国内担保法案も同時に付される。既存法の改正が必要な場合にはその改正案、また新規立法が必要な場合にはその法律案が、条約と同時に審査に付されることになる。審査を通じて、条約の和文、条約の解釈、国内担保法の文言が整えられていく。内閣法制局の審査が終了すると、国会の承認を得るべき条約（国会承認条約）については、憲法73条３号に基づき、（条約それ自体ではなく）条約の締結、すなわち、日本が条約の締約国となり「条約に拘束されることについての国の同意」（条約法条約11条など）について国会に承認を求めることになるが、多くの場合、これとあわせて国内担保法案も国会に提出され成立を期すことになる。憲法73条３号は「条約を締結すること」は内閣の権限であることを規定したうえで、「但し、事前に、時宜によつては事後に、国会の承認を経ることを必要とする」と規定している。条約の締結について国会の承認が得られると、条約の締結に係る意思決定が政府内で閣議決定を通じて行われる。その後、多数国間条約の場合は批准書の寄託などによって、対外的に条約の締結に係る意思の表明がなされることとなる。国内的には、内閣の助言と承認により、締結に係る意思決定がなされた条約を天皇が公布することにより（同７条１号）、条約は国内法体系において法的効力を有する規範となる。

　　②　条約の国内実施のための国内法整備　　　国際環境条約の国内担保法のあり方について、たとえば、1972年に採択された「世界の文化遺産及び自然遺産の保護に関する条約」（世界遺産条約）の日本における実施は上記の①（既存法で対応）と②（既存法の改正や廃止）の方法によっている。文化遺産については文化財保護法（昭和25〈1950〉年法律214号）により、また自然遺産については自然公園法（昭和32〈1957〉年法律161号）と自然環境保全法（昭和47〈1972〉年法律85号）により、世界遺産条約の国内実施がなされている。

　　また、有害廃棄物の越境移動を規制するバーゼル条約の日本における実施は上記の②（既存法の改正や廃止）と③（新規立法）であり、バーゼル法の新規立法と廃棄物処理法の一部改正がなされた。「特定有害廃棄物の輸出入等の規制に関する法律」（平成４〈1992〉年法律108号）（バーゼル法）の規制対象物である

　　9）　Cf. 柳井俊二「国際法規の形成過程と国内法」広部和也・田中忠編『国際法と国内法（山本草二先生還暦記念論集）』（勁草書房，1991年）94頁.

「特定有害廃棄物等」は、日本政府が条約の規制対象物であると解釈した物と直接に重なるという特徴を有するため、条約の規制対象がリスト化された条約附属書が改正された場合にはバーゼル法の規制対象も自動的に変更されることになる。その変更は、バーゼル法の改正ではなく、バーゼル法の規制対象物をリスト化し明確化するために策定された告示の改正によって行われる。これは、条約規範の動態的展開に国内法が柔軟かつ迅速に対応していくための国内法整備のあり方といえる。

③　条約の国内実施のための国内法整備の意義　　条約を国内的に実施するための国内措置について、日本国憲法は、条約の締結には国会の承認が必要であるとする立場をとり（日本国憲法73条3号）、国会で締結について承認され、締約国となり条約に拘束されることについての意思決定が閣議決定された条約については、内閣の助言と承認により天皇が公布することとし（同7条1号）、さらに、最高法規について規定する章で「日本国が締結した条約及び確立された国際法規は、これを誠実に遵守することを必要とする」と規定し（同98条2項）、条約および確立された国際法規の遵守義務を謳っているため、条約その他の国際約束は公布によって直ちに国内法体系に受容され、特段の措置をとることなく国内法としての効力（国内的効力）を有するものとなる（「一般的受容方式」〈あるいは「編入方式」〉の採用）。仮に条約上の権利や義務を国内的に実施するための法律（国内担保法）の整備がなされなくても、公布された条約は国内法体系においてそのまま国内的効力を有する。言い換えると、日本は一般的受容方式を採用しているため、変形方式を採用している国のように、条約その他の国際約束を国内法体系に編入するために議会がそれらの規範内容を書き移すような法律を整備する必要はない。

他方で、条約を国内的に実施するために法律を整備した場合、行政機関や司法機関は当該法律を適用・執行することで条約の規範内容の国内的実現を図ることができる。そのため、公布された条約の国内法としての効力（国内的効力）が認められるとすることの実際的な意味は、条約の規定がそのままのかたちで国内法として国内的に適用・執行できる場合、すなわち、条約規定がself-executing な規定（自動執行力を有する規定）である場合に生じる。

したがって、一般的受容方式を採用する日本において、条約を国内的に実施

するための国内担保法の整備は、各締約国の行政機関や司法機関が条約の規定を直接に適用・執行できない、あるいはそれが困難なときに、行政機関や司法機関による当該条約の規定内容の国内的な実現を確保するための手段であるか、あるいは、条約の規定を直接に適用・執行できるときであっても、行政機関や司法機関による当該条約の国内実施を補強するための便宜的な手段であるのか、いずれかの意義を有するものといえる。

　条約の国内実施のために整備された国内担保法の執行にとっては、締約国が管轄下にいる私人の特定の行為を規制する国内担保法の整備がなされていれば、当該国内法の適用・執行を担当する行政機関（執行機関）が明確となり、予算や人員などの執行体制・資源の整備が図られ、そのことにより、当該行政機関は当該国内法に基づいて執行することが可能となるという意義を有する[10]。

〈参考文献〉

1．西井正弘編『地球環境条約——生成・展開と国内実施』（有斐閣、2005年）。
　　主要な地球環境条約の概説とその日本における実施、とりわけ条約を踏まえた日本の国内法整備を扱った先駆的な研究業績。
2．「【特集】環境条約の国内実施——国際法と国内法の関係」『論究ジュリスト』7号（2013年）。
　　主要な地球環境条約の日本における実施に焦点をあてた研究論文やコラムが多数収録された法学雑誌『論究ジュリスト』の特集号。
3．「日本における環境条約の国内実施——課題と展望」『環境法政策学会誌』23号（2020年）。
　　日本における環境条約の実施をテーマに行われた環境法政策学会年次大会の記録。国際法研究者、行政法研究者、行政官と弁護士による報告と議論が収録されている。大会における島村健・神戸大学教授（専門は行政法・環境法）による報告の記録として、島村健「国際的な環境利益の国内法による実現—環境条約の国内実施・再論」『行政法研究（信山社）』32号（2020年）73-116頁もある。

【問い】

1．国際環境法の法源としての条約の重要性はどのような点にあるか。
2．国際環境条約は対象としている問題状況の変化や科学的知見・技術の進展にいかなる方法で対応しようとしているか。
3．日本における条約の実施のための国内法整備にはどのような意義があるか。

10）Cf. 小森，前掲論文，注（3），555-556頁.

コラム③　日本の環境基本法・基本計画

1　環境基本法の制定

環境基本法は、1992年6月にブラジルで開催された「環境と開発に関する国際連合会議」（地球サミット）の成果を踏まえ、公害対策基本法に代わるものとして、また自然環境保全法の基本理念などに関する規定も吸収して、1993年11月12日に成立し、同年11月19日に公布・施行された。

環境基本法は、都市型・生活型公害や廃棄物の排出量の増大、気候変動、オゾン層破壊や海洋汚染などの地球規模の環境問題など、1990年代に入って関心の高まった新たな種類の環境問題に対応した施策の基本理念を明らかにし、社会の構成員それぞれの役割を規定するとともに、環境保全のための多様な施策を総合的・計画的に推進していくための枠組みを規定している。

2　環境基本法の内容

(1)　基本法とは

基本法とは、特定の分野について、国の政策の基本的な理念や方針を示すことを主たる内容とする法律である。環境基本法は、環境の保全に関する基本的な理念と各主体の責務を規定するとともに、当該理念を実現するための施策の実施について基本的な事項を規定している。これらの規定は一般的・抽象的な規範内容のいわゆるプログラム規定である。さらに、国や地方公共団体が講ずるべき諸施策として、環境基本計画の策定、6月5日を「環境の日」とすること（1972年6月5日から開催された国連人間環境会議を記念して定められた）（10条）、環境の保全に関する白書の国会への提出（12条）、環境基準（「人の健康を保護し、及び生活環境を保全する上で維持されることが望ましい基準」）の策定（16条）、公害防止計画の策定（17条）、国や地方公共団体における環境保全に関する審議会の設置などの設置についても規定している。

(2)　構成

環境基本法は3章46条で構成されている。

第1章総則は、環境の保全に関する基本理念を明らかにし（3条から5条）、国、地方公共団体、事業者および国民の責務を規定している（6条から9条）。

第2章は、国および地方公共団体の環境の保全に関する基本的施策を規定している。具体的には、環境配慮義務（19条）と環境影響評価の推進（20条）、環境の保全上の支障を防止するための規制措置（21条）、環境保全のための経済的措置の活用（22条）や民間団体等による自発的な環境保全活動の推進（26条）などの誘導措置、地球環境保全に関する国際協力の推進（32条）などについて規定している。

第3章は、公害対策審議会に代わって設けられた中央環境審議会（41条）、都道府県および市町村の環境の保全に関する審議会（43条から44条）や公害対策会議（45条）の設置について規定している。

(3)　目的・基本理念・責務

環境基本法の目的は、基本理念、各主体の責務、環境の保全の施策の基本的な事項を規定することにより、環境の保全に関する施策を総合的・計画的に推進し、もって、現在および将来の国民の健康で文化的な生活の確保に寄与するとともに、人類の福祉に貢献することである（1条）。そして、環境政策の基本理念として、次の三つを規定している。

第一に、生態系の均衡のもとに成り立っている有限な環境が、人為活動による「環境への負荷」によって損なわれるおそれが生じていることに鑑み、「現在及び将来の人間が健全で恵み豊かな環境の恵沢を享受する」とともに、「人類の存続の基盤である環境が将来にわたって維持される」ようにするべきであるとしている（3条）。

第二に、「環境の保全に関する行動がすべての者の公平な役割分担の下に自主的かつ積極的に行われるようになること」により、「環境への負荷の少ない健全な経済の発展を図りながら」「持続的に発展することができる社

会」が構築されるべきであり、また環境の保全は「科学的知見の充実の下に環境の保全上の支障」を未然に防ぐ「未然防止」を旨とすべきであるとしている（４条）。

本条は「持続可能な発展」の考え方を採用した規定であり、大量生産、大量消費、大量廃棄型社会を見直し、経済活動のあり方を環境の保全に適合的なものに変えていくべきであるとしている（環境保全と経済発展の両立）。公害対策基本法における「経済の健全な発展との調和」（1970年の同法改正で削除された経済調和条項）にみられた「経済か、環境か」の二者択一の議論は払拭された。

また、本条は、文言上は、未然防止原則を採用するにとどまり、予防原則を採用しているわけではない点には留意すべきである。予防原則は、環境リスクのメカニズムが科学的に十分に解明される以前の段階でも、損害がいったん発生すれば回復不可能である場合は、それに対処するべきだとする考え方である（⇒３章）。ただ、環境基本法が４条で採用している「持続可能な発展」の考え方（⇒２章）や19条で規定している環境配慮義務に、予防原則が含まれていると解釈することはできる。また、環境基本法が予防原則を採用しているか否かを問う質問主意書に対して、日本政府は、地球サミットで採択された「環境と開発に関するリオ宣言」第15原則で示された「予防的な取組方法」の考え方を踏まえて環境基本法４条が規定されていると述べて、予防原則の採用に肯定的な回答をしている。後述の第四次環境基本計画は「予防的な取組方法」の考え方を明文で採用している。

第三に、日本の能力を生かし、その国際的地位に応じ、「国際的協調による地球環境保全の積極的推進」に取り組むべきであるとしている（５条）。

3　環境基本計画

環境基本法は、環境の保全に関する多様な施策を、すべての主体の公平な役割分担のもと、長期的な観点から総合的・計画的に推進するため、政府全体の環境保全施策の基本的な方向を示す環境基本計画を、環境大臣が中央環境審議会の意見を聴いて計画案を作成し、閣議決定を求めると規定している（15条）。環境基本計画は６年ごとに策定され、これまで五つ策定されている。

第一次環境基本計画（平成６〈1994〉年12月16日閣議決定）では、「循環」「共生」「参加」「国際的取組」が実現される社会を構築することを長期的な目標として掲げた。

第二次環境基本計画（平成12〈2000〉年12月22日閣議決定）は、「理念から実行への展開」と「計画の実効性の確保」という２点に留意して策定された。「理念から実行への展開」については、地球温暖化対策など重点的に取り組むべき11の分野について戦略的プログラムを設定し、施策の基本的方向と重点的取組事項を提示した。

第三次環境基本計画（平成18〈2006〉年４月７日閣議決定）では、今後の環境政策の展開の方向として、環境と経済の好循環を提示し、さらに社会的な側面も一体的な向上を目指す「環境的側面、経済的側面、社会的側面の統合的な向上」などを掲げた。

第四次環境基本計画（平成24〈2012〉年４月27日閣議決定）では、環境行政の究極目標である持続可能な社会を「低炭素」「循環」「自然共生」の各分野を統合的に達成することに加え、「安全」がその基盤として確保される社会であると位置づけた。持続可能な社会を実現するうえで重視すべき方向として、政策領域の統合による持続可能な社会の構築、国際情勢に的確に対応した取組みの強化などを掲げた。

そして、第五次環境基本計画（平成30〈2018〉年４月17日閣議決定）では、日本が抱える環境・経済・社会の課題は相互に連関・複雑化しているとの認識のもと、2015年に採択された「持続可能な開発目標」（SDGs）（⇒２章）などを踏まえ、環境政策によって、経済社会システム、ライフスタイル、技術などあらゆる観点からのイノベーションの創出を図り、経済・社会的課題の同時解決を実現し、将来にわたり質の高い生活をもたらす「新たな成長」につなげていくとした。

（鶴田　順）

第二部

各　　論

個別の環境問題への対応

7章　気候変動 (地球温暖化)

高村　ゆかり

1.　はじめに

　気候変動（地球温暖化）は、温室効果ガスの大気中濃度が増大し、その結果、気温の上昇をはじめとする気候の変化を引き起こす問題である。気候変動に関する科学的知見をまとめて公表する気候変動に関する政府間パネル（IPCC）によると、石油・ガス・石炭といった化石燃料の燃焼などの人間活動が20世紀半ば以降に観測された温暖化の主な要因であった可能性がきわめて高い。海面上昇、沿岸での高潮被害、洪水による被害、極端な気象現象によるインフラなどの機能停止、熱波による死亡や疾病の増加などの影響が予測されている。生態系と人類の生存基盤である地球の気候系を変化させてしまうとして、地球環境問題のなかでも、ここ30年ほどの間、国際政治の議題としても最も高い優先順位が与えられ、日本国内においても最も注目を集めてきた問題といってよい。

　これまで、国際社会は、1992年の気候変動枠組条約とそのもとで1997年に採択された京都議定書、そして2015年に採択されたパリ協定を基礎に、気候変動問題に対処する国際制度を構築してきた。

2.　気候変動枠組条約の法制度

(1)　気候変動枠組条約採択の経緯

　気候変動問題は、1988年の国連総会で初めて取り上げられ、総会は同年12月、「人類の現在および将来の世代のための地球の気候の保護に関する決議」（国連総会決議43/53）を採択した。決議は、世界気象機関（WMO）と国連環境計画（UNEP）のもとに IPCC を設置することを支持し、「気候変動が人類の共通

の関心事」（common concern of mankind）であり、「国際的枠組のなかで気候変動を取り扱う必要かつ時宜を得た取り組みがなされるべき」ことを決議した。1989年、国連総会は、「気候に関する枠組条約と、具体的な義務を定める関連する議定書を緊急に作成」することを国家に要請する決議（国連総会決議44/207）を採択し、1990年には、総会のもとでの政府間交渉プロセスとして政府間交渉委員会を設置する決議45/212を採択した。1991年2月より交渉を開始し、1992年5月9日、「気候変動に関する国際連合枠組条約」（以下「気候変動枠組条約」）を採択した。1994年3月21日に効力が発生し、2020年3月1日現在、米国、日本を含む国際社会のほぼすべての国（196ヵ国とEU）が加入する普遍的な条約である。

(2)　気候変動枠組条約の法制度

　気候変動枠組条約は、オゾン層保護に関するウィーン条約とモントリオール議定書と同様に、枠組条約方式を採用している。枠組条約方式は、基本的な原則やその後の交渉の枠組みについての合意をまず行い、それをもとに科学的知見の発展や技術の進歩などに応じてより具体的で明確な義務を定める議定書や附属書を作成するものである。それにより、科学的不確実性などを理由に問題解決の枠組みについて一気に合意を形成するのが困難なまたは時間がかかる問題についてまず交渉の土俵を作り、時間をかけて合意を形成することができる。また、他の環境条約と同様、気候変動枠組条約も、最高意思決定機関である締約国会議（COP）の決定を通じて、京都議定書、パリ協定といった関連する条約や詳細な実施規則に関する合意を積み重ねており、気候変動問題に対処する制度は、状況の変化に応じて更新され、進化する性質を有している。

　①　究極的な目的と原則　　気候変動枠組条約2条は、条約およびCOPが採択する関連する法的文書は、「気候系に対して危険な人為的干渉を及ぼすこととならない水準において大気中の温室効果ガスの濃度を安定化させること」を究極的な目的と定める。この安定化の水準は、「生態系が気候変動に自然に適応し、食糧生産が脅かされず、かつ、経済開発が持続可能な態様で進行することができるような期間内に」達成されるべきであるとする。

　3条は、条約の目的を達成し条約を実施するための措置をとるにあたって指

表7-1　気候変動枠組条約のもとで差異化された義務

	条約で課されている義務
発展途上国（非附属書 I 国）	・目録の作成、定期的更新、公表、12条に基づく締約国会議（COP）への提出（4条1(a)）、国家計画の作成、実施、公表、定期的更新（同(b)）、12条に従った実施に関する情報の COP への送付（同(j)）など（4条1） ・研究および組織的観測（5条） ・教育、訓練および啓発（6条） ・実施に関する情報の送付（12条）
附属書 I 国（条約採択時の OECD 加盟国と市場経済移行国）	上記の発展途上国に課される義務に加えて ・気候変動を緩和するための政策と措置の実施（4条2(a)） ・これらの政策と措置とそれによる効果の見積りの情報を12条に従って送付（同(b)）など
（附属書 I 国のうちの）附属書 II 国（条約採択時の OECD 加盟国）	上記の発展途上国および附属書 I 国に課される義務に加えて ・資金の供与（4条3、4条4） ・技術移転（4条5）

針とすべき原則を定める。3条1は、「締約国は、衡平の原則に基づき、かつ、それぞれ共通に有しているが差異のある責任及び各国の能力に従い、人類の現在及び将来の世代のために気候系を保護すべきである。したがって、先進締約国は、率先して気候変動及びその悪影響に対処すべき」と定める。共通に有しているが差異のある責任（Common but differentiated responsibilities: CBDR）などを定めるこの規定に基づき、気候変動枠組条約は、附属書を用い、条約採択時の OECD 諸国（＝附属書 II 国）と市場経済移行国からなる「附属書 I 国」とそれ以外の「非附属書 I 国」という国の分類を設け、分類によって義務の内容に差異を設けている（表7-1）。

　3条3は、深刻なまたは回復不可能な損害のおそれがある場合には、科学的な確実性が十分にないことをもって、気候変動の原因を予測し、防止し、または、最小限にするための予防措置をとることを延期する理由とすべきではないと定める。この文言は、予防的アプローチを定めるリオ宣言原則15とほぼ同じである。また、3条5は、協力的・開放的な国際経済体制の確立に向けての協力原則を定め、とりわけ、気候変動に対処する措置と貿易の関係について言及し、「国際貿易における恣意的もしくは不当な差別の手段または偽装した制限となる」ような措置を禁止する GATT20条柱書きの文言を取り入れている。

　これらの原則は、その規定が一般的で、その解釈と実施にあたって締約国に大きな裁量を与えるものである。その違反の法的責任を追及できる性質のものではないが、少なくとも、締約国が、条約の目的達成と実施のために措置を策定し、実施するにあたって、参照すべき基準を提供するものといえる。

　②　緩和策（排出削減策）と気候変動の影響への適応策　　4条1は、CBDR、各国特有の開発の優先順位、目的、事情を考慮して、途上国を含むすべての締約国が、温室効果ガスの目録の作成、公表、12条に基づくCOPへの提供（4条1(a)）、気候変動の緩和措置および適応措置などを定める気候変動に対処する国家計画の作成、実施、公表（同(b)）などを行うことを定める。

　これらのすべての国の義務に加えて、附属書I国は、気候変動を緩和する政策と措置を実施し、①これらの政策と措置、②政策と措置をとったことにより予測される温室効果ガスの発生源による人為的な排出と吸収源による除去に関する詳細な情報を12条の規定に従って送付する（4条2(b)）。

　適応策については、途上国を含むすべての締約国が、前述の国家計画を作成、実施、公表、定期的更新（4条1(b)）することを定めるにとどまる。

　③　資金・技術支援　　附属書II国（条約採択時のOECD加盟国）は、途上国が条約の一般的約束を実施する費用に充てるため、新規のかつ追加的な資金を供与する（4条3）。こうした資金供与には、①12条1に基づいて報告義務を途上国が遵守するのを援助する資金供与と、②4条1が定める排出削減策など報告義務以外の措置を途上国が実施するのを援助する資金供与、の2種類がある。資金供与の対象となる費用の範囲については、COPの決定を通じて合意が積み重ねられ、これらの合意をもとに、COPが途上国の環境対策を支援する地球環境ファシリティー（GEF）に追加的なガイダンスを与えている。附属書II国は、気候変動の悪影響をとくに受けやすい発展途上国がそのような悪影響に適応するための費用を負担することについても途上国を支援する（4条4）。4条4の規定は、費用についてどこまで先進国が資金供与を行うのか4条3ほど明確ではない。

　気候変動枠組条約の資金供与メカニズムでは、先進国による分担金の支払いによる資金確保の方法を選択している。4条3、4条4は、附属書II国が資金供与を行うことを義務的な用語で定めているが、各附属書II国が行う資金

供与の水準を明示に規定していない。なお、4条3も4条4も、気候変動の緩和措置から生じる間接的な費用（たとえば、他国による化石燃料消費の削減から生じる化石燃料生産国の経済的損失など）やこうした悪影響への適応費用について対象としていない。特別気候変動基金（SCCF）、後発途上国基金（LDCF）へも先進国が資金供与すべきことがCOP7で合意された（7/CP.7）。これらのSCCFおよびLDCFの使途については、COPがその決定により運営主体であるGEFにガイダンスを与えている。

技術移転について、附属書II国は、他の締約国（特に発展途上国）が条約を実施できるようにするため、適当な場合には、環境上適正な技術およびノウハウの移転または取得の機会の提供について、促進し、容易にしおよび資金を供与するための実施可能なすべての措置をとる（4条5）。「適当な場合には」「実施可能なすべての措置をとる」といった技術移転をする附属書II国に大きな裁量を与える規定となっている。

なお、4条3から5に従ってとる支援策の詳細について、附属書II国は、12条1のもとで送付する情報に含めなければならない。

④　報告・審査を含む遵守確保の制度　　12条は、4条1(a)の定める排出目録、4条1(j)の定める実施に関する情報（＝国別報告書）のCOPへの送付についての具体的なルールを定める。附属書I締約国、附属書II締約国、発展途上締約国で、送付する情報に含めるべき事項、最初の情報送付の期限が異なる。

排出目録は、COPで合意された報告と審査の指針に基づいて毎年報告され、専門家審査チームが毎年審査する。国別報告書は、COPで合意された指針に従って作成され、提出され、専門家審査チームにより審査される。審査の結果は、審査報告書に反映され、締約国の検討と意見を受けたあと公表される。また、統合報告書を事務局が作成し、補助機関やCOPで条約の実施について議論する際の基礎としている。

⑤　条約の機関など　　気候変動枠組条約は、COPやそれを支える補助機関（科学上および技術上の助言に関する補助機関〈SBSTA〉や実施に関する補助機関〈SBI〉）、事務局などの条約機関を設置し、定期的に会合を持ち、最新の科学的知見を吟味し、必要な行動を決定することによって、気候変動防止のための国家間の合意の水準を高めていく制度的基礎を提供している。IPCCは条約の機

関ではないが、COP や補助機関に IPCC がとりまとめた知見が報告され、議論される。また、COP や補助機関が IPCC に対して排出量算定の方法論の作成など一定の作業を行うことを要請することもある。

(3)　カンクン合意に基づく2020年までの制度

　京都議定書発効直後の2005年の COP11以降、京都議定書第一約束期間終了後の2013年以降の国際制度に関する交渉が、それぞれ気候変動枠組条約と京都議定書のもとで進められた。2009年のコペンハーゲン会議（COP15）での合意がめざされたが、合意できず、2010年にメキシコ・カンクンで開催された COP16でのカンクン合意をもとに、すべての国が2020年に向けて自ら設定した目標・行動を実施していくこととなった。なお、2012年にカタール・ドーハで開催された COP18で、京都議定書締約国により京都議定書第二約束期間の削減目標を定める京都議定書改正案（ドーハ改正）が採択された（後述）。
　カンクン合意は、先進国が2020削減目標を提出し、その目標の進捗について、2014年1月1日までに最初の隔年報告書（Biennial Report）を、その後、2年に一度隔年報告書を提出することを決定した。隔年報告書には、削減目標に関する情報（基準年、目標達成手段、目標の想定など）、とられる対策、削減目標達成に向けた進捗に関する情報、2020年、2030年の排出予測、削減目標の遵守の自己評価の制度などを盛り込むことが求められる。隔年報告書で提出された情報は、①専門家の審査と②削減目標の実施に関する多数国間評価からなる国際的な評価と審査（International Assessment and Review: IAR）の対象となる。専門家の審査結果は審査報告書にまとめられ、その審査報告書を踏まえて、実施に関する補助機関（SBI）で他国の質問に評価対象となる国が応答する形で多数国間評価が行われる。IAR は、遅くとも2014年3月から開始し、その後は隔年報告書に合わせて2年ごとに行う。排出目録はこれまで通り従来の審査手続で毎年審査対象となる。
　途上国については、2020年の「成り行き排出量」と比して排出を抑制することをめざして、「その国に適切な排出削減策」（Nationally Appropriate Mitigation Actions: NAMA）をとることが合意された。NAMA を実施する意図を有する途上国は自発的に COP に通報し、2014年12月までに第1回の隔年更新報告書

（Biennial Update Report）を提出し、その後 2 年ごとに提出する。隔年更新報告書には、提出日から 4 年以内の排出目録を記載することが必要で、その他に、対策とその効果に関する情報、支援などに関する情報を盛り込むべきとされている。途上国の NAMA は、国際的な協議と分析（International Consultation and Analysis: ICA）の対象となり、専門家による分析を踏まえて、SBI が開催するワークショップで意見交換が行われる。

　カンクン合意は、COP の決定によるもので、法的拘束力ある義務を定めるものではないが、先進国だけでなく途上国も国際的に対策をとることが要請され、対策の進捗が国際的に確認されることを制度化した。しかし、適用される規則については、先進国と途上国でなお差異が設けられている。

3.　京都議定書の法制度

(1)　京都議定書の採択の経緯

　気候変動枠組条約発効後、ベルリンで開催された1995年の COP 1 で採択されたベルリン・マンデート（1 /CP. 1）は、枠組条約の定める約束（4 条 2 (a)および(b)）が長期的な目標達成との関係で妥当でないことを確認し、議定書またはその他の法的文書の採択によって、2000年以降の行動を決定するプロセスを開始することに合意した。途上国については、新しい約束は課さないが、枠組条約 4 条 1 の既存の約束を再確認し、持続可能な発展の達成のためにそれらの約束を引き続き実施することが合意された。このベルリン・マンデートに基づいて、2 年余の交渉を経て、1997年12月11日、京都議定書が採択された。2005年 2 月16日に効力が発生し、2020年 3 月 1 日現在、日本を含む191カ国と EU が締結する。カナダは締結したが、2012年に脱退し、米国は批准していない。

(2)　京都議定書の法制度

①　排出削減目標　　京都議定書は、附属書 I 国が、2008年〜2012年の 5 年間の約束期間に平均して、1990年比で二酸化炭素など六つの温室効果ガスの絶対排出量を5.2%削減する目標を設定する。そのうえで、各附属書 I 国は、自国の温室効果ガスの絶対排出量に上限を設けるかたちで法的拘束力のある数値

目標を定める（3条1、附属書B）。排出量の上限＝割当量は、原則として、1990年の排出量に基づいて定められ、5年の約束期間中それを超えないよう自国の排出量を削減・抑制することが義務づけられている（3条1、3条7）。

②　京都メカニズム　　附属書Ⅰ国は、自国内での削減に加えて、市場メカニズムを利用した京都メカニズム（共同実施、クリーン開発メカニズム〈CDM〉、排出量取引）を通じて排出枠を取引・獲得することもできる。共同実施は、附属書Ⅰ国が、別の附属書Ⅰ国内で、CDMは、非附属書Ⅰ国（途上国）内で、排出削減や吸収強化の事業を行い、自国外での削減分や吸収分を排出枠として獲得できる制度である（6条、12条）。排出量取引は、削減義務を負う附属書Ⅰ国の間で排出枠を取引するしくみである（17条）。附属書Ⅰ国が認可した企業などの法的主体もまた、京都メカニズムに参加できる。

京都議定書のもとでは、法的拘束力のある数値目標は附属書Ⅰ国のみに課せられ、新興国を含む途上国が削減策をとることは国際的に義務づけられていない。気候変動枠組条約とベルリン・マンデートで確認された共通に有しているが差異のある責任に基づいて「先進国主要責任論」を唱え、途上国の経済発展を制約するような合意に反対する立場をとった途上国の主張が反映されたかたちとなった。市場メカニズムについては、先進国が国内での削減を回避して途上国での安価な削減に転嫁してしまうことなどを理由に途上国が強く反対し、その結果、排出量取引と共同実施は先進国間に限り、ただ一つCDMだけが、先進国または先進国企業の費用負担で排出削減事業を行い、それにより途上国における排出削減の実現を支援する手段となった。

③　適応策　　京都議定書での適応策に関する規定は限られている。枠組条約のもとでの義務の継続的実施を定める10条(b)に規定があるほかには、CDM事業から得られる利益の一部を気候変動の悪影響にとくに脆弱な途上国の支援に利用すると定めるのみである（12条8）。2001年のCOP7で、京都議定書のもとで適応基金を設置することが決定され（10/CP.7）、適応基金の資金源としてCDM事業から発行される排出枠の2％が利用されることが決定された。

④　資金・技術支援　　資金・技術支援については、枠組条約のもとでの義務の継続的実施を定める10条(b)に規定があるほかに、資金・技術支援を強化する11条を定める。ただし、前述の適応基金を除くと、基本的に枠組条約のもとで

の義務の実施・進展を定めたものである。適応基金は、他の資金メカニズムと異なり、先進国の資金拠出に加えて、CDM 事業から得られる利益の一部を資金源とし、GEF でなく適応基金理事会が運営主体となり、融資決定を締約国からなる理事会が行う制度となっている（1/CMP.3）。

　⑤　報告・審査制度と遵守制度　　京都議定書は、枠組条約の報告・審査制度を基礎にしつつ、削減義務が適切に遵守されているかを確認するための詳細な報告・審査制度（5条、7条、8条）を設け、不遵守への対応の手続と措置を定める遵守手続・制度を設ける（18条）ことを定め、その詳細な規則の策定を京都議定書の締約国会合（COP/MOP）に委ねている。

　5条1は、温室効果ガスの排出量と吸収量の算定のための国内制度の設置を附属書I国に義務づけている。また、7条4は、京都議定書のもとで発行されるさまざまな排出枠の記録、管理のための勘定方法を定めている。7条1では排出目録と関連情報の毎年の提出が、7条2では補足情報を含め定期的に国別報告書の提出が求められている。このように提出された情報については、専門家審査チームが審査を行う（8条）。

　議定書18条に基づいて COP/MOP で設置された遵守手続は、促進部と履行強制部からなる遵守委員会を設置し、不遵守を取り扱う手続を定める。そして、とくに、附属書I国の排出削減目標や報告義務の不遵守などには、その不遵守を是正するための遵守行動計画の作成や次期約束期間で追加的に達成を求める一定の制裁的性質を有する措置を定めている。

　⑥　第一約束期間終了（2013年）後の制度　　京都議定書第一約束期間終了後の法制度については、カタール・ドーハで開催された COP18において、第二約束期間（2013年～2020年）の国別削減目標を定める京都議定書改正案（ドーハ改正）が採択された。

　ドーハ改正は、気候変動枠組条約20条7に基づいて、京都議定書の締約国の少なくとも4分の3（144カ国）が締結した90日後に効力を発生する。2020年3月1日時点で、136カ国と EU が締結するも未発効である。京都議定書を締結していない米国に加え、日本、カナダ、ニュージーランド、ロシアは、第二約束期間について法的拘束力のある削減目標を約束しないことを表明し、ドーハ改正を締結しない意向である。京都議定書第二約束期間に削減目標を掲げない

国は、2013年以降すでに登録されている CDM 事業を継続し、新たな CDM 事業を開始し、それらの事業から発行される排出枠を獲得できるが、共同実施や排出量取引は利用できなくなる。このことは第二約束期間に削減目標を掲げない国が京都メカニズムへの参加を認可した法人についてもあてはまる。

4.　パリ協定の法制度

⑴　パリ協定採択の経緯

カンクン合意の翌年、2011年の南アフリカ・ダーバンで開催されたダーバン会議（COP17）で採択されたダーバン・プラットフォーム決定をもとに、すべての国に適用される2020年以降の温暖化対策の国際枠組みを定める法的文書を2015年に合意することを目指して交渉が進められ、2015年12月12日、フランス・パリで開催された COP21でパリ協定が採択された。2016年11月4日に効力が発生し、2019年11月に米国がパリ協定からの脱退を通告したものの、2020年3月1日時点で、すべての主要排出国を含む188カ国と EU が締結している。

⑵　パリ協定の法制度

①　今世紀後半の脱炭素化をめざす長期目標　　パリ協定は、気候変動枠組条約2条の究極的な目的（＝温室効果ガスの大気中濃度の安定化）を含む枠組条約の実施を促進するうえで、気候変動の脅威に対する世界全体での対応の強化をめざすとし、そのために、工業化前と比して世界の平均気温の上昇を2度高い水準を十分に下回る（well below）水準に抑え、1.5度高い水準までのものに制限するよう努力する（2条1）と定める。さらに、この目標達成のために、協定は、「今世紀後半に温室効果ガスの人為的な発生源による排出量と吸収源による除去量の均衡を達成するために」、できる限り速やかに世界の排出量を頭打ちにし、その後は最良の科学に基づいて迅速な削減に取り組むことを目的とする（4条1）。こうした排出削減の長期目標は、森林や海洋が自然に吸収する量に追加して植林などを通じて吸収量（除去量）が人為的に増えた範囲内に排出量を抑制する＝「排出を実質ゼロ」にすることを意味する。

パリ協定の長期目標は、今世紀中、できるだけ早い「化石燃料依存からの脱

却」という国際社会が実現をめざす共通の価値・ビジョンを示すものである。この長期目標は、日本を含む各国が目標を作成し、実施する際の指針となるとともに、脱炭素化に向けた変革の重要な担い手である企業や金融・投資家に政策の方向性を示す明確なシグナルともなる。

　② **排出削減の法的義務**　　パリ協定は、自国が達成をめざす削減目標（nationally determined contribution: NDC）の作成・通報・維持、そして、目標達成のための国内措置の実施をすべての国に義務づける（4条2）。各国は、長期目標に向けた全体の進捗評価（global stocktake）（14条）の結果を指針に、5年ごとにNDCを提出する義務がある（4条9）。次の目標はその国の現在の目標を超える前進を示すものでなければならず、各国のできる限り高い野心を反映するものでなければならないという後戻り禁止（No backsliding; Progression）の原則を定める（4条3）。パリ協定の締約国会合（CMA）の決定に従って、各国は目標の明確さ、透明性、理解に必要な情報を提出することが義務づけられ（4条8）、目標について十分な説明を行い、CMAの決定に従って二重勘定（ダブルカウンティング）の回避を確保することが義務づけられている（4条13）。各国の目標は公開の登録簿に記録される（4条12）。

　排出削減策をめぐっては、先進国と途上国の差異化をどうするかが大きな争点の一つであった。パリ協定は、京都議定書型の国別絶対排出量目標を約束することで先導する先進国の責務と引き続き削減努力を継続する途上国の責務を規定し、先進国と途上国の政治的責務に差を設けつつ、途上国は時間とともに先進国の目標のような国全体の排出削減・抑制目標へ向かうことを奨励する「同心円的差異化」（concentric differentiation）の考え方を導入している（4条4）。

　京都議定書が、各国の目標の「達成」を先進国に義務づける「結果の義務」を定めていたのに対し、パリ協定は、結果の「達成」は義務づけていない。達成の義務づけについては、中印などが消極的だったのに加えて、米国も、上院の助言と同意を必要としない国際協定としてパリ協定を締結するために消極的であった。ただし、5年ごとに目標を作成して提出しない国はパリ協定の定める義務に違反することになる。また、目標達成のための国内措置を誠実に実施しないならば、パリ協定の定める義務に違反しているとみなされうる。

　COP21に先駆けて、米中印を含む国際社会のほぼすべての国が2020年以降

の目標を提出した。しかし、各国が提出した目標を積み上げても前述の長期目標達成に必要な削減量との間になおギャップ（齟齬）がある。パリ協定は、このギャップを埋めるため、全体の進捗評価を踏まえて各国が目標を 5 年ごとに見直し、引き上げる継続的なプロセス・仕組みを設置した。パリ協定の目的と長期目標達成に向けた集団的な進捗を定期的に評価し（14条 1）、2023年に最初の進捗評価を行い、その後 5 年ごとに行う（14条 2）。全体の進捗評価の結果を、各国が行動と支援を引き上げ、促進する際の指針とする（14条 3）。また、2050年を目処にした温室効果ガス低排出型発展戦略を作成し、報告するよう努力する責務を定める（4条19）。

　③　**森林など吸収源と市場メカニズム**　　適当な場合には国は森林を含む吸収源を保全し、促進する責務を負う（5条 1）。また、途上国における森林伐採などからの排出削減（REDD プラス）を実施し、支援するための措置をとることが奨励されている（5条 2）。

　市場メカニズムについては、パリ協定のもとで、二つのタイプのメカニズムが立ち上がることとなる。第一は、締約国間の合意に基づいて排出枠の国際的移転を行うものである。持続可能な発展の促進、環境十全性と透明性の確保、とりわけダブルカウンティングの回避の確保のための強固なアカウンティングなど一定の国際ルールに適合することが条件となる（6条 2）。この間日本が推進してきた二国間メカニズム（JCM）のような自主的な国家間協力がパリ協定のもとで認められ、一定の国際ルールに従うことを条件に、そこから生じる排出枠を日本の目標達成に利用できることとなる。第二は、京都議定書のクリーン開発メカニズム（CDM）のような CMA が指定する機関の監督のもとで運営されるメカニズムである（6条 4）。ダブルカウンティングの防止が定められ（6条 5）、一部の利益を温暖化の影響を受けやすい脆弱国の適応費用支援に充てることが規定されている（6条 6）。

　④　**透明性の枠組み＝報告・審査の枠組み**　　各国の対策の進捗を検証するため、先進国、途上国の区別なく、一つの透明性の枠組みが設置される（13条 1）。ただし、途上国には能力に応じてその実施に柔軟性が与えられる（13条 2）。透明性の枠組みは、枠組条約の透明性の制度に基づき、それを促進するものでなければならない（13条 3）。行動と支援に関する方法・手続・指針を

2018年のCMA1で採択した。

　情報提出義務は、削減策、適応策、支援策に関する締約国の実体的な義務に応じて差異化へのアプローチが異なる。削減策については、すべての国が排出目録と削減目標の実施及び達成の進捗のフォローアップに必要な情報を定期的に提出する義務がある（13条7）。適応策については、義務の実施に国に大きな裁量が与えられていることを反映して、適当な場合に関連する情報を提出することは法的義務ではなく政治的責務である。また、支援策については、情報の提出は先進国の法的義務とする一方で、その他の国は提出する政治的責務があるとした（13条9）。

　提出された情報は専門家による検討を受け、進捗に関する促進的で多数国間の検討に参加することがすべての締約国の義務となる（13条11）。

　⑤　実施・遵守促進のメカニズム　　パリ協定上の義務に違反すれば、一般国際法上、違反国には国際責任が生じるが、他の環境条約上の義務と同様に、他国に個別の損害を生じさせがたい義務の違反についてあえて他国がその義務違反の責任を問うインセンティヴは小さい。それゆえに、環境条約は遵守手続・制度という条約内制度を発展させてきた。パリ協定もまた、協定の義務の遵守が問題となる事案については、実施・遵守促進のメカニズムを設置している（15条）。その詳細ルールは、2018年のCOP24（CMA1-3）で採択されたが、京都議定書の遵守制度よりも、実施を促進する性格が強い制度となっている。

5.　気候変動の国際制度の意義と課題

(1)　気候変動の国際制度の意義

　まず、気候変動の国際制度は、気候変動問題という「市場の失敗」への対応として、排出自由放任ではなく、問題解決のために国家が排出の削減と抑制に向けて政策と措置をとり協力する多数国間の政策協調の法的枠組みを提供している。気候変動対策が国ごとに大きく異なれば国家間の競争条件を歪曲するおそれがある。対策を積極的にとる国の事業者は、対策をとらない国の事業者よりも競争上不利になる可能性があり、政策の国際的調和ができなければ、各国の対策の推進は国際競争を阻害するものとして抑制しようとする力学が働く。

それゆえ、競争条件の歪曲を回避し、対策を促進するためには、国際的に気候変動対策の調和が図られることが不可欠であり、気候変動の国際制度はその基礎を提供してきた。そして、気候変動問題に実効的に対処するために、従来の環境条約にない革新的な手法や制度を含め、気候変動問題に対処する包括的制度の構築に努めてきた。先進国の拠出に依拠しない財源をもとにした適応基金や、各国が行う削減対策の費用対効果を高め、対策の実施を支援するために、国際的に市場メカニズムを利用した制度—京都メカニズムやパリ協定6条に基づく市場メカニズムはその代表例である。

(2)　気候変動の国際制度の進化と変容

　第二に、気候変動の国際制度は、気候変動問題への実効的対処を希求し、科学的知見の深化や社会の状況の変化を踏まえて進化してきた。気候変動枠組条約が採択された1992年当時、人口で20％ほどを占める先進国が世界の70％以上の温室効果ガスを排出しており、京都議定書の先進国のみに削減目標を課す＝「削減義務を負う先進国と負わない途上国」という枠組みは理にかなっていた。他方、パリ協定は、すべての国が、削減目標を提出し、その目標達成のための対策の実施を国際的に約束する基盤を構築した。とくに2000年代になって中印など新興国の排出量が急増する国際社会の変化に照らして、先進国にのみ排出削減の義務を課す京都議定書の実効性への批判に応えたものでもある。

　これは、義務の差異化という観点からの制度の変容でもある。義務の差異化は、リオ宣言原則7、そして気候変動枠組条約3条が定めるCBDRの適用とみることができる。従来、差異化の根拠として歴史的責任と支払能力の双方を列挙し、先進国が先導する責務を導いてきた。パリ協定は、先進国と途上国という区分はなお採用するものの、自発的に自国がどの区分に属するかを決める方式（自主的差異化）といってもよい。また、前述の「同心円的差異化」は、差異化に際して、現在の差異化から将来の共通化・収斂へ移行する時間軸を織り込んだ差異化ともいえる。この同心円的差異化は、「責任」というある時点の状況を固定する基準よりも、時間に伴って変化しうる「能力」という基準により重きを置くようCBDRの適用を転換したとみることもできる。

(3)　実効性と衡平性の課題

　パリ協定が真にその目的達成に向けて実効的なものとなるには課題もある。最も大きな課題は、長期目標とのギャップが示すように、各国がNDC（目標）を自ら設定する仕組みは自動的には問題解決を保証しないことである（実効性の課題）。実際、現在提出されている各国目標を積み重ねてもパリ協定が定める長期目標を達成に必要な削減水準とならない。また、各国が目標を作成する＝削減水準を決定するという方式は、削減目標を持つ国の範囲を拡大する上で有効な方法であったが、この方法は、フリーライディングの可能性を常にはらみ、国が誠実にそれを行わず、恣意的にそれを行うならば、パリ協定の制度の公正さを損なってしまうおそれもある。各国が自ら目標を設定するがゆえに、自動的には国家間の削減努力の衡平性を保証しない（衡平性の問題）。

　パリ協定が真に実効的なものとなるかは、各国が提出した目標を実施し、脱炭素化に向けて着実に歩みを進めていることを相互に確認し、各国の目標の実施を確保し、継続的に引上げができるかによる。こうした削減水準の引上げが継続的に可能にするよう、パリ協定のプロセスを適正に管理できるルールの構築と運用ができるかが課題である。

(4)　他の国際制度との連携と相乗効果

　パリ協定が定める今世紀後半に排出実質ゼロをめざす長期目標に照らせば、温室効果ガスを排出する活動や部門を規律する他の国際制度との連携が不可欠である。パリ協定が長期の脱炭素化目標を気候変動政策の大きな方向性として明確にしたことで、他の国際制度においても、それに相応した目標を設定し、気候変動対策を強化する動きがみられる。その一例は、オゾン層を破壊する物質を規制するモントリオール議定書（モントリオール議定書）のもとで、2016年10月15日に合意された、オゾン層を破壊する物質の代替物質として導入されてきた強力な温室効果ガスであるHFCを段階的に削減するキガリ改正である。また、世界の排出量の約２％を占め、2030年には排出量の割合が２倍になると予測される国際航空からの排出について、2016年の国際民間航空機関（ICAO）の総会で、航空機の排出規制とともに、基準よりも多く排出する場合に排出枠の購入を義務づける地球規模の排出量取引制度を2021年から段階的に導入する

ことを決議した。国際海運からの排出についても、国際海事機関（IMO）において排出規制の方策が検討されている。

　これらの国際制度は、気候変動の国際制度とは独立して（場合によってはそれよりも前に）設置され、機能してきたものもあり、気候変動レジームで構築してきた原則や法体系と異なる原則、法体系で運営されてきたものもある。たとえば、ICAO も IMO も、長年、国家平等を原則に運営されてきた。近年、途上国が、これらの国際制度において、気候変動問題を取り扱う際には、気候変動枠組条約の原則、特に CBDR が適用されなければならないと主張してきた。パリ協定が採用した CBDR の解釈・適用は、こうした国際機関の気候変動に関する規範形成にいかなる影響を与えるのだろうか。気候変動の国際制度がこれらの気候変動以外の法制度に及ぼす影響にも注視する必要がある。

〈参考文献〉
1．高村ゆかり・亀山康子編著『京都議定書の国際制度——地球温暖化交渉の到達点』（信山社、2002年）。
2．亀山康子・高村ゆかり編著『気候変動と国際協調——京都議定書と多国間協調の行方』（慈学社、2011年）。
3．高村ゆかり「パリ協定で何が決まったのか——パリ協定の評価とインパクト」『法学教室』No.428（2016年5月号）44-51頁。
4．高村ゆかり「パリ協定における義務の差異化——共通に有しているが差異のある責任原則の動的適用への転換」松井芳郎・富岡仁・坂元茂樹・薬師寺公夫・桐山孝信・西村智朗編『21世紀の国際法と海洋法の課題』（東信堂、2016年）228-248頁。

【問い】
1．気候変動に関する国際条約、特に京都議定書とパリ協定を比較していかなる相違があり、いかに変容したかについて論じなさい。
2．気候変動に関する国際条約における義務の差異化（共通に有しているが差異のある責任）について論じなさい。

コラム④　国連気候変動に関する政府間パネル（IPCC）

1　IPCC とは

　国連気候変動に関する政府間パネル（Intergovernmental Panel on Climate Change：IPCC）とは、気候変動問題の重大さと対策の必要性への認識の高まりを受け、世界気象機関（World Meteorological Organization: WMO）と国連環境計画（United Nations Environment Programme: UNEP）によって、1988年に設立された国連の組織である（https://www.ipcc.ch/）。

　IPCC は、すべての国連および WMO への参加国に対して開かれた「政府間パネル」という位置づけであり、IPCC の活動に関する意思決定は、参加各国の代表が出席する「IPCC 総会」（年 2 回程度）において行われる。

　IPCC の任務は、科学者の参加を得て、気候変動問題について、科学的・技術的・社会経済的観点から包括的な評価を行い、得られた知見を、主に政策決定者に提供することである。

　IPCC 自体が独自の研究を行うことはなく、各国政府等を通じて推薦された科学者が、5～6 年ごとに、その間の気候変動に関する科学研究から得られた最新の知見を評価し、評価報告書（assessment report: AR）にまとめて、公表する。

　この最新の知見の情報源となるのは、主に、世界中の科学者が査読を経て学術雑誌に公表した論文である。ただし、各国および国際機関が公表する報告書等も、所定の手続きをとることによって、情報源とされることがある。

　IPCC は、評価報告書のほか、特定のテーマに関する特別報告書（special report: SR）（たとえば、1.5℃特別報告書、土地関係特別報告書、海洋・雪氷圏特別報告書等）や、温室効果ガスの国家目録指針（各国の温室効果ガスの排出・吸収量の算定方法等）も作成、公表する。

2　IPCC の構成

　IPCC では、「ビューロー（議長団）」のも

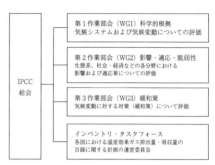

図 1　IPCC の構成（出典：全国地球温暖化防止活動推進センター web サイト）

とに、三つの「作業部会（WG）」と「インベントリ・タスクフォース（TFI）（各国における温室効果ガス排出量・吸収量の目録〈インベントリ〉策定のための方法論の作成や改善を行う）」を置き、世界中の多くの科学者の協力を得て、活動を行っている。各 WG および TFI のそれぞれに、その活動をサポートする「技術支援ユニット（TSU）」が設置されている。

3　評価報告書の内容

　評価報告書には、既存文献に基づき、気候変動に関する最新の科学的知見を収集・評価し、現時点で科学的に何がどの程度わかっているのかが示されている。

　評価報告書は、①第 1 作業部会（WG 1）：科学的根拠（気候システムおよび気候変化について自然科学的見地から評価する）、②第 2 作業部会（WG 2）：影響・適応・脆弱性（生態系、社会・経済等の各分野において、気候変動によってどのような影響が起こるか、および、適応策（人間や社会の調整による気候変動による影響の軽減）について評価する）、③第 3 作業部会（WG 3）：緩和策（温室効果ガスの排出削減策と吸収源の増強）について評価する）、の各報告書と、これら三

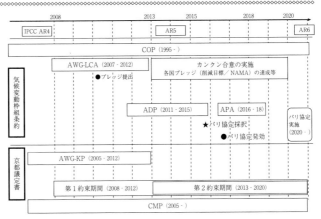

つの報告書を統合した統合報告書（Synthesis Report）の四つの報告書から構成されている。

　三つの作業部会の報告書は、それぞれ、各章本文のほか政策決定者向け要約（Summary for Policy Makers: SPM）と、より専門的で詳細な情報が記載される、技術要約（Technical Summary）からなる。

図2　気候変動分野の国際交渉の流れ（出典：筆者作成）

4　評価報告書の作成過程

　まず、IPCC総会において、各国政府が評価報告書の骨子および作成スケジュールに合意する。

　その後、評価報告書の執筆を担当する調整役代表執筆者（Coordinating Lead Author: CLA）（通常、各章に先進国1名、途上国から1名の計2名）と代表執筆者（Lead Author: LA）（各章20名程度）、およびレビュー（草稿に対する意見提出）を監視し助言を行うレビュー編集者（Review Editor: RE）（各章2・3名）が選出される。この選出にあたっては、専門分野や出身地域、男女比の偏りを避けるよう配慮されている。

　CLAとLAが評価報告書の草稿を執筆する。この草稿については、多数の専門家と各国政府によって、複数回にわたり、レビューが行われる。寄せられたレビュー意見を踏まえて、CLAとLAは草稿の改訂を行う。REは、レビュー意見が草稿改訂にあたって十分に考慮されたかを確認する。このように、大規模なレビューを複数回実施することにより、評価報告書の正確さや包括性が確保されている。

　各作業部会の総会に提出される最終草稿のうち、SPMについては、IPCC総会で、各国政府によって協議がなされ、必要な修正・加筆を施し、一行ずつ、コンセンサスで承認

するという手続がとられる。

5　評価報告書とその影響

　これまでに、6回、IPCCの評価報告書が公表されている。公表年は、以下の通りである。第1次評価報告書（FAR）（1990年）、第2次評価報告書（SAR）（1995年）、第3次評価報告書（TAR）（2001年）、第4次評価報告書（AR4）（2007年）、第5次評価報告書（AR5）（2013-2014年）、第6次評価報告書（2021-2022年）。

　IPCCの評価報告書は、気候変動に関する国際的に合意された科学的理解として認知され、政策検討・国際交渉の場面でも引用されてきている。とりわけ、パリ協定の合意（2015年）に大きな影響を及ぼした。

　第6次評価報告書（AR6）は、2021-2022年にかけて公表された。AR6は、第1回グローバル・ストックテイク（パリ協定に基づく気候変動対策の世界全体の進捗を確認する作業）（2023年。以降、5年ごとに実施される）（パリ協定14条）の主要な情報源の一つとなる。

　また、2007年、IPCCは、第4次評価報告書（AR4）の公表の後に、ノーベル平和賞を受賞し、話題となった。ただし、IPCCは、政策中立を原則としており、特定の政策を支持／提案することはないことに留意する必要がある。　　　　　　　　　　（久保田　泉）

コラム⑤　二酸化炭素回収・有効利用・貯留

1　二酸化炭素回収・有効利用・貯留（CCUS）とは

二酸化炭素回収・有効利用・貯留（Carbon dioxide Capture, Utilization and Storage：CCUS）とは、火力発電所や工場等からの排気ガスに含まれる二酸化炭素（Carbon dioxide）（CO_2）を分離・回収（Capture）し、資源として作物生産や化学製品の製造に有効利用する（Utilization）、または地下の安定した地層のなかに貯留する（Storage）技術である。

CCUS 実施にあたっては、以下の四つの技術が必要である。

①分離回収：CO_2分離回収液等を用い、発電所等の排ガスからCO_2を選択的に分離・回収する。

②輸送：CO_2貯留地の場所に応じて、陸上パイプライン、海底パイプライン、船舶輸送等が用いられる。

③有効利用：CO_2を燃料やプラスチックなどに変換して利用する方法と、CO_2のまま直接利用する方法とがある。

④貯留（圧入）技術：CO_2を、地下800メートルより深くにある隙間の多い砂岩などからできている「貯留層」に貯留する。貯留層は、CO_2の漏洩を防ぐ泥岩などからできている「遮へい層」で覆われている必要がある。

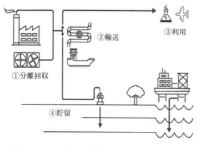

図　CCUS の流れ（出典：国際エネルギー機関 web サイト https://www.iea.org/reports/about-ccus）

2　気候変動対策と CCUS

パリ協定は、「世界全体の平均気温の上昇を工業化以前よりも2℃高い水準を十分に下回るものに抑えること並びに世界全体の平均気温の上昇を工業化以前よりも1.5℃高い水準までのものに制限するための努力を、この努力が気候変動のリスク及び影響を著しく減少させることとなるものであることを認識しつつ、継続すること」（2条1(a)）をめざしている（以下、1.5／2℃目標という）。1.5／2℃目標を達成するためには、温室効果ガスの排出を大幅に削減する必要がある。パリ協定は、緩和策の長期目標につき、「今世紀後半に、温室効果ガスの人為的な発生源による排出量と吸収源による除去量との間の均衡を達成する」（4条1）としている。

他の国と同様に、2020年10月、菅義偉首相は、日本が、2050年までに温室効果ガス排出「実質ゼロ」、すなわち、「脱炭素社会」をめざすことを表明した。改正温暖化対策法（2022年4月施行）にも「2050年までの脱炭素社会の実現」が明記された。

温室効果ガスの大幅な削減を実現するためには、従来の取組みの延長のみでは困難であり、CCUS を含めた技術の開発・普及等も重要である。CCUS は、主要セクターからの排出を直接削減するとともに、CO_2を除去することも可能にし、カーボンニュートラル目標達成に必要な技術である。

国際エネルギー機関（International Energy Agency: IEA）によれば、2070年までに、エネルギー部門の純排出をゼロにするために必要とされる累積排出削減量のうち、CCUSが約15％を担うことが期待されている。仮に、この目標年を2050年に前倒しすると、CCUSの担う役割は約50％となる。

3　国際社会における CCS に関する法政策

1972年の廃棄物その他の物の投棄による海洋汚染の防止に関する条約の1996年の議定書（海洋投棄に関するロンドン条約の96年議定

書）が2006年に改正された。これは、CCS のうち、CO_2 の海底下地層への処分（貯留）を可能とするものである。

　これに対応するため、日本では、2007年に、「海洋汚染等及び海上災害の防止に関する法律」（海洋汚染防止法）が改正され、海底下地層への貯留が可能となった。同改正の骨子は、①廃棄物の海底下への廃棄を原則として禁止すること、② CO_2 を海底の下に廃棄しようとする者は、環境大臣の許可を受けなければならず（18条の7、8）、海洋環境の保全に障害を及ぼさないようにし、海洋環境を監視することも求められること（18条の9）である。

　世界各国の CCS 関連法は、その役割から、① CCS 実施を義務づける法令、② CCS の実施についての許認可・監督権限を定める法令、および③ CCS 実施の環境整備や促進策の根拠となる法令、の三つに分類することができる。

　2009年4月、EU は、世界に先駆けて、CO_2 を地下貯留するための法的枠組みとして、CCS 指令を採択した。これは、CO_2 の貯留サイトの探査および貯留実施の許可につき定めたものであり、安全かつ環境に健全な貯留を行うことを目的としている。

　なお、気候変動 COP26（2021年）はグラスゴー気候合意を採択し、そのなかに「対策が講じられていない石炭火力の段階的削減（中略）に向けた努力を加速」することが盛り込まれたことに留意する必要がある。

4　日本における CCUS の政策的位置づけ

　地球温暖化対策計画（令和3年10月22日閣議決定）では、CCS について、「2030年以降を見据えて、エネルギー基本計画やパリ協定に基づく成長戦略としての長期戦略（令和3年10月22日閣議決定）等を踏まえて取り組む」とされている。

　第6次エネルギー基本計画（令和3年10月22日閣議決定）では、CCS について、「技術的確立・コスト低減、適地開発や事業化に向けた環境整備を、長期のロードマップを策定し関係者と共有した上で進めていく」とされ

ている。

　パリ協定に基づく成長戦略としての長期戦略では、CCU について、「CCU ／カーボンリサイクル技術に係る国際的な開発競争が加速している中、我が国としては、『カーボンリサイクル技術ロードマップ』（令和元年6月7日経済産業省策定、令和3年7月26日改訂）を踏まえて、競争優位性を確保しつつ、コスト低減や用途開発のための技術開発・社会実装、そして国際展開を推進していくことが求められる」とされている。

5　今後の課題

　CO_2 分離・回収設備導入・拡大については、コストを下げることが大きな課題である。

　火力発電に対して、現時点では、CCS コストによる価格上昇は、石炭火力：約7〜9円 /kWh、ガス火力：約3〜4円 /kWh である。たとえば、化石燃料＋ CCS の発電コストを現時点の太陽光を下回る価格水準とするためには、CCS コストを半分以上低減する必要がある。

　分離・回収設備の設置・稼働は、コストを大きく押し上げるとともに、設備稼働に伴う電力消費により、全体の発電効率が大幅に低下するといった課題がある。

　また、CO_2 に圧力をかけて地下に注入する際には、圧縮や移送のために多くのエネルギーが必要であり、その際に必要となるエネルギーの量を低減し、効率を上げるための技術開発が必要である。

　さらに、CO_2 が漏洩せず（または漏洩が少なく）、長期間安定して貯留できる場所をどのように確保するかも、大きな課題である。

（久保田　泉）

8 章　オゾン層保護

西井　正弘

1．はじめに

　気象庁のホームページ（https://www.jma.go.jp/jma/index.html）から、紫外線情報を簡単に入手できる。太陽からの日射は、波長の長いものから、赤外線、可視光線、紫外線に分けられ、紫外線は、波長の長いほうから、UV-A、UV-B、UB-C に分けられる。地表から10～50km の成層圏にあるオゾン層（ozone layer）が破壊されると、成層圏に存在するオゾン（O_3）によって吸収されるはずの UV-B は、地表に達し人間、動物や作物に対し大きな悪影響を与える。紫外線には、体内でビタミン D を作るという好作用もあるが、急性の日焼けや、紫外線の蓄積によって皮膚がんや白内障を引き起こすことが明らかになっている。

　1974年、当時広く使用されていた人工化学物質 CFCs（クロロフルオロカーボン[1]、以下、フロン類または CFCs 類：Chlorofluorocarbons）によって、オゾン層が破壊されるメカニズムを発表したのが、米国の研究者モリーナ（M. J. Molina）博士とローランド（F. S. Rowland）教授であった[2]。

　オゾン層の破壊のメカニズムと対策について、国際社会におけるその後の論

1）「フロン」という呼び方が日本では一般的であるが，「代替フロン」と呼ばれる HCFCs（ハイドロクロロフルオロカーボン）と HFC（ハイドロフルオロカーボン）を含む場合と，「代替フロン」を含まない場合がある．本章でも，フロンというが，代替フロンと区別する場合は，CFCs という．

2）M. J. Molina and F. S. Rowland, "Stratospheric Sink for Chlorofluoromethanes: Chloline Atomic Catalysed Destruction of Ozone," *Nature*, No.249, 1974, pp. 810-812; R. E. Benedick, *Ozone Diplomacy: New Directions in Safeguarding the Planet*, enlarged ed., 1998; リチャード・E・ベネディック『環境外交の攻防――オゾン層保護条約の誕生と展開』（工業調査会，1999年）．

争と合意形成の努力、そして1985年の「オゾン層保護のためのウィーン条約」
（ウィーン条約）と1987年の「オゾン層を破壊する物質に関するモントリオール
議定書」（モントリオール議定書）の特徴、ならびにこれらの条約が国際環境法
にいかなる影響を及ぼしたかについて明らかにする。

2．オゾン層保護をめぐる論争とウィーン条約採択

(1)　オゾン層破壊をめぐる論争

「フロン」が人工的に合成されたのは、1928年の米国においてであった。その多様な用途と人畜に無害であるとの特性から、戦前から戦後にかけて、とくに1960年代から80年代に半導体・精密機器やドライクリーニングの洗浄用に、断熱材等の発泡剤として、冷蔵庫、エアコンやカーエアコンの冷媒として、またスプレー缶の噴霧剤などに、安価で安全な化学物質として大量に使用されていた。CFCs類は、「特定フロン」と呼ばれる5種類のCFCが、とくにオゾンを破壊する能力が高いといわれている。1970年代から80年代にかけての、南極での「オゾンホール」（ozone hole）の発見とその面積の拡大や、紫外線量の増加が観察され、アメリカや緯度の高い先進国においてメディアやNGOなどの関心を呼び、国内でスプレー缶への使用禁止などの措置がとられるようになった。しかし、フロンとオゾン層破壊との科学的根拠が十分証明されていないとして、産業界からの反対論も少なくなかった[3]。

(2)　オゾン層保護のためのウィーン条約の概要

UNEPは、トルバ事務局長の主導のもと、1977年にワシントンで開催された政策会議を後援した。同会議において、オゾン層の状況に関する国際的な研究と監視（monitoring）を勧告する「オゾン層保護のための世界行動計画」が起草された[4]。1981年には、UNEP管理理事会が、オゾン層保護のための国際協定に向けての作業を承認し、1985年3月22日「オゾン層保護のためのウィーン条約」（ウィーン条約）が、次の内容で合意された[5]（1988年9月22日効力発生）。

3）　ベネディック，前掲注（2），31-44, 45-63頁.
4）　同上，65頁.

①　オゾン層を変化させる活動の結果生じる悪影響からの保護措置（2条）　締約国は、条約と議定書に基づき、「人の活動の結果として生じ又は生ずるおそれのある悪影響」から「人の健康及び環境を保護するために適当な措置をとる」（2条1）。

②　オゾン層の変化による影響の研究・評価および情報交換に協力する義務（2条2、3条、4条）　締約国は、利用できる手段によりおよび自国の能力に応じて、人の健康および環境に及ぼす影響を理解し評価するため、組織的観測、研究、情報交換を通じて、また立法措置、行政措置をとり政策調整に協力する（2条2）。情報交換と他の締約国による代替技術の取得等に協力する（4条）。

③　締約国会議・事務局とその任務（6条、7条）　条約の効力発効後1年以内に、締約国会議（COP）は事務局により招集され、その後一定の間隔で開催する。補助機関を設置し、COPや自らが設置した補助機関、および事務局の手続規則・財政規則を、コンセンサス方式で採択する。条約の実施状況を検討し、締約国が一定間隔で提出する条約・議定書の実施のための措置に関する情報（5条）や補助機関の報告の検討などを行う（6条）。COPは、少なくとも会合の6カ月前に事務局から締約国に通報された議定書案を審議し、採択することができる（8条）。

④　条約・議定書の改正と附属書の採択・改正（9条、10条）　締約国は、条約・議定書の改正を提案することができる。締約国会議では、コンセンサス方式で合意に達するよう努力するが、合意に達しない場合には最後の手段として、条約については会合に出席し投票する4分の3以上の多数で採択する（議定書の改正の場合は、最後の手段として3分の2以上の多数による）（9条）。条約の改正は条約締約国の4分の3以上、議定書の場合は議定書締約国の3分の2以上の批准書が寄託者に受領されてから90日目に、批准国相互間で効力を生じる。科学的・技術的・管理的事項に関する附属書は、条約または議定書の不可分の一部を構成する。附属書の提案、採択および効力発生は、9条の規定が準用される（10条2）。附属書の効力発生について承認することができない締約国は、採択

の通告がなされた日から 6 カ月以内に、その旨を書面により通告することができる（10条 2 b）。附属書の義務を免れる旨書面で通告した締約国は、その拘束力に縛られない（opt-out 方式の採用）。

　このようにウィーン条約は、オゾン層を保護するための一般的な義務と組織的な枠組みを規定したものにすぎない。オゾン層の変化が人の活動によって生じること、その変化により悪影響が生じるおそれがあること、その結果、「人の健康及び環境」を保護する必要があることは、条約で確認されている。その悪影響をもたらす具体的なオゾン層破壊物質については、後に作られる議定書に委ねている。一般的義務と組織を定めた「枠組条約」と具体的な国家の義務を規定する「議定書」という地球環境条約の特徴的な仕組みの先駆的な例といえよう[6]。

3.　オゾン層破壊物質に関するモントリオール議定書

⑴　オゾン層破壊物質の規制をめぐる攻防

　議定書交渉が1986年12月にジュネーブで始まった時点では、ウィーン条約の批准国は、トロントグループ（カナダ、フィンランド、ノルウェー、スウェーデン、米国）とソ連の 6 カ国のみであった。米国などトロントグループは、フロン類の厳しい規制措置が必要であるとの立場であり、EC 諸国のなかでフランス、イタリア、イギリスは、オゾン層破壊を示す科学的証拠が不十分であるとして、生産削減の延期や名目的な上限設定を考えていた。UNEP 事務局長のトルバは個人草案（personal text）を提出するなど、交渉において中心的役割を果たした[7]。モントリオールにおいて、非公開の会合での交渉が繰り返された後、1987年 9 月16日に議定書が採択された。1988年には、英国政府の方向転換もあり、同年12月には、ヨーロッパ共同体（EC）12カ国のうち、ベルギーとフランスを除く諸国と EC 委員会の批准手続がなされて、CFCs とハロンという「規制物質」の世界の推定消費量合計の83％を占める29カ国（と EC 委員会）を構成国として、議定書は、目標日（1989年 1 月 1 日）に効力を発生した。

---

　6 ）　もちろん，1979年の長距離越境大気汚染条約のような先行する枠組条約は存在する．
　7 ）　ベネディック，前掲注（2），97-106頁．

(2)　オゾン層を破壊する物質に関するモントリオール議定書の概要

　議定書の前文では、ウィーン条約に基づきオゾン層を変化させる人の活動の結果生じる「悪影響から人の健康及び環境を保護するために適当な措置をとる義務」があることに留意し、オゾン層破壊物質の放出をなくすことを最終目標として、世界における物質の総放出量を衡平に規制する「予防措置」（precautionary measures）をとることによりオゾン層を保護すること、「開発途上国の必要」にとくに留意しつつ、代替技術の研究、開発、移転における国際協力の推進を謳っている。

　①　フロン、ハロンの削減目標の設定（2条）　　議定書は、その定義条項で、「規制物質」を附属書に掲げる物質とし、その「生産量」とは生産量から破壊した量と原料として使用した量を減じたものとし、再利用された量を生産量とみなさないとする。生産量、輸入量、輸出量および消費量の「算定値」は、3条の規定に従い決定される（1条）。1986年を基準値として、毎年附属書A：規制物質にあげられたグループⅠ「特定フロン5種」とグループⅡ「特定ハロン」の消費量の算定値が超えないことと、生産量の算定値も開発途上国の「基礎的な国内需要」（basic domestic needs）を満たす場合には10％の超過を認める例外を許容していた（2条1〜4。現在は削除）。

　1990年以降の締約国会合（MOP）で、新たな規制物質を議定書に追加する改正を行い、HCFCや臭化メチルなどのオゾン破壊物質を規制対象とし、削減目標を設定している（議定書2条のAから2条のJ）。

　②　開発途上国への特別な配慮（5条）　　議定書は、開発途上国のうち、規制物質の消費量の算定値が、1人あたり0.3kg未満の国（これを5条国という）は、自国の「基礎的な国内需要」を満たすために規制措置の実施時期を10年間遅らせることができると規定されている（5条）。5条国が、実施時期を10年間遅らせることができるとする取扱いは、「共通だが差異ある責任」という考えに基づくものであり、途上国のこの主張は現在も認められている。

　③　非締約国との貿易規制（4条）　　1987年の議定書4条は、議定書発効後1年以内に、締約国は非締約国から規制物質の輸入を禁止し（4条1）、非5条国は、1993年以降、非締約国に規制物質の輸出をしてはならない（4条2）、という規定を設けた。1990年の締約国会合（MOP2）でのロンドン改正で、4条2

を非5条国から「締約国」に替える現行規定に改正されたが、基本的な構造は
変わっていない。議定書非締約国に対して、国際法上、条約上の義務を課すこ
とはできない。その代わり、締約国に対し、規制物質およびそれを用いて製造
された物の輸入を禁止し、また輸出を禁止することで、非締約国は、貿易による
利益を失うことになる。議定書に参加しないことの不利益を明示することで、
議定書参加を促す消極的誘因(negative incentive)を導入した。1990年のMOP2
時点では非締約国であったインドや中国という規制物質（CFC）の需要が拡大
するとみられていた途上国が、1992年の6月までには締約国になっている。

　④　締約国会合（11条）　　議定書効力発生後1年以内に予定されていた第1
回締約国会合（MOP1）が、1989年にヘルシンキで開催された。当時の締約国
数は、35カ国であった。会合には、非締約国、国連機関、政府間機関、NGO
なども参加し、討議にも加わることができる。会議の決定などは、締約国代表
のみで行う。会合は、事務レベルで行う期間と大臣レベルの参加で行う期間が
ある。役員（Bureau）は、国連の地理的配分をもとに、毎回選出される。会合
の手続規則の採択、実施のための財政規則の採択、6条に規定する委員会の設
置、8条に規定する議定書違反（不遵守）の認定、違反国の処遇手続および制
度を検討し承認することなど第1回会合で行われるとされている（11条3）。会
合の任務は、議定書の実施状況の検討、2条9の規制物質の調整・削減につい
ての決定、2条10の附属書への物質の追加・削減、関連規制措置についての決
定、議定書・附属書の改正、新規の附属書の提案と採択などである（11条4）。

　6条に基づく委員会として、科学評価パネル（SAP）、環境影響評価パネル
（EEAP）と技術経済評価パネル（TEAP）が、MOP決定で設けられ、世界各国
の専門家で構成され、1990年以降、包括的評価が行われている（6条）。

4.　締約国会合の果たした役割

⑴　議定書の改正と規制強化

　1990年ロンドンで開催された議定書の締約国会合（MOP2）は、議定書の改
正や規定内容の前倒し（調整）、多数国間基金の手続規則（Terms of Reference
for the Multilateral Fund）を採択して、議定書の活動と制度を進化させたのであ

る。これをロンドン改正(London Revision)と呼ぶ。その後、1992年コペンハーゲン改正(MOP 4)、1997年モントリオール改正(MOP 9)、1999年北京改正(MOP11)が行われ、最近では2016年に MOP 28がキガリで開催され、オゾンを破壊しないが地球温暖化をもたらす温暖化ガスであるハイドロフルオロカーボン(HFCs)の規制について、議定書の改正が合意された（2019年1月1日効力発生）。

　1990年改正は、1987年議定書の多くの条文を改正し、批准手続を経て発効した（1992年8月10日）。まず規制物質として、新たに附属書Bに、10種類のガス(CFC類、四塩化炭素、1・1・1-トリクロロエタン)を追加するとともに、附属書Aのフロンとハロンの段階的廃止を前倒しすることとなった（調整）。調整は、6カ月以内に異議を唱えない場合には、すべての国を拘束する（議定書2条9(d)）。その後、1992年修正でも、附属書Bの物質の前倒しがなされることになり、先進国のみで、1993年末にハロン類が、1995年末でその他のガスが全廃となった。ただし、1992年 MOP 4 で、健康、安全に必要であり、社会の機能を果たすうえで重要であること、技術的・経済的に実用可能な代替品・代替技術が入手できない場合には、「必要不可欠な用途」(essential use) として生産が認められており、また規制物質の消費自体は禁止されていない。

　このように MOP において、議定書の改正手続や調整を行うことで、議定書の対象規制物質の拡大と全廃の時期の前倒しが進められている（図8-1参照）。

(2)　不遵守手続

　議定書8条に規定されている「違反」(non-compliance) を認定された締約国の処遇に関する手続および制度は、MOP 1 では実現できず、1992年の MOP 4 (コペンハーゲン)で採択され、1998年の MOP10 (カイロ)で改定された。公定訳の「違反」ではなく、広く使用されている「不遵守」を以下用いる。不遵守手続 (non-compliance procedure: NCP) は、気候変動に関する京都議定書など多くの環境条約において用いられている（⇒5章）。モントリオール議定書のNCP の特徴は、「不遵守について締約国会合がとりうる措置の例示リスト」が、A 適当な援助、B 警告の発布、C 議定書に基づく権利・特権の停止とされており、実際になされた措置[8] も、権利・特権の停止よりも「適当な援助」を選択し、議定書の義務不履行に対して、制裁ではなく義務促進的役割を選ぶ

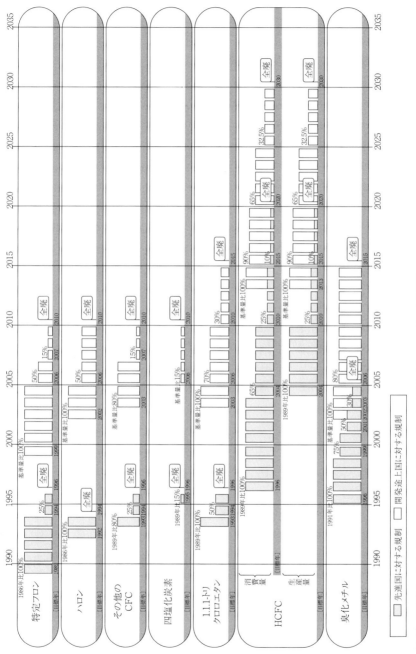

図 8 - 1　オゾン層破壊物質の生産量・消費量の規制スケジュール

(出典)　環境省ホームページ www.env.go.jp/earth/ozone/montreal/Schedule_present.jpg から作成。

ようにみえる点である。

(3)　資金協力・技術協力と多数国間基金

　地球環境条約のなかで、モントリオール議定書が、その成果を高く評価され
ている理由の一つとして、オゾン層破壊物質を他の代替物質に転換するため、
1999年1月1日までの時点で、附属書Aに掲げる規制物質の消費量が国民1
人あたり0.3kg未満である開発途上国は、「基礎的な国内需要」（basic domestic
needs）を満たすため、2条1項から4項に規定された規制措置の実施時期を
10年遅らせることができるとされていたことや（1987年議定書5条1。その後も
制度として存続している）、1990年ロンドンでの第2回締約国会合（MOP2）の決
定において設立された「多数国間基金」（Multilateral Fund: MLF)[9]を通じた、
資金協力と技術協力（技術移転を含む）を行う制度を設けたことがあげられる。
この制度は、非締約国を議定書の締約国へ参加を促す積極的誘因（positive in-
centive）となった。

　多数国間基金（MLF）は、フロン類（CFCs）とハロン類（Halons）のオゾン
破壊物質（ODS）の年間消費レベルが1人あたり0.3kg以下の議定書締約国（5
条国）を支援することを目的としている。基金は、途上国（5条国）と先進国
（非5条国）の同数の代表から構成される執行委員会（Executive Committee: Ex-
Com)[10]によって運営される（5条5）。MLFの実施機関（implementing agen-
cies）は、世界銀行、国連開発計画（UNDP）、UNEPと国連工業開発機関（UNI-
DO）である。この基金の制度設計については、基金への拠出をめぐり先進国
と途上国とで議論があったが、1990年のロンドン修正で新たに合意された議定
書10条1では、この制度への「拠出」は当該締約国への資金移転とは別の「追
加的に行われるもの」とし、当該締約国が規制措置の実施を可能とするよう
「合意された増加費用を賄うもの」との合意が成立した。先進国から途上国へ

　8）　たとえばロシアが、1996年のCFC全廃が不可能であると宣言した不履行の事案に対して，
　　履行委員会は，制裁措置を課すのではなく，国際的な財政・技術支援を行うことを選択した．
　　ベネディック，前掲注（2），330頁．
　9）　モントリオール議定書実施のための多数国間基金のホームページ〈http://www.
　　multilateralfund.org/〉．
　10）　2020年の執行委員会は，5条国7カ国と非5条国7カ国（常任の日米を含む）で構成されて
　　いる．多数国間基金ホームページ．

援助を振り替えるのではなく、「追加的資金」であることと、何が「増加費用」であるかは、締約国の間で合意によって決定されるとの妥協が成立したのである。執行委員会の構成とその運営は、多くの国から評価されている。これまで多くの5条国によるフロン等オゾン破壊物質を他の代替物質に転換するプロジェクトが承認され、その結果5条国を段階的に減少させることに貢献してきた[11]。

5.　オゾン層を破壊しない物質の規制

(1)　オゾン破壊物質と温暖化効果

　フロン類が生産・使用を制限・禁止される過程で、代替フロンとして、HCFCs 類とともに HFC 類が、冷蔵庫や空調機器の冷媒などに利用されてきた。HCFCs が、オゾン破壊物質（ODS）であるのに対して、HFCs は、ODS ではなく温室効果ガスであることは、以前から知られていた。1997年の気候変動に関する京都議定書の附属書 A に、「温室効果ガス」として HFCs は二酸化炭素（CO_2）などとともにあげられている。

(2)　モントリオール議定書キガリ改正

　1992年の MOP 4（コペンハーゲン）では、HFC への対応をトルバ事務局長やオランダ政府は求めたが、気候変動枠組条約が扱う問題とされた。その後、HFCs の生産・消費は増大し、多数国間基金も、HFC プロジェクトに資金を配分し、代替物質の研究開発を進めてきた。ようやく2016年10月15日のモントリオール議定書第28回締約国会合（キガリ）で議定書の改正が行われ、発効要件（20カ国の批准）を満たして、2019年1月1日に効力を生じた。この改正は、HFC 類の生産・消費量を30年間で80％以上削減することを約束したものである。

　キガリ修正は、オゾン破壊物質ではないが、温室効果ガスであるという HFC の削減に合意した。オゾン層保護レジームと気候変動レジームという両制度間の協力によって、双方に相乗効果（synergy）をもたらすという先例になった。

---

11)　5条国の144カ国のプログラムと，144の HCFC フェーズアウト管理計画が認められ、145カ国の国内オゾン事務局の運営費用についても，資金供与を行ってきた．同ホームページ．

6.　おわりに

　オゾン層の破壊を食い止めるための条約・議定書の成立とその運用は、今日
多数の国家が当事国になっていることから、成功事例といわれることが多い
が、問題がないわけではない。たしかにオゾン破壊物質規制によって、成層圏
オゾンの減少は、21世紀半ばころに止まることが予測されている。ただ、使用
を中止した機器からフロンを回収し、再利用しあるいは焼却する仕組みとその
有効割合をより一層高めなければ、オゾン層破壊は止まず「人の健康や環境」
に悪影響が続くかもしれない。

〈参考文献〉

1．R. E. Benedick, *Ozone Diplomacy: New Directions in Safeguarding the Planet*,
　　enlarged ed., 1998; リチャード・E・ベネディック（小田切力訳）『環境外交の攻
　　防――オゾン層保護条約の誕生と展開』（工業調査会、1999年）。
　　　米国代表としてウィーン条約とモントリオール議定書の作成作業に関わり、
　　1990年ロンドン会合までを叙述（1991年初版）し、その後1997年までの動きを
　　追加した著作で、多様な視点から詳述する。
2．松本泰子『南極のオゾンホールはいつ消えるのか――オゾン層保護とモント
　　リオール議定書』（実教出版、1997年）。
　　　NGOメンバーとしてオゾン層保護を担当していた著者が、モントリオール議
　　定書の締約国会合に参加した経験を踏まえて、議定書の内容と課題をわかりやす
　　く整理している。
3．臼杵知史「オゾン層保護の条約および議定書」西井正弘・臼杵知史編『テキ
　　スト国際環境法』（有信堂、2011年）
　　　条約と議定書の構造を簡潔にまとめてあり、理解しやすい。

【問い】

1．オゾン層破壊物質に関するモントリオール議定書は、締約国会合（MOP）で
　　数度にわたり改正され、規制物質の追加や多数国間基金、不遵守手続（NCP）
　　制度が整備されているが、このような変更はなぜ可能になったのだろうか。
2．ウィーン条約・モントリオール議定書は、どのような意味で「成功した地球
　　環境条約」といえるのだろうか。

9章　海洋汚染

鶴田　順

1．海洋汚染をめぐる問題状況、国際法の対応・展開

　海洋環境の保護および保全は1960年代以前はそれほど注目を集めず、個別の海洋汚染問題への取組みも船舶からの油の排出の規制に限られていた。しかし、船舶による海の利用の質的・量的変化は海の浄化能力を超える汚染物質を海に排出することとなり、1967年のトリー・キャニオン号の座礁・油流出事故等の大規模事故の発生をきっかけに（⇒コラム⑦、本章末尾【主な大規模油流出事故】）、この問題に本格的かつ広範に取り組む必要性が認識されるようになった。

　国際海事機関（IMO）（1958年の設立時は「政府間海事協議機関」〈IMCO〉、1982年に改称）等において、個別の問題領域ごとに、海洋環境の保護および保全のために、また、船舶による海洋汚染問題に関係各国が協力して対応することで、公海自由の原則のもとでの船舶の航行利用の自由を維持するために、多くの海洋環境の汚染の問題に対応する国際条約が採択されてきた。また、1982年には海洋環境の保護および保全を包括的に扱った部を有する「海洋法に関する国際連合条約」（国連海洋法条約）が採択された。

⑴　海洋汚染に関する地球規模の条約制度

　IMOで採択された海洋環境関連条約として、船舶による海洋汚染に関するものとしては、船舶の通常の運航における油濁防止に関する「1954年の油による海水の汚濁の防止のための国際条約」（OILPOL条約）、1969年に採択された油による汚染事故への公海上での措置に関する「油による汚染を伴う事故の場合における公海上の措置に関する国際条約」（公海措置条約）、廃棄物の海洋への投入処分に関する「1972年の廃棄物その他の物の投棄による海洋汚染の防止

に関する条約」（ロンドン条約）とその1996年の改正議定書（1996年改正議定書）
（⇒本章第4節、コラム⑥）、さまざまな船舶起因汚染の防止に関する「1973年の
船舶による汚染の防止のための国際条約」（MARPOL条約）とその1978年に採
択された改正議定書（MARPOL73/78）（⇒本章第3節、コラム⑧）、1989年の米国
アラスカ州のプリンス・ウィリアム湾での大型タンカーのエクソン・バル
ディーズ号座礁・油流出事故の発生を受け、大規模油流出事故による海洋環境
への影響を最小限に抑えることを目的として1990年に採択された、油汚染事故
への準備・対応・国際協力等に関する「1990年の油による汚染に係る準備、対
応及び協力に関する国際条約」（OPRC条約）、油を対象物質とするOPRC条約
の採択を踏まえ、油以外の有害危険物質（Hazardous and Noxious Substances,
HNS）による汚染事故の場合に適用する「2000年の危険物質及び有害物質によ
る汚染事件に係る準備、対応及び協力に関する議定書」（OPRC-HNS議定書）等
がある。また、「海上における人命の安全のための国際条約」（SOLAS条約）は
主に船舶の航行の安全にかかわる条約であるが、船舶の構造や装置等の安全性
に関する規則は海洋汚染をもたらす事故の防止にとっても重要である。

　IMOで採択された海洋環境関連条約は、主に、船舶から海への油や有害物
質等の流出・排出による海洋汚染を防止するために、船舶の構造や装置等の改
善を図るための条約であるが、条約の附属書の改正等により船舶から大気への
放出も規律するにいたっている。IMOの海洋環境保全関連の条約の目的や規
制対象はさらに広がっている。

　海の生物多様性や海洋生態系の保全については、2004年に「バラスト水管理
のための国際条約」（バラスト水管理条約）（⇒コラム⑪）が採択されている（2017
年9月発効）。また、2001年には日本政府の主導により船底へのフジツボ等の貝
類や海藻等の付着を防ぐために使用されてきたトリブチルスズ（TBT）系塗料
の使用禁止等に関する「船舶についての有害な防汚方法の管理に関する国際条
約」（TBT条約あるいはAFS条約）が採択されている（2008年9月発効）。

　また、適正な船舶解体の確保と船舶解体が有する環境問題や労働問題の側面
の克服については、2009年に「船舶の安全かつ環境上適正な再生利用のための
香港国際条約」（シップ・リサイクル条約）（⇒コラム⑭）が採択されている（2021
年8月末現在未発効）。

⑵　地域海保全に関する条約制度

　また、地域海や閉鎖海・半閉鎖海の海洋汚染の防止のための多国間地域条約
も多数定立された。いずれの条約でも、適用対象となる海域における海洋汚染
の防止についての一般的な義務を設定したうえで、議定書によって汚染源・問
題領域ごとに具体的な規則・基準を設定するという方式が採用されている。

　地中海については、1976年に地中海汚染防止条約（バルセロナ条約）、1980年
に陸上起因防止議定書、1994年に海底開発に起因する汚染防止の議定書、1995
年に投棄による汚染防止の議定書、1995年に特別保護区（Specially Protected
Areas）に関する議定書、1996年に陸上に起因する汚染防止の議定書、有害廃
棄物による汚染防止の議定書、2002年に緊急時の協力に関する議定書、2008年
に統合的な沿岸海域管理のための議定書が採択された。特別保護区に関する議
定書は、領海内における海洋保護区（MPA）の設定を各締約国の努力目標とし
ていた1982年議定書に代わるものとして採択され、海洋保護区の設定は海洋の
生態系と生物多様性の保全を目的とすることが明記され、地中海の海底を含む
すべての海域を対象にして特別保護区の設定が推奨されている。

　また、北海・北東大西洋については、1969年に油濁対策のための北海沿岸諸
国のボン協定、1972年に海洋投棄防止オスロ条約、1974年に内陸起因汚染防止
パリ条約が採択された。また、長年にわたる沿岸諸国の協力関係を基礎にし
て、1970年に油濁対策のための北欧諸国間のコペンハーゲン協定、1974年にバ
ルト海保護ヘルシンキ条約が採択された。さらに、1992年には、北海・北東大
西洋の汚染防止のための海洋投棄防止オスロ条約と内陸起因汚染防止パリ条約
を統合し、条約の実施機関（OSPAR委員会）を設置したOSPAR条約が採択さ
れた。OSPAR条約のもとでも、地中海の場合と同様に、いくつかの議定書が
汚染源・問題領域ごとに採択されるとともに、海洋環境の保全にとって海洋の
生態系および生物多様性の保全が不可分の一部であるという認識に基づき、海
洋保護区の設定に関する実行が集積しつつある。たとえば、1998年に「附属書
Ⅴ　海洋区域の生態系と生物多様性の保護および保全」が採択されている。

　地中海と北海・北東大西洋以外についても、西アフリカ沖、北西太平洋、紅
海・アデン湾、広域カリブ海地域、東アフリカ沖、南太平洋、太平洋、黒海、
東アジア海、南アジア海、ペルシャ湾の各地域海については地域海行動計画が

構築され、南極、北極、バルチック海、カスピ海、北東大西洋の各海域については連携計画が構築されている。

2. 国連海洋法条約による海洋環境の保護および保全

　国連海洋法条約（UNCLOS）第12部は、その冒頭で、締約国の「一般的な義務」として、海洋環境の保護および保全の義務を設定したうえで（192条）、海洋環境の汚染について、あらゆる汚染源からの汚染を防止・軽減・規制するために利用することができる実行可能な最善の手段を用いて必要な措置をとる義務を設定している（194条1項）。

　UNCLOS 第12部は、次の3点において、海洋環境の保護および保全に関するこれまでの基本原則に変化をもたらすものであった。

(1) 包括的アプローチの採用

　第一に、これまでの海洋環境の保護および保全に関する条約が特定の汚染源（船舶からの油の流出、船舶からの廃棄物の海洋投棄など）を対象とした個別的な対応にとどまっていたのに対して、UNCLOS は、あらゆる汚染源を対象として、海洋環境の保護および保全に関する一般原則、未然防止、事後救済や紛争解決について規定する包括的なアプローチを採用している。

(2) 国際基準主義の採用

　第二に、UNCLOS は、海洋環境の汚染の防止について、締約国に国内法令の制定とその執行の権限を付与するとともに、その具体的内容については、UNCLOS 自体が個別・具体的な規則や基準を設定するのではなく「国際的な規則及び基準」とのみ規定した（国際基準主義の採用）。UNCLOS は、汚染行為を行った船舶に対する管轄権行使を、当該汚染行為が行われた海域の沿岸国と汚染行為を行った船舶が寄港した国（寄港国）にも許容しているが（後述する）、当該管轄権行使は「国際的な規則及び基準」に基づくものに限定している。このように国際基準主義が採用されているのは、汚染行為を規制する基準が海域によって異なると、船舶の国際的な航行に支障を及ぼす可能性があるためであ

る。たとえば、排他的経済水域（EEZ）での外国船舶による汚染行為を規制する国内法令については、「権限のある国際機関又は一般的な外交会議を通じて定められる一般的に受け入れられている国際的な規則及び基準」に適合するものとすると規定している（211条5項）。UNCLOS 第12部では同様の文言が多くの条項で用いられているが、具体的にいかなる機関といかなる規則および基準がこれにあたるかの解釈については諸説ある。ただし、「権限のある国際機関」（competent international organization(s)）については、海洋汚染の防止に関係する国際機関は多数あるものの（IMO、UNEP、FAO、UNESCO、IAEA 等）、少なくとも船舶起因汚染については IMO であると解するのが一般的である。また、「国際的な規則及び基準」（international rules and standards）については、IMO で採択された海洋環境関連条約のもとで採用されている規則や基準であると解するのが一般的である。MARPOL73/78の条約本体、附属書ⅠおよびⅡ（2021年7月末現在の締約国数は160）は「国際的な規則及び基準」にあたると解することができる。

　UNCLOS では、「国際的な規則及び基準」という規定を媒介にすることにより、IMO で採択された海洋環境関連条約のもとで採用されている最新の規則や基準を、UNCLOS の関連規定を改正することなく、取り込むことが可能となった。この点を捉えて、UNCLOS は海洋環境の保護および保全の分野における「アンブレラ条約」であると表現されることがある。前述の通り、海洋環境の保護および保全については、地球規模の条約、地域的条約、関係複数国・少数国間・二国間条約、また、一般的・包括的規律と汚染源ごとの詳細な規律というように、地理的適用範囲、規制内容と規律密度を異にする多くの国際法規範が相互に補完しあうかたちで海洋環境の保護および保全のための国際法規範群を形成している。UNCLOS 第12部は海洋環境の保護および保全についての地球規模の一般的・包括的な規律内容を有する多国間条約として、この分野の国際法規範群の中心に位置づけることができる。

⑶　沿岸国と寄港国への管轄権の再配分

　第三に、UNCLOS は、各締約国が適用・執行する国内法令で採用するべき海洋環境の汚染の防止に係る具体的な規則や基準は条約自体では掲げず、当該

国内法令と「国際的な規則及び基準」の合致を求めるのみであるが、汚染行為を行った船舶に対して、当該船舶の旗国、汚染行為が行われた海域の沿岸国、汚染行為を行った船舶が寄港した国（寄港国）のそれぞれが、いかなる場合に自国の法令に基づいて管轄権を行使することができるかを整理している。たとえば、船舶起因の汚染については、旗国主義に基づく旗国による管轄権の行使を基本としつつも、沿岸国と寄港国による管轄権の行使を許容している（沿岸国と寄港国への管轄権の再配分）。

　旗国主義とは、公海自由の原則を踏まえて、公海上にある船舶については、当該外国船舶の旗国が排他的に執行管轄権を行使することができるという国際法上の原則である。UNCLOS では、海洋環境の保護および保全における旗国主義の弊害の側面を克服するために、旗国以外の沿岸国や寄港国による管轄権の行使が許容されることとなった。旗国主義の弊害の側面とは、旗国による十分な検査が行われず、MARPOL73/78 や SOLAS 条約等の国際条約が設定した環境基準や安全基準に適合しないまま航行している「条約不適合船舶（サブ・スタンダード船）」や、外航海運企業が運航や船員の配乗などの管理を行っているが、船舶所有者等に関する税金、船舶の登録費、設備費、検査費や船員の賃金等の運航コストを削減することなどを目的に、外航海運企業がパナマ、リベリアやマーシャル諸島等で設立した現地法人を所有者とする「便宜置籍船（FOC 船）」がもたらす負の側面のことである。今日の海洋利用のあり方を踏まえると、公海自由の原則は、海洋汚染によって他国の利益や国際社会の一般的な利益を害するような自由になりかねない。

　EEZ での船舶起因汚染については、EEZ の沿岸国への管轄権の再配分がなされている。UNCLOS は、EEZ を航行する船舶が船舶起因汚染等に関する沿岸国の国内法令に違反し、当該違反により「著しい海洋環境の汚染をもたらし又はもたらすおそれのある実質的な排出が生じたと信ずるに足りる明白な理由がある場合において」、当該違反船舶が情報提供を拒否し、検査が正当と認められるときには、沿岸国は当該違反に関連する船舶の物理的な検査を行うことができると規定している（220 条 5 項）。さらに、沿岸国の国内法令違反により「自国の沿岸若しくは関係利益又は自国の領海若しくは排他的経済水域の資源に対し著しい損害をもたらし又はもたらすおそれのある排出が生じたとの明白

かつ客観的な証拠がある場合には」沿岸国は船舶の抑留を含む手続をとること
もできる（220条6項）。ただし、当該法令違反への対応のあり方については、
UNCLOS は「領海を越える水域」における外国船舶による違反については「金
銭罰のみを科することができる」（230条1項）と規定し、船舶の航行利益に配
慮した手続（担保金の提供等による早期釈放制度）を採用している。

　このように、UNCLOS は、EEZ の沿岸国が自国の EEZ において外国船舶
に対して執行管轄権を行使することを許容しているが、船舶の物理的検査を行
うことができるのは「実質的な排出」等の要件を満たす場合、また船舶を抑留
することができるのは「著しい損害」またはそのおそれのある排出があった場
合とすることで、沿岸国による執行管轄権の行使が許容される状況を厳格に特
定している。

　また、外国船舶が自国の港に入港してきた国（寄港国）も、UNCLOS による
管轄権の再配分により、当該船舶に対して管轄権を行使することができるよう
になった。寄港国は、外国船舶が自国の港等に任意にとどまる場合には、「権
限ある国際機関又は一般的な外交会議を通じて定められる適用のある国際的な
規則及び基準」に違反して、自国の EEZ 外の海域で他国の EEZ の外でもある
海域（純然たる公海）での当該船舶からの排出について調査を行うことができ、
事実が証拠により裏づけられた場合には、手続を開始することができる（218
条1項）。それゆえ、UNCLOS では、寄港国は、通常であれば管轄権を行使し
えない海域における外国船舶による汚染行為に（国際基準に適合した）国内法令
を適用・執行することも可能となった。他方で、他国の内水・領海・EEZ にお
ける外国船舶の排出の違反については、関係国からの要請があった場合、また
は自国に被害があった場合にのみ手続を開始することができることとし（218
条2項）、排出海域の沿岸国等による管轄権の行使に重きを置いたうえで、寄
港国による管轄権行使も許容することとしている。

　なお、公海上での外国船舶からの排出に対する沿岸国法令の適用・執行とい
う寄港国管轄権の行使は、IMO で採択された海洋環境、海上安全や船舶労働
等に関する諸条約の実施のために地域ごとに「了解覚書」（Memorandum of Un-
derstanding: MOU）を交わすことで行われている「寄港国による監督（ポート・
ステート・コントロール）」（Port State Control: PSC）とは異なる。

3.　船舶による海洋汚染の防止──MARPOL 73/78

　船舶から排出される油による海洋汚染の防止については、早くから国際条約の定立が進んだ。1954年 4 月から 5 月にかけて、英国政府の主催によりロンドンで「海水の汚濁に関する国際会議」が開催され、会議の最終日に OILPOL 条約が採択された（1958年 7 月発効）。OILPOL 条約は、油（原油や重油等の持続性の油）の排出基準を設定することで、船舶の通常運航に伴って発生する油の排出による海洋汚染を規制するものである。OILPOL 条約は、その後の数回の改正を経て、規制対象船舶や規制対象物質・行為を拡大し、規制を強化していくこととなった。しかし、OILPOL 条約による海洋汚染の規制は、タンカーの増加・大型化、油以外の有害物質の海上輸送の増加、そして便宜置籍船が増加しているにもかかわらず規制の執行は従来通り旗国主義に重きを置いていたことなど、1970年代に高まった環境保護の要請に十分に応えるものではなかった。

　そこで新たに採択されたのが MARPOL 条約（1973年条約）である。MARPOL 条約は2021年 7 月末現在未発効のままであるが、MARPOL 条約採択後のタンカー座礁・油流出事故の発生等を受けて、IMCO は1978年 2 月に「1978年のタンカーの安全及び汚染防止に関する国際会議」を開催し、1973年条約を修正・追加したうえで1973年条約を実施するための議定書（MARPOL 73/78）が採択された。MARPOL 73/78は1973年条約と単一の文書として読まれるものとして位置づけられており（MARPOL 73/78第 1 条 2 項）、締約国はこの議定書で修正・追加された1973年条約を実施することとなった。MARPOL 73/78は1983年10月に発効し、2021年 7 月末現在の締約国数は160である。

　MARPOL 73/78は、OILPOL 条約の弱点を踏まえて規制対象船舶を拡大し、また規制対象物質についても、規制対象となる油の範囲をすべての油（原油や重油等の非持続性の油のみでなく、ガソリンや軽・灯油等の非持続性の油を含む）に拡大するとともに、有害液体物質、個品有害物質、汚水、船内で発生した廃棄物、船舶の機関から発生する窒素酸化物（NOx）、硫黄酸化物（SOx）や温室効果ガス（GHG）等の排出も規制することによって、船舶による海洋汚染と大気

汚染を防止するための包括的な規制を設定した。また、規制の内容も、油等の排出行為を規制するのみでなく、事故時の流出防止のために、船舶の二重船殻構造（double hull）や損傷時復元性を求め、船舶に各種設備を義務づけるなど、船舶の構造設備というハード面についての規制も設定した。

　MARPOL 条約は、前文、本文、附属書、二つの実施議定書（「議定書I　事故の報告」と「議定書II　仲裁」）で構成されている。六つの附属書のうち、附属書IとIIはいわゆる「強制附属書」であり、条約を批准する際に条約と一体のものとして批准しなければならないが、他の附属書は条約とは別に批准する「選択附属書」である。これまでに MARPOL 条約のもとで採択された附属書は六つある。各附属書において、船舶の構造設備基準、主管庁または認定された団体（船級）による定期的な検査の実施、証書の発給、寄港国による監督などが規定されている。附属書には、船舶の運航に伴う油の排出を規制するための排出方法および設備基準等について規定する「附属書I　油による汚染防止のための規則」（1983年10月発効）、有害液体物質をばら積輸送する船舶の貨物タンクの洗浄方法、洗浄水等の排出方法およびこれに係る設備の要件等について規定する「附属書II　ばら積みの有害液体物質による汚染の規制のための規則」（1983年10月発効）、容器等に収納されて運送される有害物質の包装方法、容器の表示や積付け方法等について規定する「附属書III　容器に収納した状態で海上で運送される有害物質による汚染防止のための規則」（1992年7月発効）、船舶の運航中に発生する汚水の排出方法等について規定する「附属書IV　船舶からの汚水による汚染防止のための規則」（2003年9月発効）、そして、船舶の運航中に発生する廃棄物の処分方法等について規定する「附属書V　船舶からの廃物による汚染防止のための規則」（1988年12月発効）がある。さらに、1997年の MARPOL 条約締約国会議では、北欧における船舶からの大気汚染問題等が指摘され、船舶の機関から発生する窒素酸化物（NOx）、硫黄酸化物（SOx）や温室効果ガス（GHG）等の排出削減等について規定する「附属書VI　船舶からの大気汚染の防止のための規則」を追加する議定書（97年議定書）が採択された。MARPOL 73/78の締約国のみが97年議定書の締約国となることができ、97年議定書によって修正された MARPOL 73/78と議定書は単一の文書として読まれることとなった。97年議定書は2005年5月に発効し、2021年7月末現在

の締約国数は100である。

　MARPOL 73/78の規制内容は、各附属書で詳細な規定が設けられている。たとえば、附属書Iについては、油の排出基準を設定するのみならず（排出禁止の「特別区域」、瞬間排出率、またタンカーについては最大排出率等を設定している）、船舶の構造設備基準を設定した。具体的には、分離バラストタンク（貨物タンクおよび燃料タンクとは完全に分離されたバラスト水専用のタンク）と原油洗浄装置（原油を高圧噴射装置でタンク内に噴射した後に水洗いすることで、タンク洗浄作業から生ずる油性混合物を減らすことができる装置）を導入した。

　MARPOL 73/78による船舶の構造設備基準の設定は一定の成果を上げてきたが、1989年以降、タンカーによる大規模事故が相次いだため（本章末尾【主な大規模油流出事故】参照）、事故に際しての油の流出を最小限にとするための船舶の構造設備基準の強化が図られてきた。まず、1989年の米国アラスカのプリンス・ウィリアム湾での米国籍の大型タンカーのエクソン・バルディーズ号座礁・油流出事故を受けての1992年の改正では船体の二重船殻構造が義務づけられ、新規のタンカーのみならず、現存のタンカーについても、一定の船齢に達したときにこの義務が適用されることになった。1999年の英仏海峡でのマルタ船籍の大型タンカーのエリカ号の折損・沈没・油流出事故を受けての2001年改正では、一重船殻構造タンカーの段階的削減のための期限を設定した。さらに、2002年のスペイン沖での一重船殻構造のバハマ船籍の大型タンカーのプレステッジ号の折損・油流出・漂流・沈没事故を受けた2003年改正では、一重船殻構造タンカーの段階的削減の前倒しでの実施が規定された。この前倒しの実施は、同事故の発生を受けて、フランス等のヨーロッパ諸国が国内法で一重船殻構造タンカーの入港禁止措置を採用し始めたことが影響している。

４．廃棄物の海洋投棄の規制

(1) ロンドン条約

　海洋投棄とは、陸上で発生した廃棄物を船舶等で海に投入し処分することである。海洋投棄を規制する最初の条約は、1972年に採択され1975年に発効した「廃棄物その他の物の投棄による海洋汚染の防止に関する条約」（ロンドン条約）

である。ロンドン条約は、廃棄物の海洋投棄による海洋汚染を防止し、海洋環境の保全を図るための条約として採択された。ロンドン条約は、海の自浄能力を前提として、その能力を超える投棄を規制するという発想にたち、毒性・有害性に応じて廃棄物を附属書Ⅰから附属書Ⅲまで三つのカテゴリーに分類し、それぞれのカテゴリーに応じて禁止や許可等の規制を設定するという「ネガティブ・リスト方式」を採用した。附属書Ⅰは、海洋投棄が全面的に禁止される物質を掲げている（ブラック・リスト）。附属書Ⅱは、海洋投棄にあたって、事前の特別許可を必要とする物質を掲げている（グレー・リスト）。また、附属書Ⅲは、附属書ⅠとⅡ以外のカテゴリーで投棄に際して事前の一般的許可が要求されるもので、具体的な物質名を列挙せず、いかなる場合に許可を出すべきかについての考慮ファクターを掲げるにとどめている。このように、ロンドン条約では毒性・有害性が強いと考えられる廃棄物を具体的にリスト化して規制対象とするという手法がとられていた。

　ロンドン条約が採択されて約20年が経過した頃、先進工業国による産業廃棄物の海洋投棄の削減が進んだことなどを受けて、ロンドン条約の役割や規制の強化が検討課題となっていた。1992年に開催されたリオサミットでまとめられたアジェンダ21では、規制強化の観点からロンドン条約の改正が提案された。また、放射性廃棄物の海洋投棄については、1985年のロンドン条約締約国会議（COP 9）において附属書Ⅱに掲げられていた低レベル放射性廃棄物を含むすべての放射性廃棄物の海洋投棄を一時停止する「モラトリアム決議」が採択され、その後、1993年のロシア海軍による低レベル放射性廃棄物（解体された原子力潜水艦の冷却水等の900m³の液体放射性廃棄物）の日本海の公海上での海洋投棄等を受けて、1993年の COP 10において附属書Ⅰおよび附属書Ⅱの改正によって低レベル放射性廃棄物の海洋投棄が禁止された（1994年2月発効）。

(2)　1996年議定書

　ロンドン条約の規制の強化を目的として1996年に採択されたのがロンドン条約の改正議定書（96年議定書）である。96年議定書は、ロンドン条約とは異なり、海の自浄能力を前提とせず、1990年代以降の予防原則・予防的アプローチの発展を踏まえ（⇒3章）、それを具体化したものと評価できるリバース・リス

ト方式、「廃棄物評価フレームワーク」（WAF）と「廃棄物評価ガイドライン」
（WAG）を採用している。96年議定書は、基本的な考え方として、予防的アプ
ローチと「汚染者負担原則」（Polluter Pays Principle: PPP）の採用を明文で規定
している（3条）。

　リバース・リスト方式は、海洋投棄を原則として禁止して、その例外とし
て、附属書Ⅰに海洋投棄を「検討しても良い」廃棄物を列挙するという方式で
ある。附属書Ⅰには毒性・有害性が低いと考えられる廃棄物が掲げられてお
り、具体的には、①しゅんせつ物、②下水汚泥、③魚類残さまたは魚類の産業
上の加工作業によって生じる物質、④船舶およびプラットフォームその他の人
工海洋構築物、⑤不活性な無機性の地質学的物質、⑥天然に由来する有機物
質、⑦海洋投棄以外の処分が物理的に困難な地域（小島等）で発生する鉄、コ
ンテナー等から構成される物質の七つである。附属書Ⅰは2006年に改正案が採
択され、地球温暖化対策として海底下の地層に貯留される二酸化炭素が追加さ
れた（2007年2月発効）（⇒コラム⑤）。

　また、96年改正議定書は、リバース・リスト上の廃棄物の海洋投棄であって
も、すべて締約国の規制当局の個別許可に服せしめるとともに、附属書Ⅱに
よって投棄の可否を検討する際の評価枠組みである「廃棄物評価フレームワー
ク」（WAF）を定めた。WAFによれば、各国の規制当局が許可の発給の可否
を判断するに際しては、廃棄物発生の削減や代替的な処理方法等が尽くされて
いるかを審査することで、廃棄物の海洋投棄の必要性を確認しなければなら
ず、また、投棄される廃棄物の特性や有害物質の含有量等の確認をしたうえ
で、関連海域への潜在的影響の評価も求められる。これらの評価が完了し、か
つ投棄後の監視（モニタリング）条件が決定されて初めて許可が付与されるこ
とになるが、その際に環境に対する障害等を最小限にする方向で検討しなけれ
ばならない。

　さらに、付属書Ⅱ（WAF）の内容をさらに具体化した実行ガイドラインとし
て「廃棄物評価ガイドライン」（WAG）がある。WAGはロンドン条約締約国
会議が各締約国における条約実施を支援する目的で採択したものである。

【主な大規模油流出事故】

① トリー・キャニオン号座礁・油流出事故

　1967年 3 月、クウェートで約11万9,000トンの原油を満載して出港し、英国ウェールズのミルフォード・ヘブン港に向かっていたリベリア船籍の大型オイルタンカーのトリー・キャニオン号が英仏海峡の公海上で座礁し、同号から約 8 万トンの油が流出し、英仏両国に甚大な被害をもたらした。英国政府は事故発生後の油の流出を阻止するために船体の引き上げを試みたが、作業は難航し、油の流出が続いた。そこで、英国政府は、船内に残っている約 4 万トンの油を燃焼するために、同号の船主に通告したうえで、海軍機と空軍機で公海上の同号を爆撃し、その結果、同号は沈没した。英国政府による爆撃は、国際慣習法上の自衛権や緊急避難、接続水域における沿岸国による権限行使では十分に根拠づけることができず、また同号の船主や旗国リベリアの事前の同意を得て行われたものではなかったが、英国政府に対して同号の船主と旗国リベリアからの抗議はなかった（より詳細は**コラム⑦**）。

② 1978年発生のアモコ・カディス号座礁・油流出事故

　1978年 3 月、リベリア籍の大型タンカーのアモコ・カディス号が、操舵装置の故障のためフランス大西洋岸ブルターニュ半島で座礁し、約22万トンの原油が流出した。流出した原油によってリゾート地の砂浜が汚染され、漁業に壊滅的な打撃を与え、約200km に及ぶ海岸線が汚染された。

③ 1989年発生のエクソン・バルディーズ号座礁・油流出事故

　1989年 3 月、米国アラスカ州のバルディーズ石油ターミナルを出港してカリフォルニア州に向かっていた大型タンカーのエクソン・バルディーズ号が、米国アラスカ州のプリンス・ウィリアム湾で暗礁に乗り上げ、11の貨物油タンクのうち八つのタンクが、また五つのバラストタンクのうち 3 タンクが損傷し、数時間の内に船底破口部から原油約 4 万トンが流出した。この油流出によって約2,400km に及ぶ海岸線が汚染され、米国沿岸での過去最大規模となる甚大な海洋汚染が発生した。

④ 1999年発生のエリカ号折損・沈没・油流出事故

　1999年12月に、フランスのダンケルク港からイタリアのリボルノ港に向けて航行中のマルタ籍の大型タンカーのエリカ号が、フランスの北西部ブレスト沖

南方60海里を航行中に荒天のため船体が折損し、船首部は折損した海域で沈没し、船尾部は曳航を試みたが沈没した。積荷の重油のうち、船首部に約6,000トン、船尾部に約1万トンが残っており、推定で約1万4,000トンが流出した。流出した重油により、観光地で、牡蠣やムール貝の養殖地や海鳥の越冬地としても有名なブルターニュ半島の約400kmに及ぶ海岸が汚染された。

⑤　2002年発生のプレステッジ号折損・油流出・漂流・沈没事故

　2002年11月に、スペインのガルシア地方沖を強風のなか航行していた大型タンカーのプレステッジ号が航行不能となり漂流した。スペイン当局は同船を沖合に移動したが、積荷タンク付近に破損が生じて油が流出し始め、最終的に推定で約2万5,000トンの重油が流出した。船体はしばらく漂流し続けたが、やがて約3,500mの海底に沈没し、その後も重油の流出が続いた。流出した油は三つの国と七つの地域の境界をまたがる1,000km以上の沿岸に拡がった。

〈参考文献〉
1. 富岡仁『船舶汚染規制の国際法』（信山社、2018年）。
　　航行中の船舶に起因する海洋汚染を規制する国際法規範の生成と展開、またそれらが国際海洋法における旗国主義や管轄権行使のあり方にいかなるインパクトをもたらしたかを考察した業績。
2. 薬師寺公夫「海洋汚染防止に関する条約制度の展開と国連海洋法条約」国際法学会編『日本と国際法の100年　第三巻　海』（三省堂、2001年）215-241頁。
　　航行中の船舶に起因する海洋汚染を規制する国際法規範を国連海洋法条約第12部の諸規定に焦点をあてて検討した論考。

【問い】
1. 国連海洋法条約が海洋汚染の防止に関する規範設定で「国際基準主義」を採用している意義はどのような点にあるか。
2. 排他的経済水域（EEZ）を航行する外国船舶が沿岸国の海洋汚染の防止に関する国内法令に違反した場合、沿岸国は当該船舶に対していかなる措置を講じることができるか。
3. ロンドン条約96年議定書において予防原則・予防的アプローチはどのように具体化されているか。

コラム⑥　ロンドン条約96年議定書の遵守手続

1　ロンドン議定書における締約国の義務

　ロンドン条約と、その改正議定書（以下、議定書）は、海洋環境の保護・保全のために廃棄物その他の物の海洋投棄を規制する条約である（⇒9章）。ロンドン条約は、附属書に掲げられた廃棄物等に該当しないものは海洋投棄ができる仕組み（ブラック・リスト方式）であったが、この条約の規制強化を目的として採択された議定書は、海洋投棄を原則として禁止し（4条1項、5条）、附属書に掲げられている廃棄物等についてのみ、環境汚染物質の除去および漁ろう・航行の重大な障害防止をした上で廃棄を「検討可能」なものとしている（リバース・リスト方式）。また、締約国には、環境影響等を予測・評価し（附属書Ⅱ2項）、規制当局がその結果を審査する仕組みを設けることを求めている（4条1項）。さらに、議定書は、環境に与える損害について、国家責任に関する国際法の諸原則に基づき、廃棄物その他の物の投棄または海洋における焼却から生ずる責任に関する手続の作成を義務づけている（15条）。なお、締約国会合は条約と議定書の合同で開催されており、条約と議定書両方の締約国間においては、議定書が条約に優先する（23条）。

2　ロンドン議定書における遵守手続と遵守グループの役割

　議定書の遵守手続は11条に規定されている。本条に基づき、議定書発効後の2007年に「ロンドン議定書11条に基づく遵守手続とメカニズムに関する規則」（以下、遵守手続）が採択され、2008年に発足した。遵守手続の目的は、完全かつ公開された情報交換を可能とするために、建設的な方法で、議定書の遵守を評価しかつ促進することである（遵守手続1項1）。また、遵守問題に関する包括的な責任は締約国会議が保持しており（1項2）、締約国会議により設立・公認された遵守グループが遵守にかかる作業を行う（1項3および4）。

　遵守グループは、委員数が15名に限定されており（3項1）、科学的、技術的または法的な専門性に基づいて選任された個人によって構成される（3項2）。委員は、国連5地域から地理的に衡平かつ均衡に選出されるように締約国が推薦し、締約国会合によって選任される（3項4）。委員は、客観的かつ議定書の遵守を促進するために貢献することを任務とし（3項3）、任期は3年で、毎年5名を改選する（3項5）。なお、遵守グループ発足当初は、委員の再任はできない旨が規定されていたが、委員数が15名に満たない状況が続き、作業の継続性が担保されないことが懸念されるようになった。そのため、2017年の締約国会議にて遵守手続が改正され、対象地域に新たな候補者がいない場合には締約国会合の判断で再選が可能とされた（3項5、bis）。

　遵守グループは、締約国会議あるいは締約国から諮問された、不遵守の可能性がある個別の状況に関する事項について（4項1）、検討と評価を行い、締約国会議に勧告を行う（2項2）。締約国会議は、この勧告を十分に検討した後、締約国もしくは非締約国に対して助言、支援または協力を提供し、また、遵守グループ、議定書科学グループ、および締約国会合自身の役割を含む遵守手続とメカニズムの効果を定期的に見直すことができる（2項1）。

　議定書事務局は、ロンドンにある国際海事機関（International Maritime Organization: IMO）に置かれており（議定書19条1項）、不遵守の申立ては、問題となる事項、議定書の関連規定および付託の立証となる情報を記載した書面で事務局に付託される（4項3）。事務局は、受領後2週間以内に付託を遵守グループに送付し、遵守が問題とされている締約国には2週間以内に付託の写しを送付する。すべての付託は全締約国に情報として通知され、締約国はすべての付託の写しを請求することができる（4項4）。遵守グ

ループは、その機能を実行するために、信頼できる情報源からの関連情報を求め、または受領し、および検討することができる（3項11）。とくに放射性廃棄物その他の放射性物質等からの海洋環境の保護については、事務局が遵守グループを代表して、国際原子力機関（International Atomic Energy Agency: IAEA）に照会し、遵守グループは、問題の検討に際してIAEAの評価を考慮するものとする（4項6）。

なお、遵守グループは議定書に基づいて設立されているため、遵守グループが検討すべき問題は、議定書に基づく義務の不遵守に限定され、条約上に関する義務の不遵守は対象外であると考えられる。

3　締約国の遵守状況と遵守グループの取組み

締約国は議定書に基づき、議定書の義務の遵守状況を報告する義務を負っている。主たる報告内容は、以下のとおりである。

第一に、許可を与えた投棄の内容（廃棄物その他の物の性質、数量、場所〈海域〉、時期および方法）を記録し、海洋の状態を監視し、事務局を通じてこれらの情報を、毎年、報告しなければならない（投棄報告。9条4項）。しかし、実際の報告件数は近年は減少傾向にあり、締約国の40％程度でしかない。これに対して事務局は、オンライン上で情報にアクセスでき、報告を容易にするGISIS（IMO Global Integrated Shipping Information System）を導入し、このシステムの積極的な利用を呼びかけ、提出率の向上をめざしている。

第二に、議定書を実施するために各国がとる行政上および立法上の措置（執行措置の概要を含む）について、定期的に報告を提出しなければならない（9条4項2および3）。しかしながら、提出数は締約国数の3分の1にも満たないのが現状である。報告提出率の低迷の原因としては、国内の人材不足、財源不足、技術不足等が指摘されているが、遵守グループは、遵守の障壁（Barrier to Compliance: B2C）グループ、およびCGADR（Correspondence Group on the Assessment of Dumping Reports）とも連携し、遵守の阻害要因のさらなる分析に努めている。阻害要因のうち、報告書作成の困難性については、各国の実施状況の報告を参照できるようにライブラリーとして整理して公開したり、フォーマットを作成し必要事項の入力で足りるようにしたりする取組みがなされている。さらには、未報告の理由についてアンケートを行い、その要因を検討したり、個別に委員が提出を呼びかけたり、という努力もなされている。

また、「定期的に」という規定内容が曖昧であったために、一度報告をするとその後更新がなされないままになっている場合も多い。これについては、2018年の遵守グループ会合で、少なくとも5年に1回は更新すべきであることが確認された。

なお、日本は毎年投棄報告を行っている。また、「海洋汚染等及び海上災害の防止に関する法律」（海洋汚染防止法）および「廃棄物の処理及び清掃に関する法律」（廃棄物処理法）で議定書の国内実施を担保し、投棄の許可制度、環境影響評価、海洋環境の監視制度、罰則等の仕組みと合わせて、詳細な報告書を提出している。

4　ロンドン議定書と遵守グループの課題

議定書は、海洋投棄からの海洋環境の保護・保全について、海の自浄作用を前提とせずに、予防的アプローチを採用して注目された。遵守手続も整えられ、環境保護条約としてはかなり理想的な形式を有している。しかしながら、実際の遵守状況の把握は締約国の報告に委ねられており、また、報告書作成が技術的、財政的に困難な締約国もあり、実態としては議定書の目的が達成されているとは言い難い。他の環境条約にみられる資金メカニズムもなく、不遵守の際の財政的・技術的支援が不十分であり、また、不遵守に対する罰則が存在しないことも原因であろう。今後は、これらの問題を検討し、遵守のインセンティブを強化する仕組みを作らなくてはならない。

（岡松　暁子）

コラム⑦　トリー・キャニオン号原油流出事故

1.　事故の概要

　トリー・キャニオン号（以下、TC号）は、米国のユニオン・オイル社の実質的な子会社である、英領バミューダのバラクーダ・タンカー社の所有する、リベリア籍の船舶である。事故当時は英国のブリティッシュ・ペトロリアム社に傭船され、約11万9,000トンの原油を積載し、ペルシャ湾から英国に向けて航行していた。また、船長のRugiati氏をはじめとする全乗組員がイタリア人であった。

　同船は、1967年3月18日午前9時ごろ、グレート・ブリテン島の南西端に位置するコーンウォール州のランズ・エンドとシリー諸島の中間、領海3海里が一般的であった当時は公海上に位置するとされていた「七つ岩」に座礁した。この座礁原因としては、のちに発表されたリベリアの事故調査報告書によれば、船長の独断による針路変更によるところが大きいとされている。座礁の結果、TC号の油槽が破穴し、原油が海上に流出した。

　さらなる流出を防ぐために、バラクーダ・タンカー社はオランダのサルベージ会社、Wismuller社と契約し、離礁するための作業を開始した。しかしながら、事故発生直後は悪天候もありうまくいかず、サルベージチームがTC号に乗船できたのは3月20日になってのことであった。しかし、その翌日の3月21日には機関室で爆発が発生し、サルベージチームのメンバーが死傷する事態となった。

　3月26日の午後までは、英国政府とWismuller社とを中心に、離礁するための作業が行われていた。しかしながら同日夜、悪天候によりTC号が大きく分裂すると、離礁はもはや現実的な選択肢ではなくなった。また、この分裂により油はさらに流出し、油濁汚染が拡大した。地理的に最も近接するコーンウォールの海岸線については100マイル以上を汚染し、また、4月になると油膜はフランスへと拡大し、フランス海軍による予防策も効果なく、最終的にはブルターニュの海岸線60マイル以上を汚染することとなった。

2.　英国の対応

　英国海軍のヘリコプターは、事故発生から2時間以内に現着し、その時点で、当該事故が前代未聞の規模となることは想定されていたとされる。18日午後に入ると、英国海軍の船舶が到着し、海上に流出した油の洗浄作業を開始した。また、19日には、海軍担当の国防政務次官補がブリマスに派遣された。英国政府は当初、TC号の実質的な所有者であるユニオン・オイル社の意向を汲みつつ、Wismuller社と共同して、同船舶の離礁を目指した。

　しかしながら、3月26日夜に離礁が不可能となると英国は、TC号を爆破してでも、油のさらなる流出を食い止める方針に舵を切った。3月27日までにWismuller社に従来の方針を断念させ、28日朝には、すべての船舶および人がTC号から距離を取ることに成功した。この間、英国はユニオン・オイル社に対し爆撃の予定を通知し、その同意を得ようとしたものの、最終的に同意を得ることには成功していない。他方、旗国であるリベリアに対しては、英国国内での対応協議においては、同国への通知を事前にすべきとの意見も出されたものの、実際に事前の通知を正式に行ったことを示す事実は確認されない。

　問題となる海域については船舶の航行を禁止する警戒態勢を敷きつつ、3月28日より英国海軍・空軍により爆撃が開始された。爆撃は30日まで続き、ロケット弾やナパーム弾等が用いられ、およそ2万トンの油を焼却したといわれている。

　また、爆撃開始後の29日には、リベリア政府と英国政府との間で意見交換が行われている。この交渉においては、リベリアが本事故についての調査を行うことを表明するなど（実際、5月2日に調査報告書を発表）、便宜置籍船を認めているリベリアが守勢に回っており、同意がない状態での爆撃についての英国への批判などは確認されない。

3.　国際法への影響

　事故当時、最大級のタンカーであり、かつ、現在と同様に多様な国籍のアクターが関与して運航していた TC 号の事故は、その後の国際法の発展に大きく資することとなる。具体的には、当時の IMCO において法律問題委員会が設置され、そのもとで1969年油濁汚染民事責任条約（1969CLC）と1969年油濁公海措置条約（介入権条約）の二つの条約が締結されたこと、また、慣習国際法上の緊急避難の理論に示唆を与えた点である。

（1）　タンカー事故における民事責任

　多数のアクターが関与する本事故をめぐっては、誰がどこまで責任を負うか、という民事責任についても当時の法制度における多様な課題を示すこととなった。そこで締結された同条約は、タンカーによって引き起こされる油濁汚染について、①船舶所有者に厳格責任を課す、②その責任の範囲には制限を定める、③船舶所有者に保険加入を義務づける、の三つを主たる内容とする。国際的な油濁補償制度は、その後、1969CLC の改正や他の関連する条約の採択など、1969CLC 採択後も条約により修正が適宜為されているものの、上述の①〜③は、維持されたままである（この点については、基本判例・事件⑪、⑫を参照）。

（2）　緊急避難

　本事故における英国の対応は、公海上のリベリア籍船舶への爆撃とみなされ、武力行使や旗国主義の侵害といった国際法違反を構成する可能性があったといえる。実のところ、事故発生後直ちに、リベリアが英国の国際法違反を主張したわけでも、英国が自らの措置を国際法上適法なものと正面から主張したわけでもなく、英国の爆撃についての国際法上の評価が確立しているとは言い難い。

　しかしながら英国の措置は、その後の ILC の国家責任条文において緊急避難を規定した25条のコメンタリーで言及されたこともあり、緊急避難による違法性阻却の先例として整理する学説もある。とくに、①極度の危険が存在していたこと、および②船舶への爆撃は他のあらゆる手段が失敗したのちに決定された

こと、といった二つの点が、現在の緊急避難の要件に整合的である。また、緊急避難を援用する際には「不可欠の利益」が脅かされている必要があるが、英国の爆撃を緊急避難と位置づけることは、環境を「不可欠の利益」と位置づけることに通ずるため、国際環境法の観点からは評価されよう。

（3）　介入権

　このように現代は緊急避難を援用することで、英国の違法性が阻却される可能性はある。しかしながら、事故当時の国際法において緊急避難が確立しているとは言い難かった。そのため、同様の事故が発生した場合に備え、本事故後直ちに、自国領海や沿岸が汚染の危機にさらされる場合に公海上の外国籍船舶に対して介入する権利（介入権）を定める条約の策定を英国は主導し、1969年には介入権条約が作成されることとなった。同条約は、実務的に援用が多くなされるわけではないものの、海洋環境を保護するために、海洋法の重要な原則の一つである旗国主義原則を制限したことから、国際法による海洋環境保護の歴史的文脈においては重要な条約と位置づけられよう。

　また、1973年に締結された介入権条約の議定書において、油以外の汚染に対しても沿岸国が介入できるように範囲が拡大された。この介入権については、国連海洋法条約221条において、慣習法上および（他の）条約上の「権利として尊重される旨規定」されており、介入権条約及びその議定書が、現代においても変わらずに規律しているといえよう。

〈参考文献〉
谷川久『『油濁損害に対する民事責任に関する国際条約』について』『海法会誌』復刊15号（1970年）42-118頁。
山田卓平「トリー・キャニオン号事件における英国政府の緊急避難理論」『神戸学院法学』35巻3号（2005年）73-128頁。
（瀬田　真）

コラム⑧　海のプラスチックごみ問題

1　どのような問題か

プラスチックは軽くて丈夫で成型しやすいなどの多くの利点がある。しかし、その耐久性の高さから、ごみとして自然環境に排出された場合には、自然環境に広範囲かつ長期にわたって残存することになる。陸地や河川から海に流出・漂流したプラスチックは、海の生物、船舶の航行、漁業、景観、観光、生活環境などに影響をもたらす。

たとえば、海に流出・漂流したプラスチックを魚や海鳥が摂食すると腸閉塞や胃潰瘍をきたし、必要な栄養分を十分に吸収できなくなり、その成長を阻害するなど、海の生物や生態系にもたらす否定的な影響が指摘されている。残留性有機汚染物質（POPs）のプラスチックへの吸着も確認されており、そのようなプラスチックを魚や海鳥が摂食すると、体内でPOPsが脂質に移行して蓄積するとの指摘もある。

しかし、プラスチックが海の生物や生態系にもたらすリスクがどのようなリスクでどの程度のリスクであるかについては研究途上にある。

海のプラスチックごみ問題は空間的・時間的にその影響範囲を特定・限定することができず、不確実性を伴いながら、多くの人が「問題」として受け止め、対策を検討し、何らかの対策を講じ始めているという意味において、現代における典型的な社会的リスクといえる。

地球規模の広がりを有する環境問題は、多くの国ができるだけ同じ規範に服し、基本的な考え方や方向性を共有し、国際的に協力してその問題状況の改善・克服に取り組むことが重要である。海のプラスチックごみは2010年代に入ってから地球規模あるいは国際的な広がりを有する問題として認識され、次節でみるように、さまざまなフォーラムで取組みが始まった。それゆえ、この問題に対応あるいは関連した国際条約その他の国際規範もさまざまである。

2　海のプラスチックごみ問題に対応した国際規範

(1)　国際条約

海のプラスチックごみが国際問題化する以前から存在する海のごみ問題に対応した条約として、ロンドン条約、ロンドン条約96年改正議定書、MARPOL73/78附属書Ⅴ「船舶からの廃物による汚染防止のための規則」がある（⇒9章）。附属書Ⅴは、海のプラスチックごみの国際問題化を受けて2011年7月に採択された改正により、「合繊ロープ、合繊漁網、プラスチックごみ袋、プラスチック製品の焼却灰を含む、あらゆるプラスチック」の排出を原則として禁止した。

(2)　持続可能な開発目標（SDGs）

2015年9月開催の国連サミットで「われわれの世界を変革する：持続可能な開発のための2030アジェンダ」が採択された。アジェンダには2030年までに持続可能でよりよい世界をめざす国際社会の共通目標として「持続可能な開発目標（SDGs）」が記されている。SDGsは17の目標と169のターゲットで構成されている。SDGsは法的拘束力を有さない規範的文書であり、その実施にあたっては「国際法のもとでの権利と義務に整合するかたちで実施する」とされている（⇒2章）。

海のごみ問題は目標14（海洋・海洋資源の保全と持続的な利用）の冒頭のターゲット「14.1」で取り上げられ、「2025年までに、海洋ごみや富栄養化を含む、とくに陸上活動による汚染など、あらゆる種類の海洋汚染を防止し、大幅に削減する」とされた。その他、廃棄物の管理に関連するターゲットとして、「11.6」（廃棄物の管理等による環境上の悪影響の軽減）、「12.4」（廃棄物等の大気、水、土壌への放出の削減）と「12.5」（廃棄物の発生の削減）がある。

(3)　主要7ヵ国首脳会議（G7）海洋プラスチック憲章

2015年6月開催のエルマウ・サミットの首脳宣言に海洋ごみ問題が世界的な課題として

提起されているとの認識が初めて盛り込まれ、首脳宣言の附属書として「G7行動計画」が発出された。2016年5月開催の伊勢志摩サミットの首脳宣言では海洋ごみ問題に対処するとのコミットメントの再確認がなされた。2018年6月開催のシャルルボワ・サミットでは、「プラスチックの製造、使用、管理および廃棄に関する現行のアプローチが、海洋環境、生活および潜在的には人間の健康に重大な脅威をもたらす」という認識のもと、「G7海洋プラスチック憲章」が承認された。憲章は2030年までにすべてのプラスチックが再使用（リユース）、再生利用（リサイクル）または熱回収されるように産業界と協力すること、使い捨てプラスチックの不必要な使用を大幅に削減（リデュース）することなどを記している。

(4) 東南諸国アジア連合（ASEAN）海洋ごみに関する行動枠組

海のプラスチックごみの「ホット・スポット」であるアジア地域では、ASEANが中心となって独自の取組みを模索している。2019年3月開催の「海洋ごみに関するASEAN特別閣僚会合」でASEAN地域における海洋ごみ対策に関する「バンコク宣言」と「行動枠組」が策定され、同年6月開催のASEAN首脳会議で採択された。行動枠組は加盟国に対して廃棄物管理に関する既存の国際条約の国内実施を奨励するとともに、「陸から海への統合的な政策アプローチの適用によるASEAN地域の海洋ごみに対処する地域行動計画の策定」を掲げ、これを具体化する活動として、法的拘束力を有する「海洋ごみ汚染の管理に関するASEAN協定」を策定する可能性の調査・検討に言及している。

3　日本の受け止め・対応

日本では国際的な動きにやや遅れて2018年にプラスチックごみに関する情報が急増し、社会的に取り組むべき課題として位置づけられるようになった。その理由は、2018年のG7海洋プラスチック憲章に日本が参加しなかったことに対する批判、2017年7月に方針が示された中国政府による廃プラスチック禁輸措置の2018年1月からの発動、2019年6月開催の「金融・世界経済に関する首脳会合」（G20）大阪サミットでプラスチックごみが主要議題の一つとなったことなどである。

大阪サミットではG20首脳によって「大阪ブルー・オーシャン・ビジョン」が共有された。同ビジョンは「2050年までに海洋プラスチックごみによる追加的な汚染をゼロにまで削減することを目指す」とした。また「海洋プラスチックごみ対策実施枠組み」が支持された。

国際規範の実効性を確保・維持するためには、情報交換制度、国家報告制度や遵守確保手続の設定などの何らかの仕掛けを設定することが重要である（⇒5章）。しかし、海のプラスチックごみについては、各国が海への流出量の削減などについて目標を設定したとしても、現時点においては、流出量の正確な把握や目標達成状況の正確な評価は困難である。

海のプラスチックごみをめぐる問題状況の改善・克服には、海に流出・漂流してからの回収・適正処理に焦点をあてるよりも、既存の関連の国際条約による排出や越境移動の規制を締約国が確実に実施することが重要である。また、海のプラスチックごみ問題の海洋汚染の側面のみでなく、より広く、プラスチックごみの発生抑制・回収・リサイクル・適正処理、さらに、拡大生産者責任（EPR）（⇒コラム⑭）という考え方をふまえてプラスチック製品の素材選択・設計（デザイン）・製造といった上流段階で対策を講じていくことが重要である。

〈参考文献〉
頼宇松・鶴田順「台湾におけるマイクロプラスチック規制」『環境管理』2018年9月号、73-78頁。
鶴田順「海のプラスチックごみ問題：国際社会の対応、日本の対応」『国際問題』693号（2020年）28-37頁。

（鶴田　順）

10章　海洋生物資源の保存

堀口　健夫

1．はじめに

　本章は海洋生物資源の保存にかかわる国際法を扱う。「海洋生物資源（marine living resources）」とは、資源として捕獲・利用の対象となる海の生物種を指し、サンマやマグロといった魚類やクジラなどの海洋哺乳動物を含む。また、ここでいう「保存（conservation）」とは、資源の持続的な利用を確保するための漁獲等の管理を広く意味している。国連食糧農業機関（FAO）の統計によれば、漁獲量が持続不可能な水準にある資源は増加傾向にあり、2013年には全体の31.4％ほどと推計されている。保存の取組みの強化は世界的な課題となっている。

　19世紀末に米国と英国で争われたベーリング海オットセイ事件のように、海洋生物資源の利用・保存をめぐっては、比較的早くから国家間の紛争がみられた。当時米国は、アラスカ周辺に繁殖するオットセイにつき、許可なく捕獲することを禁ずる国内法を制定していたところ、同法の違反を理由にアラスカ沖公海で操業していた英国（カナダ）漁船を拿捕・処罰したため、英国との間で紛争となったという事件である。主たる争点の一つは、自国の領海内で生息し公海を遊泳するオットセイに対して、米国が排他的な保護・所有の権利を有するかという点であったが、同事件の仲裁裁定（1893年）は、オットセイが米国領海の外にある場合にはかかる権利は認められないと判断した。他方で同裁定は、資源保存の観点から両国に対する一定の規制措置も決定しており、その後日本やロシアも加わってオットセイ管理のための国際条約が締結されるにいたった（オットセイ保護条約〈1911年〉）。

　この事件からも窺えるように、元来海洋生物資源の保存については、主に以

下の２点から国際法の規則が必要とされてきたといえる。第一に、広大な海に
生息する生物資源に対してどの国（の船舶）が漁獲の権利を有するのか、また
そうした漁獲を行う船舶に対してどこの国が規制・取締りを行いうるのか（さ
らにそうした国は、そもそも資源を保存する義務を負っているのか）、といった点が問
題となりうる。この問題については、伝統的には領海や公海といった海域別に
関連規則が発展してきた。もっとも、上記のオットセイのように海域を越えて
広く分布・回遊する資源については、同一の資源に複数の国がかかわりうるた
め、一国だけでは資源の保存を図ることが通常困難である。こうして第二に、
そうした資源の持続的利用を実現するため、関係国の協力的な取組みの確保も
課題となる。

　以上の点に関する一般規則は、今日では国連海洋法条約（1982年）（以下
UNCLOS）において明文化されている。それらはいわば枠組的な規定であり、
さらに具体的な国際資源管理は地域別・生物種別に条約により設立される、さ
まざまな地域漁業管理機関（RFMO）の下で実施されている。例えば、カツ
オ・マグロ類を管理するRFMOに限っても、大西洋マグロ類保存国際委員会
（ICCAT）、中西部太平洋マグロ類委員会（WCPFC）、インド洋マグロ類委員会
（IOTC）、ミナミマグロ保存委員会（CCSBT）、全米熱帯マグロ類委員会
（IATTC）等があり、それぞれ特定の地域あるいは種を管轄している。本章で
は個々のRFMOのもとでの取組みを詳細に扱うことはできないが、それらの
取組みを枠づけているUNCLOSの規則をまずは理解しておくことが肝要であ
る。そこで続く第２節では、こうしたUNCLOSの一般規則を中心に、海洋生
物資源の保存に関する基本的な国際法制度を概観する。そのうえで第３節で
は、UNCLOS締結後の国際資源管理の一般的課題のなかから、海洋の生態系・
生物多様性の保全の要請と、IUU漁業（後述）対策の強化の２点を取り上げる
こととする。これらの点の説明との関連で、RFMOの具体的取組みにも可能
な範囲で触れることとしたい。

２．UNCLOS の一般規則を枠組みとする国際法制度

　ここでは、主にUNCLOSが定める一般規則を扱い、それらの規則との関係

で他の条約についても適宜言及する。UNCLOS は、海洋生物資源の保存については、海域別に国の基本的な権利義務を定めるとともに、特定の生物種のカテゴリーについてさらに特別な規定を置くという構造となっている。順にみていくこととしよう。

(1)　海域に関する規定

①　領海／公海　　伝統的に海は領海と公海に区分されてきたが、これらの海域制度自体は UNCLOS も継承している。沿岸12海里を上限とする領海は、それを設定する国（「沿岸国」と呼ばれる）の主権が及ぶ国家領域の一部であり、外国船舶は漁獲を控えなければならない。領海では外国船舶に無害通航権（無害を条件に沿岸国の許可なく通航する権利）が認められているが、領海で漁獲を行う船舶はそうした通航権を否定される（19条 2 項(i)）。領海での海洋生物資源の開発・管理は、当該沿岸国が制定・執行する法令のもとで進められることになる。もっとも UNCLOS は、自国領海における沿岸国の生物資源保存義務を明文化していない。

　これに対して公海では、各国に漁獲の自由が認められており（87条 1 項(e)）、とくに他の条約等で制限されていないかぎり、どの国の船舶でも漁獲を行うことができる。そうした公海上の船舶に対しては、原則としてその旗国（登録国）が規制・取締りを行う（92条）。また、公海の生物資源については、すべての国が保存と協力の義務を負っている（117条―119条）。公海の資源については、国際協力なしには効果的な管理は通常困難であるため、必要に応じて各地域で RFMO を設立し、そのもとで漁獲枠等の具体的な保存措置を決定する場合が多い。もっとも、そのように国際的に決定された措置の執行について、基本的に RFMO 自体は独自の手段を持たず、旗国がいわば分担してそれぞれの船舶に対して実施することになる。

②　EEZ　　領海と公海に加えて、UNCLOS は特別な海域をいくつか制度化しているが、とくに海洋生物資源にかかわる重要な海域が EEZ である（大陸棚など他の海域制度は省略する）。沖合200海里を上限に設定できる EEZ では、生物資源を含む天然資源の開発・管理について、それを設定する国（沿岸国）の主権的権利が認められている（56条 1 項(a)）。当該沿岸国は、生物資源の開発・

管理に関する国内法を制定でき（62条4項）、またそれを執行できる（73条1項）。外国船舶は沿岸国の許可なく漁獲を行うことができず、また漁獲が認められる場合も沿岸国の国内法令に従って操業しなければならない。このEEZが制度化されたことにより、従来公海とされてきた世界の漁場の多くが、特定の国の管轄下に置かれることとなった。

　ただし、沿岸国による執行には一定の制限もある。すなわち、沿岸国に拿捕された外国の船舶と乗組員は、合理的な保証金の支払い等があれば速やかに釈放されねばならず（73条2項）、また沿岸国は拘禁刑等を科すことは許されない（同3項）。しかも前者の早期釈放義務の違反が争われる場合には、締約国は国際海洋法裁判所（ITLOS）に一方的に訴えることができる（292条）。実際に日本も、ロシアに拿捕された2隻の日本漁船の釈放を求めてITLOSに訴えた事案があり、そのうち1隻については、保証金の支払いに基づき船体の釈放や船長等の帰国を認めるようロシアに命じる判決が下された（第88豊進丸・第53富丸事件判決〈2007年〉）。こうした早期釈放等の規則は、漁業活動の停止が長期化することによる損失に配慮して導入されたものと解される。

　また、領海とは対照的に、沿岸国は自国EEZ内の生物資源を保存する義務を負っている（61条）。すなわち、EEZ内の生物資源が過度の開発で脅かされないよう保存管理措置をとらねばならず（同2項）、かかる措置として個々の資源の漁獲可能量（TAC：年間の総漁獲量の上限）を少なくとも設定し（同1項）、また基本的に最大持続生産量（MSY）を実現することが求められている（同3項）。同条約はMSYを定義しないが、学説では「資源の回復可能性に基づき、その資源から継続的に得ることができる年間の最大の漁獲量」等と説明されている[1]。さらに沿岸国は、資源の最適利用を促進する義務も負っており（62条）、決定されたTACのすべてを漁獲する能力が自国にない場合には、余剰分につき他国の入漁を認めなければならない。これらの沿岸国の義務には、資源の有効利用（資源の無駄の回避）の発想が強く反映しているといえよう。ただし、具体的な漁獲可能量や余剰分等の決定についてはやはり沿岸国の裁量が大きく、また外国漁船の入漁を認めるにあたってもさまざまな条件を付しうる。

---

1)　M. Markowski, *The International Law of EEZ Fisheries: Principles and Implementation* (2010) p.26.

たとえば、近年のロシア EEZ 内での流し網漁禁止措置や、太平洋島しょ国 EEZ での新たな入漁料制度（VDS）の導入（とその結果としての入漁料の高騰）は、それらの海域で操業してきた日本の漁業者に深刻な影響を与えている。

　なお、隣国との間で EEZ の境界に争いが残る場合には、特別な合意により生物資源をめぐる問題への対処が図られることもある。たとえば中国や韓国と紛争を抱える日本は、それぞれと二国間協定を締結し、操業条件や資源管理を協議する委員会を設置するとともに、相互に自国船舶のみを取り締る暫定的な海域を設定するなどして、一定の漁業秩序の維持を図っている（日中漁業協定／日韓漁業協定）。

(2)　生物種のカテゴリー別の規定

　①　ストラドリング種／高度回遊性の種　　上記の海域別の規定だけでは、海域を越えて回遊・分布するような資源については十分対処することができないため、UNCLOS はそのような資源の一定のカテゴリーを特定し、各々についてさらに規定を置いている（それらの規定は EEZ に関する UNCLOS 第5部に位置する）。たとえば、ストラドリング種（EEZ 内外に存在する種）については、直接にまたは国際機関を通じて、保存に必要な措置の合意に努めることを沿岸国と漁業国に求めている（63条2項）。また、マグロ等の高度回遊性の種（海洋を広域にわたって回遊する種）についても、資源の保存と最適利用のため沿岸国・漁業国は協力義務を負う（64条）。これらの種に該当する魚類については、上記の UNCLOS の関連規定を効果的に実施するため、さらに1995年に公海漁業実施協定（UNFSA）が締結されている。同協定は、情報が不確実な場合に慎重な行動を求める予防的アプローチ（6条）や、EEZ における沿岸国の措置と公海上の措置との間の一貫性の確保といった、資源管理における新たな原則を採用するほか、保存管理の手段やその実施等にかかわるより具体的な規則を定めている。

　UNFSA に従った具体的な資源管理は、やはり個々に設立される RFMO のもとで主に実施されている。日本の調査漁獲の違法性を豪州とニュージーランドが争ったミナミマグロ事件は、ミナミマグロを管轄する RFMO である CCSBT のもとで、当事国間の科学的評価の対立ゆえに年間の漁獲枠を決定で

きなくなるという、制度の機能不全を背景に発生した。ITLOS は、本件に関する1999年の暫定措置命令において、漁獲の影響に関する確定的な科学的評価が困難であることを認めつつも、資源が歴史的に最低水準にあること等を考慮し、過去に決定された漁獲枠を越えて調査漁獲を行わないこと等を当事国に命じた（⇒**基本判例・事件⑤**「みなみまぐろ事件」）。2000年の仲裁裁定によりこの暫定措置は取り消されたが、その後 CCSBT では、限られた情報から慎重に漁獲枠を算出する規則（管理手続と呼ばれる）が採用され、資源の回復が図られている。こうした規則の発展は、上述の予防的アプローチに沿うものと評価されている。

　②　**海洋哺乳動物（鯨類など）**　　UNCLOS は海洋哺乳動物についても条文を定め（65条。なお120条により公海にもこの規定は適用される）、沿岸国や国際機関にその捕獲を禁止することも認めている。また、各国はその保存のために協力し、なかでも鯨類については適当な国際機関を通じて保存・管理・研究を進めるものとされている。ここでいう「適当な国際機関」にあたる代表的な機関が、国際捕鯨委員会（IWC）である。IWC を設立した国際捕鯨取締条約（1949年、ICRW）は、前文で「捕鯨産業の秩序ある発展」に言及しているものの、その後 IWC は鯨類の保護を強く志向するようになり、商業捕鯨の捕獲枠を一時的に零とする商業捕鯨モラトリアム（1982年）等を決定してきた。こうした捕鯨に関する具体的規則は、ICRW 本体ではなく、当該条約の一部として法的拘束力を有する「附表」（schedule）と呼ばれる付属文書に定められる（ICRW 1条1項）。この附表の修正にあたっては一定期間内に異議を申し立てることで自国への効力発生を妨げることができ（同5条）、日本も上述の商業モラトリアムを定める修正に当初異議を申し立てていたが、その後まもなく撤回した。

　こうして IWC の規制対象種（ナガスクジラ、ミンククジラなど大型鯨類14種）の商業捕鯨が困難となった日本は、科学的研究のための捕鯨であれば許可を与えることを認めている ICRW 8条を根拠に、規制対象種についていわゆる調査捕鯨を実施してきた。だが、国際司法裁判所（ICJ）の南極海捕鯨事件判決（2015年）は、当時日本が南極海で実施していた調査計画（JARPA II）につき、掲げられた研究目的に照らしてその計画や実行にさまざまな不合理な点があるとし、8条でいう「科学的研究のため」の捕鯨とはいえないと判断した（⇒基

本判例・事件⑦）。その後日本は、判決の内容を踏まえた新たな調査計画を作成・実施していたが、IWC 下で商業捕鯨再開の目途が立たないことを理由に、2018年末に ICRW からの脱退を表明するにいたった。脱退後は、IWC 規制対象種についても日本の EEZ 以内で商業捕鯨を再開している（ツチクジラなど非規制対象種については、従来から捕鯨を継続してきた）（⇒コラム⑫）。ただし上述のように、鯨類については「適当な国際機関」を通じた行動が求められるため、それに該当する機関と何らのかかわりもなく捕鯨を進めることは UNCLOS に反する。

　③　遡河性の種／降河性の種　　そのほか UNCLOS は、サケ等の遡河性の種（66条）や、ウナギ等の降河性の種（67条）についても規定を置く。後者の降河性の種のなかで、近年とくに国際協力に基づく管理が急務と認識されている魚種の一つにニホンウナギがある。日本、中国、韓国、台湾の間の非公式協議に基づき、2014年以降、養殖池への投入量に上限を設けるなど、一定の取組みはみられるが、2019年10月現在、条約に基づく RFMO の設立までにはいたっていない（⇒コラム⑬）。

3．より効果的な資源管理に向けた制度の展開

　以上第 2 節では、UNCLOS の主要な規則を中心に、海洋生物資源の漁獲と保存にかかわる基本的な国際法制度をみてきた。本節では、より効果的な資源管理の実現にあたって今日の国際社会が直面している主要な課題として、①海洋の生態系・生物多様性の保全と、② IUU 漁業対策の強化の問題をさらに取り上げることとしたい。①は規制の射程の拡大にかかわり、②は遵守の確保にかかわる。

⑴　海洋の生態系・生物多様性の保全
　①　新たな規制理念・アプローチの提唱　　マグロなど漁獲の対象となる海洋生物資源も海洋生態系の構成要素だが、少なくとも UNCLOS 締結時には、たとえば食物連鎖等を通じて漁獲対象種に関連する種等にも配慮を求める規定が導入されたものの（たとえば61条 4 項）、生態系全体を管理するという発想や、生

物多様性の保全の必要性は、まださほど強く認識されていなかった。だが、その後1992年の生物多様性条約（CBD）の締結等を経て、海洋の生物資源管理にも、生態系や生物多様性への配慮を組み込むべきだとの考え方が広く国際社会で支持されつつある。たとえば前述の UNFSA も、「海洋環境に対する悪影響を回避し、生物の多様性を保全し、海洋生態系を本来のままの状態において維持し、及び漁獲操業が長期の又は回復不可能な影響を及ぼす危険性を最小限にする必要性」に前文で言及し、また保存管理に関する一般原則として、漁獲対象資源と同一の生態系に属する種への影響評価やその保存、ならびに生物多様性の保全をあげている（5条(d)、(e)、(g)）。

　こうした規範意識の発展を反映して、各 RFMO のもとでは、資源管理における「生態系アプローチ」（ecosystem approach）の導入が提唱されている。同アプローチの一般的定義は必ずしも確立していないが、従来のように漁獲対象種のみを管理するのではなく、当該種が属する生態系のすべての構成要素と、それらの間の相互作用、そしてそれに影響するすべての活動を考慮した、より統合的な管理を少なくとも要請する。生態系は一般に複雑かつ動態的であり、その機能に関する科学的知見にも限界があるため、前に言及した予防的アプローチもそうした管理に不可欠の指針と考えられるようになっている。

　生態系アプローチはさまざまな形で実施されうるが、たとえば漁具等の漁獲手段に対する近年の規制の傾向に、同アプローチの影響をみてとることができる。第一に、直接の漁獲対象ではない海鳥、海亀、サメといった生物種の混獲の防止を求める RFMO が増えてきている。たとえばマグロのはえ縄漁業では、釣り針の餌を食べようとする海鳥が漁具に巻き込まれることがあるため、関連の RFMO では、海鳥の接近を抑止する装置の利用を求める等、回避手段を指示し、そうした混獲の抑制を図るようになっている。第二に、環境破壊的な漁具が制限されるようになっている。たとえば、海底に網を引き摺って魚を捕る底引き網については、深海等の海底の生態系を破壊しうることから、その利用を制限する RFMO がみられる。

　②　海洋保護区　　また、生態系アプローチの実現という観点からも近年注目される規制手法として、海洋保護区（MPA）の設定がある。国際法上、MPA の一般的な定義は必ずしも確立していないが、海洋環境の保護のために

とくに指定される海域を通常意味し、周辺海域よりも活動が厳しく規制される（国際的な定義の一例として CBD 第7回締約国会議決議 Decision Ⅶ／5〈2004年〉も参照）。たとえば、CBD 第10回締約国会議（2010年）が採択した「愛知目標」は、2020年までに沿岸域および海域の少なくとも10％を MPA 等の手段で保全することを求めている。もっとも、各国の領海・EEZ に設定されるにせよ、公海に設定されるにせよ、保護区の設定は UNCLOS 等をはじめとする国際法の関連規則と整合的でなければならない。英国がインド洋チャゴス諸島の領海・EEZ に設定した保護区につき、モーリシャスが争ったチャゴス島事件の仲裁裁定（2015年）では、保護区の設定プロセスでモーリシャスの権利に妥当な考慮を払わなかったこと等を理由に、英国の UNCLOS 2条3項、56条2項、194条4項の違反が認定された（⇒基本判例・事件⑨）。

　ただし、UNCLOS は今日議論されているような MPA を明確に想定した具体的規定を含んでいるわけではない。また、とくに公海（ならびに深海底）の生態系の保護については、CBD も具体的な規則を欠くため、立法的対応の必要が指摘されている。2019年1月現在、国家管轄権外区域における海洋生物多様性（BBNJ）に関して、新条約締結に向けた国際交渉が進められているが、「区域型管理ツール」なる項目のもと、MPA に関する規則も主要な交渉議題となっている。

　たしかに既存の RFMO のもとでも、たとえば「脆弱な海洋生態系」（VME）を保護する目的で、特別な海域を設定する実践がみられる（北東大西洋漁業委員会〈NEAFC〉等）。だが、RFMO によって制限されるのは基本的には漁獲活動にとどまり、たとえば廃棄物投棄や船舶の航行等、海の生態系に脅威となりうる活動が包括的に規制の対象とされるわけではない。上述の BBNJ に関する新条約締結交渉は、従来のそうした事項別の国際規制のあり方自体をも問い直す契機となっている点には注意を要する。今後も RFMO が公海における生物資源保存で役割を果たし続けるとしても、汚染など他の原因行為を規制する国際機関・条約機関との一層の連携・調整が課題となりうる。

　③　ワシントン条約による海洋生物資源に対する規律　　以上のように、従来もっぱら漁獲対象種の管理を行ってきた RFMO のもとでも、生態系や生物多様性への配慮が要請されるようになっているが、他方で、もともと環境保護を目的

として締結された条約のなかにも、海洋生物資源に規制を及ぼすものがみられる。その代表的なものが、1973年に採択された絶滅危惧種の国際取引に関するワシントン条約（以下 CITES）である。CITES の詳細は該当の章に委ねるが、ある生物種が絶滅のおそれがあるなどとして同条約の附属書に掲載されると、その標本（当該生物の個体・部分・派生物）の国際取引が規制される。この附属書には海洋生物も掲載されうるうえ、同条約が規制する「取引」には、標本の輸出入（および再輸出）のみならず、国の管轄水域にあたらない場所で捕獲した標本を国に持ち込む行為（「海からの持ち込み」）も含まれる。したがって、ある海洋生物が附属書に掲載されれば、当該種の輸出入は勿論のこと、公海で漁獲してそれを持ち込む行為も規制される。

　近年日本とのかかわりで実際に問題とされたのが、北太平洋のイワシクジラである。前述の日本の調査捕鯨では、北太平洋の公海上でイワシクジラも捕獲し本土に輸送していたが、同種は附属書Ⅰに掲載されている。CITES の締約国は、附属書に記載される生物種に留保を表明すれば、その種については条約上の規制に服さなくてよいが（CITES 23条）、日本は北太平洋のイワシクジラに留保を付していなかった。そこで上記の行為が、附属書Ⅰ掲載種について禁止されている「主として商業目的」の取引に該当するか否かが問題とされるようになった。日本は科学研究を目的とするとの立場であったが、CITES の第70回常設委員会（2018年）は、捕獲されたイワシクジラの肉が市場で販売されている事実等を踏まえ、「主として商業目的」の取引が含まれると判断し、日本に是正措置を勧告した。なお前述の通り、日本は ICRW 脱退後、EEZ 以内での商業捕鯨の再開を表明しているが、それらの水域は国の管轄水域にあたるため、そこからの持ち込みはワシントン条約の規制の対象外である。

　また、現状では附属書に掲載されていなくても、CITES 下での議論が RFMO による資源管理に事実上の影響を与える場合もある。たとえば大西洋クロマグロについては、CITES の第15回締約国会議（2010年）において、管轄の RFMO（大西洋のマグロ類を管理する ICCAT）による資源管理は不十分だと主張する国により、附属書Ⅰへの掲載が提案された。結果的にこの提案は否決されたものの、その影響もあって ICCAT では一定の規制強化が図られることとなった。このように、CITES が海洋生物をも射程に入れていることで、

RFMOによる漁獲等の規制が促進される面もある。たとえば前述のニホンウナギについても、今後CITESでその輸出入が規制される可能性にも留意しながら（公海での漁獲についてはUNCLOSで禁止されている〈67条2項〉）、効果的な資源管理を発展させる必要があろう。

(2)　IUU漁業対策の強化

①　IUU漁業とは何か　　IUU漁業対策の強化も、UNCLOS締結後、より差し迫った課題となっている。IUU漁業とは、大まかには、保存に関する国内法および国際法の規則の内容に反する漁業を指す。ここでIUUとは、Illegal（違法）、Unreported（無報告）、Unregulated（無規制）の略称で、たとえば規制を逃れるためにRFMOの非締約国に船籍を移した無秩序な操業等も含まれる（より詳細な定義例についてはFAO・IUU漁業行動計画〈2001年〉等を参照のこと）。こうした漁業は、過剰な漁獲をもたらすことで資源に直接的な悪影響を与えるだけではなく、RFMO等でその漁獲を把握できないため、管理の基礎となる統計情報等の信頼性を損ない、適正な漁獲規制の決定を難しくする要因にもなる。

前節でみたUNCLOSの規則に照らすと、IUU漁業に対しては、国の管轄水域（領海・EEZ）については第一に沿岸国が（なお旗国にも沿岸国の法令に反した操業を行わないよう確保する義務がある[2]）、公海については基本的に旗国が対処することになる。だが、それらの国が規制・取締りの十分な能力や意思を備えているとは限らない。とくに公海ではいわゆる便宜置籍船（外国の個人・法人の所有する船舶の船籍登録を認めている国に、便宜的に登録された船）の存在が大きな問題となっており、旗国を通じた秩序維持の限界が認識されてきた。こうした限界に対処するため、国際社会ではどのような取組みがなされているのであろうか。RFMOのもとでもさまざまな具体的対策が進められているが、ここでは地域を越えた一般的な枠組みを定める条約に着目して整理していこう。

②　旗国の義務の拡大・強化　　まず、旗国の義務の拡大が図られている。すなわち、UNFSAは、締約国の船舶がいずれかのRFMOの管轄海域内で操業する場合には、当該RFMOの保存措置（漁獲や漁具の制限等）を受け入れるこ

2）　ITLOS西アフリカ地域漁業委員会事件勧告的意見（2015年）パラグラフ127を参照.

とをその条件として求めている（8条3項、4項）。これは、RFMO に加盟していない国に対しても、その保存措置の規律を及ぼすことを狙いとする。また、旗国の義務の強化も試みられている。たとえば1993年に採択された公海漁業保存措置遵守協定は、自国漁船による公海での操業を許可制とし、過去に IUU 漁業に従事した船舶については、一定の条件を充足しないかぎり許可してはならないこと等を定める（3条。UNFSA も旗国の義務を具体的に規定する〈18〜20条〉）。これらの規則の発展は歓迎すべきだが、上記の諸条約に参加していない国も少なくなく（UNFSA の締約国は89〈＋ EU〉〈2019年10月現在〉。公海保存措置遵守協定は42〈＋ EU〉〈2018年7月現在〉）、またいずれにせよ旗国の能力や意思の不足に対する有効な対処とはいえない。

　③　**旗国以外の国による洋上での対処**　　こうした旗国による対処を補完するものとして、公海上の検査等にかかわる規則にも一定の発展がみられる。UNFSA は、RFMO の保存措置の遵守確保のため、UNFSA の締約国の検査官が他の締約国の漁船に乗船し、検査を行うことを認めている（21条1項）。つまり、相互に UNFSA の締約国であることを条件に、旗国以外の国による洋上での検査の権限を認めている点に意義がある。しかも、当該保存措置を決定した RFMO に加盟していない国の漁船も、検査対象となりうる。だが、やはり UNFSA の非締約国にはこの規則の適用はなく、またいずれにせよ訴追・処罰は当該漁船の旗国の意思に委ねられている。

　④　**寄港国による IUU 漁獲物の流通の制限**　　上記の②・③による対応の限界に鑑み、とくに注目されているのが、寄港国による措置である。「寄港国」とは問題の船舶が入港している国を指す。UNFSA は、入港してきた外国船舶に対する検査や、違法に漁獲された魚の陸揚げ等の禁止を寄港国に認めていたが、それらは義務としては規定されていなかった（23条）。これに対して、2009年に採択された寄港国措置協定（PSMA）は、一定の場合に自国の港の使用を拒否する義務を締約国に課している。すなわち、入港を望む船舶に対して漁獲物等に関する情報の提供を求め、IUU 漁業等に従事した十分な証拠を有する場合には、当該船舶の入港を拒否しなければならない（9条）。また入港後、あるいは港で実施されるべき検査の後も、IUU 漁業等に従事した一定の根拠がある場合には、魚の陸揚げや補給等のために港を使用することを拒否す

るものとされる（11条、18条）。

　こうした寄港国による措置は、IUU 漁業による漁獲物の販路を断つことで、かかる漁業に従事する経済的誘因を低下させることを狙いとする。また、一般に洋上での取締りと比較しても、より効率的であり、費用面や安全面でも優れる。もっとも、多くの寄港国が協調的に行動しなければ、管理の甘い国の港で陸揚げが実施されてしまう可能性がある（便宜寄港の問題）。各国の PSMA への参加とその的確な実施の確保も、重要な課題である。

　⑤　各 RFMO における対処との関係　　以上で言及した諸条約は、各 RFMO を越えた一般規則の制定を試みるものであり、RFMO の非加盟国に対する一定の対処も可能とする。その一方、RFMO におけるより具体的な対策は、個々の RFMO が管轄する地域の秩序維持に資するだけではなく、上記の一般規則に基づく対応を補完する面もある。たとえば、多くの RFMO のもとでは、IUU 漁業に従事した船舶のリストを作成しているが、そうしたリストは PSMA に基づいて入港を拒否する際の根拠となる。また、何らかの経路で IUU 漁獲物が特定の国に陸揚げされたとしても、やはり RFMO のもとで採用されている貿易制限措置によって、その後の流通が制限される可能性がある。たとえば、CCSBT 等の一部の RFMO は、RFMO の保存措置に従って漁獲されたことを旗国が認証する書類を完備していなければ、漁獲物の輸入を認めない制度を導入している（漁獲証明制度）。

　このように今日の国際社会では、上記の②以下のさまざまな対策を併せて講じることで、IUU 漁業の一層の削減に向けた努力が続けられている。とくに寄港国による対処は、広大な海で旗国等が船舶を管理することの限界に鑑みても重要であり、たとえば前述の MPA 管理の文脈でもその意義が指摘されるようになっている。

〈参考文献〉

1．山本草二『国際漁業紛争と法』（玉川選書、1976年）。

　　古い書籍だが、UNCLOS 締結以前の時期の具体的紛争や国際法の発展状況について、理解を深めることができる

2．Yoshifumi Tanaka, *The International Law of the Sea*, 3rd (Cambridge, 2019).

　　海洋生物資源の保存に関する章は、今日の国際法の関連規則と論点を明快に整理している。

3．加々美康彦「国家管轄権外区域の海洋保護区」国際法外交雑誌117巻1号（2018年）。

　　海洋保護区をめぐるこれまでの多様な国際実践を理解し、BBNJ をめぐる交渉を通じて顕在化している課題を知ることができる。

4．中野秀樹・高橋紀夫『魚たちとワシントン条約』（文一総合出版、2016年）。

　　CITES による海洋生物の規制や関連制度の動向について、現状や問題点等が詳しく検討されている。

5．西村弓「公海漁業規制」法学セミナー（2018年10月）。

　　IUU 漁業に対する今日の国際法の取組みの要点を、非常にわかりやすく説明している。

6．児矢野マリ編『漁業資源管理の法と政策──持続可能な漁業に向けた国際法秩序と日本』（信山社、2019年）。

　　本稿ではあまり扱えなかった日本の漁業法制の現状と課題について、国際規範の発展に照らしつつ多角的に検討している。

【問い】

1．海洋生物資源の利用と保存について、EEZ はもっぱら沿岸国の利益のみを保護する制度だといえるか。

2．UNCLOS、ICRW、CITES は、それぞれ捕鯨をどのように規律しているか。

3．RFMO における生態系アプローチに基づく資源管理として、具体的にどのような規制をあげることができるか。

4．IUU 漁業に対する国際的な取組みにおいて、寄港国措置協定はいかなる意義を有しているか。

11章　生物多様性

本田　悠介

1.　はじめに

　「生物の多様性」（biological diversity）または「生物多様性」（biodiversity）とは、生物や生息環境の間の豊富さのことを指し、具体的には、「生態系の多様性」、「種の多様性」および「遺伝子の多様性」の三つのレベルの多様性から構成される概念である。

　人類は、生物多様性を基盤とする生態系から衣食住のみならず、経済、科学、医療、教育、文化、レクリエーションといった幅広い恩恵を受けており、人類の生存にとって生物多様性の維持は不可欠である。しかしながら、とくに20世紀後半以降の人間活動に起因するさまざまな直接的・間接的要因によって、生物多様性は大きな危機に直面することになる。こうした問題に対応するため、国際社会はラムサール条約やワシントン条約といった環境条約を作成してきたが、いずれも特定の区域や種を対象としたものであり、地球規模での生物多様性を保全するものではなかった。そのため、1980年代から、既存の条約を補完または包括するような生物多様性保全のための条約の必要性が国際的に議論されるようになった。このような関心の高まりを受け作成されたのが、1992年5月22日に採択された「生物の多様性に関する条約」（生物多様性条約、1993年12月29日発効）である。

　現在、その生物多様性条約のもとには三つの議定書がある。2000年1月29日に採択された「生物の多様性に関する条約のバイオセーフティに関するカルタヘナ議定書」（カルタヘナ議定書、2003年9月11日発効）、カルタヘナ議定書の下に位置づけられる、2010年10月15日に採択された「バイオセーフティに関するカルタヘナ議定書の責任と救済についての名古屋・クアラルンプール補足議定

書」（名古屋・クアラルンプール補足議定書、2018年3月5日発効）、そして、2010年
10月29日に採択された「生物の多様性に関する条約の遺伝資源の取得の機会及
びその利用から生ずる利益の公正かつ衡平な配分に関する名古屋議定書」（名
古屋議定書、2014年10月12日発効）である。

2.　生物多様性条約

(1)　条約の成立経緯

　生物多様性を地球規模で保全するための国際協定という構想は、1981年に国
際自然保護連合（IUCN）によって初めて提唱され、1984年から1989年にかけ
て、IUCN を中心とした検討作業が行われた。これは当時、急速に進んでいた
種の絶滅（遺伝的多様性の損失）に対応するためであり、また生物多様性の保全
に対する南北間の負担の公平化を図ることも目的としていた[1]。この動きを受
けて、国連環境計画（UNEP）の管理理事会は、1987年6月に生物多様性に関
する包括的な条約の必要性を検討するための専門家作業部会の設置を要請、
1988年11月に最初の会合が開かれた。その後1989年5月には、条文案を検討す
るための法律・技術専門家作業部会が設置され、1991年2月には、同作業部会
の名称を「政府間交渉委員会」（Intergovernmental Negotiating Committee: INC）
へと変更し条約交渉が行われた。INC では、これまで主に先進国の企業によっ
て無規制に行われてきた遺伝資源へのアクセスや、その開発技術が知的財産権
によって保護されていることに対する途上国の不満が噴出し、論点が生物多様
性の保全から次第に遺伝資源へのアクセス制限や知的財産権の規制といった問
題に移るなどし交渉は難航した[2]。最終的に、直前に迫っていた1992年6月の
「環境と開発に関する国際連合会議」（UNCED）の成功のため、先進国と途上
国との間で多くの点について政治的妥協が図られ、ようやく、1992年5月22日
のナイロビ会議において条約テキストが採択された。2021年11月現在、生物多

1 ）　Françoise Burhenne-Guilmin and Susan Casey-Lefkowitz, "The Convention on Biological Diversity: A Hard Won Global Achievement," *Yearbook of International Environmental Law*, Vol.3 (1993), pp. 43-46.

2 ）　Mostafa K. Tolba with Iwona Rummel-Bulska, *Global Environmental Diplomacy: Negotiating Environmental Agreements for the World, 1973-1992* (MIT Press, 1998), pp.125-163.

様性条約の締約国は欧州連合（EU）を含め196カ国となっているが、アメリカは知的財産権への影響などを理由に依然として締結をしていない。

(2)　目的と適用範囲

生物多様性条約は、遺伝的多様性を対象とし、生物多様性を包括的に扱う初めての条約である。また、生物資源に対する国家の主権的権利を再確認する一方で、生物多様性の保全が「人類の共通の関心事」（前文）であることを確認する初めての条約でもある。また、その具体的な実施方法を各締約国の裁量に委ね、議定書の採択を想定していることから、枠組条約としての特徴を有する。

その生物多様性条約は、「生物多様性の保全」、「その構成要素の持続可能な利用」および「遺伝資源の利用から生ずる利益の公正かつ衡平な配分」の三つを条約の目的に掲げる（1条）。ここでいう「保全」（conservation）とは、条約に定義はないものの、その利用にあたって通常よりも高い水準の配慮が必要であることを示唆する[3]。また「持続可能な利用」（sustainable use）とは、現在および将来世代のニーズを満たしかつ生物多様性の著しい減少をもたらさないよう利用し続けることを意味する（2条）。条約の6条以下をみても明らかなように、これらはいずれも人間による利用を念頭に置いたものであり、環境や資源を損害から守る「保護」（protection）や、その原初の状態を可能なかぎり維持、場合によっては回復させる「保存」（preservation）とは異なる概念である。

条約は、国家の管轄権が及ぶ区域（領土から排他的経済水域および大陸棚まで）の「生物多様性の構成要素」と（4条(a)）、国家の管轄権が及ぶ区域と及ばない区域（公海や深海底）の双方における国家の管轄または管理のもとで行われる「作用及び活動」（同条(b)）に適用される。

(3)　主要規定

①　保全と持続可能な利用　　枠組条約である生物多様性条約の特徴は、その努力義務規定にある。条約は締約国に対して、各国の状況や能力に応じて、生

3）　Patricia Birnie, Alan Boyle, Catherine Redgwell, *International Law and the Environment*, 3rd ed., (Oxford University Press, 2009), p.589.

物多様性の保全および持続可能な利用に関する一般的措置をとるよう定める（6条）。つまり、各締約国は、可能かつ適当な場合と判断する範囲で措置をとればよい。関連措置には、保護地域の指定や種の個体群の維持の促進、生態系の修復・復元、遺伝子組換生物の利用の規制、外来種の導入防止・撲滅などの生息域内保全措置のほか（8条）、その補完的措置として、絶滅危惧種などの自然の生息域での保存が難しい野生動植物や微生物を施設などの本来の生息地の外で保存、繁殖し、野生へ復帰させるといった生息域外保全措置（9条）、ならびに、国の意思決定における保全と持続可能な利用の考慮や、その開発のための官民連携の促進といった措置がある（10条）。このため、締約国は、生物多様性にとって重要な生息地や種の特定、そのモニタリングを実施する（7条）。このほか条約は、生物多様性への著しい悪影響を回避または最小化するため、環境影響評価のための手続を導入するよう求めている（14条）。

　②　**遺伝資源へのアクセスと利益配分**　　生物多様性条約は、前述の「遺伝資源の利用から生ずる利益の公正かつ衡平な配分」という目的を実現するため、遺伝資源へのアクセス（公定訳は「取得の機会」）と利益配分（Access and Benefit-Sharing: ABS）に関する基本的なルールを定めている。一つ目は、天然資源に対する国家の主権的権利に基づき、遺伝資源へのアクセスを規制する権限が当該資源の所在国の政府にあるということである（15条1項）。二つ目は、遺伝資源の提供国が別段の決定を行う場合を除いて、商業目的か非商業目的（教育・研究など）かにかかわらず、遺伝資源へのアクセスには、提供国から「事前の情報に基づく同意」（Prior Informed Consent: PIC）を取得する必要があるということである（同条5項）。三つ目が、遺伝資源へのアクセスとその利用から生ずる利益の配分は、「相互に合意する条件」（Mutually Agreed Terms: MAT）に基づき行われるということである（同条4項、6項）。これは、遺伝資源の提供者と利用者間での契約の締結が念頭に置かれている。また、利益配分は提供国と「公正かつ衡平に配分」されなければならず、その確保のため、各締約国は、適宜、立法上、行政上または政策上の措置（国内措置）をとらなくてはならない（同条6項）。なお、配分される利益には、遺伝資源を利用する技術（16条3項）やバイオテクノロジーの研究活動への参加ならびにその成果・利益へのアクセスなど（19条1項、2項）が含まれる。

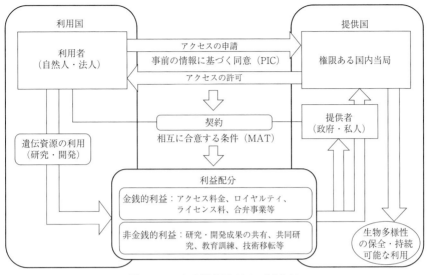

図11-1　ABS の概念図 （出典：筆者作成）

3.　カルタヘナ議定書

(1)　条約の成立経緯

　カルタヘナ議定書は、現代のバイオテクノロジーにより改変された生物（Living Modified Organism: LMO）、すなわち遺伝子組換生物の国境を越える移動による生物多様性への悪影響を防止するため、生物多様性条約19条３項に基づき作成された。議定書の作成交渉は1996年から行われ、当初は1999年２月にコロンビアのカルタヘナで開催された生物多様性条約の特別締約国会議で採択される予定だったが、LMO の主要輸出国であるマイアミ・グループ（アルゼンチン、オーストラリア、カナダ、チリ、アメリカ、ウルグアイ）と EU、途上国、中東欧諸国、妥協派（日本、メキシコ、ノルウェー、シンガポール、韓国、スイスなど）との間で意見の隔たりが大きく、合意にはいたらなかった。そのため、追加で２回の非公式協議を行い、2000年１月にモントリオールで開催された特別締約国会議の再開会合において、ようやく議定書のテキストが採択された。議定書採択の機運が急速に高まった背景として、1999年２月の特別締約国会議以降の

LMO 農作物の安全性に対する人々の懸念の高まりや、輸出規制に関する議論が WTO における問題まで波及したことなどがあげられるが[4]、LMO の国境を越える移動から生ずる損害についての「責任と救済」（27条）などの重要な論点を先送りにしたことも要因としてあげられる。2021年11月現在、カルタヘナ議定書の締約国は EU を含め173カ国となっているが、マイアミ・グループはウルグアイを除いて依然として締結をしていない。

(2)　目的と適用範囲

　カルタヘナ議定書は、リオ宣言の原則15に定める「予防的アプローチ」に従い、生物多様性の保全および持続可能な利用に悪影響を及ぼす可能性のある LMO の安全な移送、取扱い、利用のための十分な水準を確保することを目的とする（1条）。

　議定書は、生物多様性の保全および持続可能な利用に悪影響を及ぼす可能性のあるすべての LMO の国境を越える移動、通過、取扱いおよび利用に適用されるが（4条）、他の国際協定などが対象とするヒト用の医薬品である LMO には適用されない（5条）。

(3)　主要規定

　①　事前の情報に基づく合意の手続　　議定書は、栽培などの環境への意図的な導入（環境放出利用）を目的とする LMO の最初の輸出入に先立ち、「事前の情報に基づく合意」（Advance Informed Agreement: AIA）の手続を適用すると定める（7条1項）。AIA 手続とは、LMO の輸出について輸入国に事前に通告をし、輸入国が輸出国の提出した情報に基づきリスク評価を実施したうえでその輸入の可否を決定することを指す。具体的には、LMO の輸出国・輸出者は、輸入国に対して LMO に関する情報を書面で通告し（8条1項）、輸入国は通告を受領してから90日以内に書面によって受領の確認を通知する（9条1項）。輸入国は、15条のリスク評価を行ったうえで輸入可否を決定し（10条1項）、その決定について270日以内に、通告者とバイオセーフティに関する情報交換セン

　　4）　高島忠義「カルタヘナ議定書を巡る『貿易と環境』の問題」『法学研究（慶應義塾大学）』82巻11号（2009年），39-43頁.

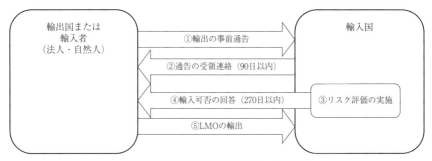

図11-2　AIA 手続の概念図（出典：筆者作成）

ター（バイオセーフティクリアリングハウス）へ通報する（同条3項）。なお、AIA
手続は、LMO の通過および拡散防止措置下での利用（施設内などの環境放出を
しない利用）や（6条）、議定書の締約国会議によって生物多様性に悪影響を及
ぼすおそれがないと特定された LMO に対しては適用されない（7条4項）。ま
た、食料・飼料としての直接利用や加工を目的として利用される LMO（コモ
ディティ）の輸出入の場合も必要ないが、国内利用を最終的に決定する締約国
は、当該決定から15日以内に、バイオセーフティクリアリングハウスを通じて
その内容を他の締約国に通報する義務がある（11条1項）。

　②　LMO の取扱い、輸送、包装および表示　　締約国は、意図的な国境を越え
る移動の対象となる LMO が、安全な状況のもとで取り扱い、包装、輸送され
ることを義務づけるために必要な措置をとらなければならず（18条1項）、前述
の LMO の分類に応じて、添付する書類において、LMO であることまたは含
みうることなどを明確に表示しなくてはならない（同条2項）。

4.　名古屋・クアラルンプール補足議定書

⑴　条約の成立経緯

　名古屋・クアラルンプール補足議定書は、LMO の国境を越える移動により
生じた損害についての「責任と救済」に関する規則を定めたものであり、カル
タヘナ議定書27条に基づき作成された。当初、「責任と救済」に関する国際制
度は、議定書27条に定める交渉期限である「第1回締約国会合後4年以内」の
2008年までに作成される予定だったが、途上国（主にアフリカ諸国）と EU との

間で責任の範囲や措置の内容について意見が大きく対立し、5回の作業部会と1回の特別会合を経ても合意にいたらず、さらに4回の追加会合を経て、2010年10月に愛知県名古屋市で開催されたカルタヘナ議定書の第5回締約国会合においてようやく採択にこぎ着けた[5]。2021年11月現在、名古屋・クアラルンプール補足議定書の締約国は EU を含め49カ国となっている。

(2) 目的と適用範囲

　名古屋・クアラルンプール補足議定書の目的は、LMO に関する責任と救済に関する制度を定めることによって、人の健康に対するリスクを考慮しつつ、生物多様性の保全および持続可能な利用に寄与することにある（1条）。

　補足議定書は、コモディティとしての利用、拡散防止措置下での利用、または、環境放出利用を目的とする、国境を越える移動に起源を有する「LMO から生ずる損害」に適用され（3条1項）、輸入国の許可を得て行われる意図的な移動（同条2項）だけでなく、非意図的移動や不法な移動から生じる損害も対象となる（同条3項）。なお、ここでいう「損害」とは、生物多様性の保全および持続可能な利用に対する、測定可能または観測可能な、著しい悪影響のことをいう（2条2項(b)）。

(3) 主要規定

　① 対応措置　　締約国は、LMO による損害が生じる場合には、適当なLMO の管理者（開発者、生産者、輸出入者、運送者など）（2条2項(c)）に対して、権限のある当局（日本の場合は環境省）へ直ちに報告し、損害を評価し、適当な対応措置をとるよう要求する（5条1項）。また権限のある当局は、損害を引き起こした管理者の特定、損害の評価、管理者がとるべき対応措置について決定する（同条2項）。ここでいう「対応措置」とは、損害の防止、最小化、封じ込め、緩和、回避のほか、原状回復またはそれに近い状態への回復などの生物多様性の復元措置のことをいう（2条2項(d)）。なお、管理者が対応措置をとらな

　5）　遠井朗子「越境環境損害に関する国際的な責任制度の現状と課題：カルタヘナ議定書「責任と救済に関する名古屋－クアラルンプール補足議定書」の評価を中心として」『新世代法政策学研究』14号（2012年），285-289頁.

い場合には、権限のある当局が自ら措置をとり、管理者に対してその費用償還を求めることができる（同条4項・5項）。その対応措置の具体的な内容は国内法令により定められる（同条8項）。

　②　**金銭上の保証**　　補足議定書は、対応措置を命じられた管理者が当該措置を実施する経済的負担に耐えられない場合に備え、締約国が、WTOなどの国際法に反しないかぎりで、金銭上の保証として、保険への加入や保証金を供託させるといった措置を国内法令によって定めることができるとしている（10条1項・2項）。ただし、その仕組みは今後の検討とされた（同条3項）。

5.　名古屋議定書

⑴　条約の成立経緯

　名古屋議定書は、生物多様性条約の発効以降も先進国からの遺伝資源の利用から生ずる利益の配分が進まないことに対する途上国の不満を受け作成されたものであり、2002年9月の「持続可能な開発に関する世界首脳会議」（WSSD）における、遺伝資源へのアクセスと利益配分（ABS）に関する国際レジームの検討の要請をきっかけとして交渉プロセスが開始された。これを受け、2004年の生物多様性条約第7回締約国会議はABS国際レジームの検討を決定し、その交渉は2005年以降、作業部会や専門家会合を含め20回以上行われた。最終的に議定書は、2010年10月に愛知県名古屋市で開催された第10回締約国会議において採択された。交渉がここまで長引いた原因は、主権的権利を根拠に、遺伝資源の利用国に対して、提供国のABSに関する国内法を利用国の国内で実施するよう主張する途上国と、生物多様性条約や自国の国内法に反する法令を無条件に受け入れることはできないとして、提供国の国内法の域外適用に反対する先進国（主にEU）との間で、さまざまな論点について意見が対立したことにある。最終的には、利用国が自国内で利用される遺伝資源が提供国のABS国内法に従ってPICおよびMATが設定されていることを確保する措置（利用国措置）をとることで妥協が図られた。2021年11月現在、名古屋議定書の締約国はEUを含め132カ国となっているが、生物多様性の豊富な、オーストラリア、コロンビア、コスタリカなどはいまだ締結していない。

(2)　目的と適用範囲

　名古屋議定書は、生物多様性条約の目的の一つである「遺伝資源の利用から生ずる利益の公正かつ衡平な配分」を効果的に実施することによって、生物多様性の保全と持続可能な利用に貢献することを目的とする（1条）。

　議定書の適用範囲は、条約15条の範囲内の遺伝資源ならびに遺伝資源に関連する伝統的知識とそれらの利用から生ずる利益であり（3条）、遺伝子発現や生物の代謝の結果として作られる天然化合物（抗生物質や酵素など）といった、遺伝資源そのものではない「派生物」（2条(c)）は対象ではない。ただし、各国の国内法令やMATに含めることは排除されていない。

(3)　主要規定

　①　公正かつ衡平な利益配分　　名古屋議定書は、遺伝資源の利用ならびにその後の応用および商業化から生ずる利益は、相互に合意する条件（MAT）に基づき、遺伝資源の提供国と公正かつ衡平に配分しなければならず（5条1項）、締約国はそのため、適宜、国内措置をとると定める（同条3項）。これは、遺伝資源に関連する伝統的知識の場合も同様である（同条2項・5項）。なお、議定書は、利益配分における「公正かつ衡平」について定義していないが、それは当事者間の契約であるMATが定める諸条件によって総合的に判断される。

　②　遺伝資源へのアクセス　　議定書は、天然資源に対する主権的権利を再確認し、締約国が別段の決定を行う場合を除き[6]、遺伝資源への利用のためのアクセスには、提供国のABSに関する国内法令の要件に従って、事前の情報に基づく同意（PIC）の取得が必要と定める（6条1項）。他方で、PICの取得を要求する締約国に対しては、国内措置の法的確実性、明確性、透明性の確保や、証明書の発給、ABS情報交換センター（ABSクリアリングハウス）への通報などを義務づけており（同条3項）、遺伝資源の利用国と提供国の双方に配慮した内容となっている。

　③　地球規模の多数国間利益配分メカニズム　　議定書は、遺伝資源または遺伝

　6）　日本は，国内の遺伝資源へのアクセスにあたり，PIC は必要としないことを行政決定している。「遺伝資源の取得の機会及びその利用から生ずる利益の公正かつ衡平な配分に関する指針」（財務省・文部科学省・厚生労働省・農林水産省・経済産業省・環境省告示第1号，平成29〈2017〉年5月18日）第4章参照.

資源に関連する伝統的知識が、複数の国や地域にまたがって存在する場合や、ジーンバンクなどの域外保全されている遺伝資源で提供国・原産国が不明な場合といった、「国境を越えて存在する」または「PICを得ることができない」場合の利益配分の仕組みについて検討すると定める（10条）。現在、二国間アプローチでは対処できない具体的事例を特定し、この仕組みの必要性や様式をめぐる検討作業が進められているが、途上国と先進国間で依然として意見の隔たりは大きく、具体的なメカニズム設置の目途は立っていない。

〈参考文献〉
1．藤倉良「生物多様性条約とカルタヘナ議定書」西井正弘編『地球環境条約』有斐閣、2005年。
　　生物多様性条約とカルタヘナ議定書の成立経緯や国内実施について解説。
2．西村智朗「遺伝資源へのアクセスおよび利益配分に関する名古屋議定書：その内容と課題」『立命館法学』2010年5・6号（333・334号）、2010年。
　　名古屋議定書の成立経緯や制度の概要、課題について解説。
3．磯崎博司他編・バイオインダストリー協会生物資源総合研究所監修『生物遺伝資源へのアクセスと利益配分』信山社、2011年。
　　生物多様性条約や名古屋議定書におけるABSをめぐる問題を包括的に解説。
4．岩間徹「生物多様性の保全と遺伝資源の利用に関する条約レジーム：COP10/MOP5の成果分析」『環境法研究』22号、有斐閣、2011年。
　　名古屋議定書や名古屋・クアラルンプール補足議定書の各条文や特徴を解説。
5．生物多様性センター（環境省自然環境局）生物多様性ホームページ
　　生物多様性に関する国内法・政策、条約の解説、生物多様性条約事務局の関連情報へのリンクがある。〈http://www.biodic.go.jp/biodiversity/index.html〉

【問い】
1．生物多様性の保全が「人類の共通の関心事」となった理由、背景について論じなさい。
2．生物多様性条約と名古屋議定書におけるABSルールの異同について説明しなさい。
3．カルタヘナ議定書および名古屋・クアラルンプール補足議定書に基づく貿易規制措置の特徴とその問題点につき論じなさい。
4．生物多様性関連条約において、先送りまたは残された問題の背景および理由、議論の現状につき説明しなさい。

コラム⑨　遺伝資源と先住民社会

1　CBDにおける先住民の社会の位置づけ

「生物の多様性に関する条約」（CBD）は、8条(j)において、締約国に対して、「自国の国内法令に従い、生物の多様性の保全及び持続可能な利用に関連する伝統的な生活様式を有する先住民の社会及び地域社会（ILCs）の知識、工夫及び慣行」について、その尊重、保存および維持、さらなる適用の促進、そして利益配分の「奨励」を規定するのみであった。この規定は、先進国の製薬会社が先住民族の先祖伝来の知識を利用した新薬により莫大な利益をあげる一方、先住民族はその利益にあずかれない不公平がバイオパイラシーとして強く批判されるようになったことを受けて導入された。しかし、遺伝資源の場合とは異なり、「事前の情報に基づく同意」（PIC）の取得（CBD15条5項）、「相互に合意する条件」（MAT）の設定（同4項）、利益配分（同7項）を義務づけているわけではなかった（なお、CBDの公定訳では「原住民」となっているが、未開というネガティブなニュアンスがあるため、「先住民」という訳語を用いる）。

2　国連宣言から名古屋議定書へ

その後、2007年に「先住民族の権利に関する国連宣言」（国連宣言）が採択されたことを受け、先住民族は「生物の多様性に関する条約の遺伝資源の取得の機会及びその利用から生ずる利益の公正かつ衡平な配分に関する名古屋議定書」（名古屋議定書）の起草過程で国連宣言に基づいた要求を展開した。

国連宣言は、先住民族の自決権を明記した初めての国際文書である。国連宣言の起草時には"indigenous population"や"indigenous people"という文言を使用することを求める国家もあったが、国際人権規約1条の人民（peoples）の自決権と同じ権利を先住民族が持つことを明らかにすべく、先住民族は"indigenous peoples"（IPs）という文言に固執した。最終的に国連宣言では、国家が懸念した分離独立権を否定すべく、46条1項

に領土保全への言及が行われることで、IPsを主語とした自決権が3条で認められた。

2010年のCBD第10回締約国会議（COP）での名古屋議定書の起草作業には、先住民族組織代表の集まりである国際先住民族フォーラム（IIFB）も公式オブザーバーとして参加した。IIFBは国連宣言を掲げて自らの領域に存在する遺伝資源に対する権利や伝統的知識に関する知的財産権を主張し、先住民族に国家の主権的権利を制約するような権利を認めることになることを危惧した一部の国家の間で対立を生んだ。

たとえば、IIFBは生物多様性の文脈においても自らが自決権を持つことを主張し、CBDレジームにおいても「先住民の社会」ではなく、国連宣言で認められたIPsという文言を用いるよう要求した。これに対して、とくに先住民族を自国内に抱え、国連宣言に反対票を投じたカナダのような国家は、先住民族に国家の権利を制約するような「権利」を認めることに慎重な立場を示し、反対した。

3　議定書による先住民族への配慮の強化

採択された名古屋議定書は、次の点でCBDよりも先住民族への配慮が強化されており、国連宣言に代表される先住民族の権利に対する国際的承認の影響が指摘されている。第一に、議定書では、ILCsが保有する遺伝資源や伝統的知識にもPICの取得とMATの設定が、国内法による義務づけを要するものの、必要とされている（5条2項、6条2項、7条）。第二に、議定書は伝統的知識の利用から生じる利益にも議定書が適用されることを明示し（3条）、締約国が利益の衡平な配分のために、「適宜」、立法上、行政上、または政策上の措置をとることを要求している（5条5項）。第三に、CBDでは天然資源に対する国家の主権的権利のみを認めており、先住民族の資源に対する権利を無視していると批判されてきたが、議定書はILCsが保有する遺伝資源の利用から生じる利益が衡平な配分

の対象となりうることを定め（5条2項）、ILCs が遺伝資源を保有しうることを認めた。第四に、議定書は遺伝資源へのアクセスおよび利益配分（ABS）に関する資源提供国の国内法の遵守確保措置を利用国がとることを義務づけているが（15条）、伝統的知識についても、ほぼ同じ内容の規定が置かれた（16条）。

4　議定書による先住民族への配慮の限界

しかし、議定書における先住民族への配慮は、一部の国家の強い懸念を受けて、次のような点で制約されている。第一に、先住民族が要求した「先住民族及び地域社会」(IPLCs)ではなく、生物多様性条約と同じ ILCs が用いられている。第二に、前文で国連宣言への言及が行われているが、カナダの強い反対を受けて、先住民族が要求した宣言の「重要性」という文言は削除され、単に宣言採択に留意するとなった。第三に、先住民族に関する規定には、「国内法に従い」「適宜」「確保する目的で」といった制約的な文言が多用されており、締約国の遺伝資源に関する規定との間で二重の基準を創設していると批判されている。具体的には、遺伝資源に対する権利について、ILCs の「確立された国内法に従い」（5条2項）や、「国内法に従い」、ILCs が「遺伝資源へのアクセスを付与する確立された権利を有する場合」（6条2項）という文言が挿入され、ILCs の遺伝資源に対する権利の承認は各国に委ねられたと解釈しうるようになっている。伝統的知識に関する ABS の規定は、PIC について「国内法に従い」という文言が挿入され（7条）、国内法で ILCs の PIC 取得が義務づけられている場合にのみ、その取得が要求されると解釈しうるようになった。第四に、遺伝資源の利用については監視措置が規定されたが（17条）、伝統的知識の利用についての監視措置をめぐってはコンセンサスが得られず、起草作業の最終段階にテキストから削除された。

5　COP12における国家と先住民族の攻防

名古屋議定書が採択された後も、先住民族は国家に IPLCs の文言を使用するよう CBD COP で要求し続けた。先住民族は、生物多様性の文脈においても自らが自決権を持つことを主張し、CBD レジームで IPs という文言を用いるよう要求し、CBD や名古屋議定書を国連宣言と両立するように解釈することを求めたのである。具体的には、たとえば、名古屋議定書の5条2項における遺伝資源についての IPLCs の「確立された権利」という表現が、先住民族の遺伝資源に対する権利が国内法令により承認されている場合に限定されうるのに対して、国連宣言の観点から同条を解釈することで、すべての慣習上の利用も保護されると主張した。

先住民族からの要求に答えて、2010年および2011年に先住民問題に関する常設フォーラムは、CBD および名古屋議定書の締約国に対して IPLCs という文言を使用するよう求めた。これを受けて、CBD COP12は、将来の決定および条約における二次文書において IPLCs という文言を適宜、使用することを決定した。しかし、この決定は、IPLCs の文言の使用が CBD「第8条(j)及び関連条項の法的意味に、いかなる方法においても影響を与えない」ことや、ウィーン条約法条約31条3項(a)および(b)の「後にされた合意」や「後に生じた慣行」を構成しない等のパラグラフを伴っており、国連宣言の観点から CBD を再解釈する可能性を完全に否定した。

国連宣言に基づく先住民族の主張は、名古屋議定書の起草に一定の影響を及ぼしたが、それが国家の権利や利益の制約となる限りにおいて、当該主張は CBD レジームで否定された。それは国際法が国家中心主義から脱し切れていない以上、当然の帰結といえる。ただし、議定書は先住民族の権利に関する多くを国内法に委ねている。そのため今後は、ABS に関する国内法に国連宣言が与える影響にも注意を払う必要があるだろう。

〈主要参考文献〉

小坂田裕子『先住民族と国際法──剥奪の歴史から権利の承認へ』信山社、2017年。

（小坂田　裕子）

コラム⑩　国家管轄権外区域の海洋生物多様性

1　国家管轄権外区域の海洋生物多様性

「国家管轄権外区域の海洋生物多様性」（Marine Biodiversity of Areas Beyond National Jurisdiction: BBNJ）とは、公海や深海底といった、国の管轄権が及ぶ区域の外の海域における生物多様性のことをいう。そのような物理的アクセスが困難な区域の生物多様性の実態はいまだ十分に把握されていないが、近年の海洋の科学的調査の結果、公海や深海底においても多種多様な生物が生息していることが判明している。とくに、深海底の熱水噴出口では「極限環境生物」と呼ばれる特殊な生物・微生物が多く発見されており、近年それらの産業や医薬品への応用に注目が集まっている。他方で、こうした生態系には脆弱性も指摘されている。

2　問題の背景

なぜ、BBNJ の保全と持続可能な利用に国際社会の関心が集まるのか。一つには、公海や深海底にアクセスしその資源を利用・開発できるのが、技術を有する一部の先進国に限られていることに対する途上国の不満がある。もう一つは、BBNJ を直接の対象とする法的枠組みが存在しないことに対する EU を中心とする複数の国の懸念である。

生物多様性条約や名古屋議定書は海洋域にも適用されるが、いずれの国の管轄にも属さない区域の生物多様性の構成要素は直接の対象ではない（11章2．⑵参照）。他方で、「海の憲法」とも呼ばれる1982年に採択された「海洋法に関する国際連合条約」（国連海洋法条約、1994年11月16日発効）は、海洋環境保護に関する一般規則を定めるが、条約交渉が行われた第三次国連海洋法会議（1973年～1982年）当時の国際社会の関心や科学技術上の限界から BBNJ については十分に認識されておらず、海洋遺伝資源や海洋保護区などに言及する条文はない。こうした背景から、「BBNJ の保全と持続可能な利用に関する新しい法的枠組み」の必要性が主張されるようになった。

3　BBNJ をめぐる議論の経緯

今日の議論のきっかけの一つとなったのは、1995年9月に生物多様性条約の関連会合で提起された「深海底における遺伝資源」の法的位置づけをめぐる問題である。これを受け、生物多様性条約事務局と国連海事海洋法局（現、国連法務部海事海洋法課）は共同研究を行い、2003年3月に国家管轄権外区域の海洋遺伝資源へのアクセスと利益配分に対応する明確な法的レジームは存在しないと結論づける共同報告書を公表、2004年4月には国連総会に対してこの問題の更なる調整を要請した。

この議論を受け、国連総会は2004年11月にBBNJ の保全と持続可能な利用に関する問題を包括的に議論するためのアドホック作業部会（BBNJ 作業部会）の設置を決定した（総会決議59/24）。BBNJ 作業部会は、2006年2月から2015年1月の最終会合までの10年間に計9回の会合が開催され、最終的に国連総会に対して、国連海洋法条約のもとにBBNJ の保全と持続可能な利用に関する新しい法的拘束力ある国際文書（BBNJ 新協定）を作成するよう勧告し、2015年6月には、その旨を決定する総会決議69/292がコンセンサスで採択された。

総会決議66/292の主な決定事項は次の三つ

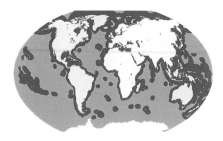

図　海洋の60%以上を占める国家管轄権外区域
　（色の薄い部分）（出典：Sea Around Us）

である。一つ目は、BBNJ 新協定案の要素を検討するために「準備委員会」を設置することであり、その会合は2016年３月から2017年７月まで計４回行われた。二つ目は、国連総会の第72会期（2018年９月）までに、条約交渉のための「政府間会議」の設置の有無を決定することである。これについては、前述の準備委員会の勧告を受け、2017年12月の総会決議72/249によって設置が決定された。三つ目が、BBNJ 新協定の交渉パッケージとして、①海洋遺伝資源（利益配分の問題を含む）、②区域型管理ツールのような措置（海洋保護区を含む）、③環境影響評価、④能力構築および海洋技術移転のトピックを総合的に検討することである。

4　BBNJ 新協定交渉と主要論点

　2019年６月に政府間会議の議長が BBNJ 新協定の議長草案を提示したことにより、主要論点をめぐる交渉に若干の進展がみられるようになった。しかしながら、依然として多くの点で意見が対立しており、協定合意の見通しは立っていない。

　(1)　海洋遺伝資源（利益配分の問題を含む）

　海洋遺伝資源をめぐっては、途上国グループ（G77＋中国）と主要海洋先進国との間で、「人類の共同の財産」として扱うか、「公海自由の原則」に基づくべきかで平行線をたどっていたが、ひとまず原則論を棚上げし、それ以外の要素について議論することとなった。

　現在の争点は、適用範囲にすでに域外保全されている（ex situ）海洋遺伝資源を含むか、また、コンピュータ上の（in silico）遺伝情報や塩基配列情報ならびに派生物を含めるか、アクセス条件の有無、利益配分の範囲・手法、利用の監視、知的財産権の取扱いなど、ほぼ名古屋議定書の ABS と同様の論点構造となっている。ただし、天然資源に対する主権的権利を ABS 規制の根拠とする名古屋議定書と異なり、BBNJ 新協定の場合は主権的権利が及ばない区域である点に注意する必要がある。すなわち、名古屋議定書の法理を機械的に適用できないということである。

　(2)　区域型管理ツールのような措置（海洋保護区を含む）

　区域型管理ツールについては、主に「海洋保護区」を念頭に置いた議論がされている。国際法上、海洋保護区の統一された定義は存在しないが、一般的に、法律などによって生物多様性が周辺よりも高いレベルで保護されている区域のことを指す。交渉では、この海洋保護区の目的・基準、既存の枠組みのもとで設置された海洋保護区との調整、提案と設置の意思決定方法、監視などについて議論がされており、その管理実施においては、BBNJ 新協定が主導的な役割を果たすべきという「グローバル・アプローチ」を支持する G77＋中国（とくにアフリカグループ）や EU と、各海域を管理する既存の地域的枠組みが決定すべきという「地域別アプローチ」を支持するロシアやアイスランドなど、そして、BBNJ 新協定における基準・指針に則り地域的機関が決定するという折衷案である「ハイブリッド・アプローチ」を支持する日本やアメリカなどとの間で意見が分かれている。

　(3)　環境影響評価

　環境影響評価は、すでに国連海洋法条約204条から206条に規定があるため、その実施義務についてはおおむね共通理解があるが、対象となる活動やその閾値・基準、評価の実施方法などをめぐって意見が対立している。とくに、一部の国からは国家管轄権外区域で行われる「すべての活動」に対して事前・事後の影響評価が必要という主張もあり、実効性の観点から懸念を表明する国もある。

　(4)　能力構築・海洋技術移転

　能力構築と海洋技術移転については、主に途上国を対象に BBNJ 新協定の実施支援を目的とすることについて一般的な支持はあるが、先進国には能力構築と海洋技術移転の実施やそれに関する協力を「確保する義務」があるとして、幅広い項目リストや強制的性質の義務を主張する途上国と、あくまで各国の能力や状況に応じて協力を「促進する義務」であるべきとして、任意の協力を支持する先進国との間で意見が対立している。

（本田　悠介）

コラム⑪　バラスト水問題

「船舶のバラスト水及び沈殿物の規制及び管理に関する国際条約」（バラスト水管理条約）は、海の生物多様性を確保するために、船舶のバラスト（船舶の安定確保などのために船底に積む重し）として用いられる海水（バラスト水）や沈殿物（バラスト水から沈殿した物質）を通じた有害な水生生物や病原体の人為的な越境移動を防止し、最小化し、最終的には除去することを目的として、2004年2月に国際海事機関（IMO）において採択された条約である。船舶から海への汚染物質や有害物質等の排出を規制する条約ではないという点で、これまでIMOによって策定された他の海洋環境関連条約とは性格が異なるといえる（⇒9章）。

貨物船等の船舶は積荷の量にあわせて船体区画に設置されているバラストタンクに海水（バラスト水）を取り入れ、または排出することにより、適度な喫水やトリム（船体の前後方向の傾き）を保ち、船体の安定を保つようにしている。バラスト水の搭載量は船舶の種類によって異なるが、原油タンカーの場合は載貨重量トン数の30から40％に相当する海水を積載している。

バラスト水の取入れと排出は主に貨物を荷役する港湾において行われ、貨物を陸揚げする際にはバラスト水を取り入れ、積み込みを行う際には排出することになる。排出された海域に天敵種が存在せず、もともと生存していた海域の環境（塩分濃度や海水温度など）と似通っていれば、バラスト水とともに排出されたプランクトン等の生物は排出された海域で定着する場合があり、いわゆる侵略的外来種（自然分布ではなく人為的な作用によって繁殖することができる繁殖子を有する生物種）として海洋生態系に悪影響を与える。

具体的には、1982年に米国に生息するクシクラゲ類がバラスト水を介して黒海に侵入し、黒海でのアンチョビの漁獲量が減少したこと、1988年にヨーロッパに生息するゼブラ貝が北米の五大湖で異常発生し、発電所の冷却水の取水口の管内に密集し水がせき止められて発電所が停止したこと、さらに、日本原産のワカメやヒトデがオーストラリアで繁殖し、ホタテの養殖等に悪影響を与えていることなどがあげられる。

IMOによるバラスト水の排出規制の検討は、1988年の第26回海洋環境保護委員会（MEPC）におけるカナダ政府による五大湖におけるバラスト水被害に関する報告を受け、各国に情報提供を要請したことに始まる。1993年には、第18回IMO総会において、水深2000m以上の海域でのバラスト水交換を推奨することなどを内容とする法的拘束力を有さないガイドライン「船舶のバラスト水・沈殿物排出による好ましくない生物・病原体侵入防止のためのガイドライン」に関する決議（A.774（18））が採択された。1997年には、第20回IMO総会において、1993年ガイドラインを廃止し、新たなガイドライン「有害水生生物・病原体の移動を最小化する船舶バラスト水制御・管理のためのガイドライン」に関する決議（A.868（20））が採択された。このガイドラインのもとでは、外航海運船舶は、原則として、水深200メートル以上かつ陸地から200カイリ以上離れた海域でバラスト水を交換することが推奨され、さらに、バラスト水交換に代えて行う排出水処理の導入、沈殿物の試料採取・分析方法の標準化、バラスト水交換作業方法の標準化などの内容が盛り込まれた。

1998年以降、バラスト水管理のための法的拘束力を有する条約が検討され、当初は海洋汚染防止条約（MARPOL 73/78）（⇒9章3節）の新たな附属書を採択することも検討されたが、1999年の第43回MEPCで新たな条約を策定するという方針を決定した。そして、2004年に、1997年ガイドラインを踏まえて、法的拘束力を有するバラスト水管理条約が採択された。また、同年の第51回MEPCにおいてバラスト水管理条約の実施に必要となるガイドライン策定のための審議が開始され、

現在までに、バラスト水管理・処理、沈殿物の処理などの14のガイドラインが策定されている。バラスト水管理条約の発効要件は、①30カ国以上の国による締結、②締約国の商船船腹量の合計が世界の商船船腹量の35％以上であることであり、2016年9月8日にこれらの要件を満たし、その12カ月後の2017年9月8日に発効した。

バラスト水管理条約は船舶から排出されるバラスト水に含まれる生物をできるだけ限界近くまで殺滅・除去するような排出基準を設定しているため、交渉過程では、海運の維持・振興と海洋生態系の保全の両立に重きを置き、処理技術が確立していない段階での厳格な排出規制はのぞましくないという意見（日本、韓国、ノルウェーなど）と、海洋生態系の保全を図るために厳格な排出規制にすべきであるという意見（アメリカ、オーストラリア、ドイツなど）が対立した。結局、条約が採択されることにより、バラスト水処理技術・処理装置の開発が促進されるとする後者の意見が有力となり、排出基準を満たす処理技術・処理装置の開発の先行きが見えないままに厳格な排出規制を有するバラスト水管理条約が採択された。

バラスト水管理条約の規制対象船舶は、他国の管轄する海域への航海を行う船舶（いわゆる外航船舶）である。条約は、規制対象船舶について、船舶の建造年とバラスト水タンクの総容量に応じて、段階的に、バラスト水の交換または排出基準への適合を義務づけている。バラスト水を交換する海域については、条約発効時からIMOによって承認されたバラスト水処理装置を搭載するまでの間、水深200メートル以上かつ陸地から200カイリ以上離れた海域でバラスト水を交換することを義務づけ、当該海域での交換が不可能な場合には、陸域から50カイリ以上離れた水深200メートル以上の海域での交換を義務づけ、これらの海域でのバラスト水の交換が不可能な場合は寄港国が定めた交換海域での交換を義務づけている。また、締約国（寄港国）は、自国の港において、いわゆるポート・ステート・コントロール（PSC）として、規制対象船舶について、バラスト水の管理計画書と管理記録簿の保持・保管状況の確認、条約が設定した排出基準に適合した処理装置の型式証明書の確認、バラスト水のサンプリング（船舶からのバラスト水の採取と検査）、さらに条約発効日以降は国際総トン数400トン以上の条約適用船舶については国際バラスト水管理証書（BWM証書）の所持状況の確認を行う権利を有している。

日本は2014年5月にバラスト水管理条約への加入を国会で承認し、同年10月にIMO条約事務局長に条約加入書を寄託し、42番目の条約締約国となった。2014年6月には有害水バラストの排出を禁じる海洋汚染防止法の一部改正法案が成立した。同改正は条約発効日の2017年9月8日に施行された。同法では、船舶からの「有害水バラスト」（同法の定義によると「水中の生物を含む水バラストであつて、水域環境の保全の見地から有害となるおそれがあるものとして政令で定める要件に該当するもの」）の排出禁止、有害水バラスト処理設備の設置義務、有害水バラスト汚染防止管理者の選任および有害水バラスト汚染防止措置手引書の備え置き義務、有害水バラスト記録簿の備え置きおよび記載義務、有害水バラスト処理設備の型式指定などについて規定している。

（鶴田　順）

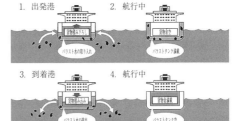

図　「バラスト水による水生生物の移動」（水成剛「船舶バラスト水管理条約の発効と課題」『Oceans Newsletter』396号〈2007年2月5日号〉から）

12章　稀少野生動植物種

遠井　朗子

1.　はじめに

　神戸北野の異人館街にある「ベンの家」(明治35〈1902〉年、建築)には、英国商人ベン・アリソンが世界各地で仕留めたホッキョクグマやオオカミの剥製、トラの毛皮等が誇らしげに並べられている。もっとも、これらの狩猟の記念品(トロフィー)は、自由奔放な狩猟の賞賛を表象するものではない。当時の遊猟家たちは、植民地における野生鳥獣の減少を目の当たりにして、歯止めのない暴力を自制し、狩猟をフェアなスポーツと捉えるレトリックを用いるようになっていた。また、大英帝国の植民地行政府は19世紀後半には野生鳥獣の狩猟管理規制を導入し、他国の協力を得るために、1900年、アフリカにおける野生動物、鳥、魚の保護に関する協定を提案した。同協定はベルギーの批准を得られず、発効していないが、野生動植物の保全と取引に関する国際合意の先駆けとなり、その理念および規制方法は、自然状態の動植物の保存に関するロンドン条約(1933年)、西半球における自然保護と野生動植物の保存に関する条約(1940年)などの初期の地域条約に受け継がれている。

　100年の歳月を経て、これらの種は絶滅のおそれのある野生動植物の種の国際取引に関する条約(以下、CITESと称する)のもとで、厳重な取引規制の対象となった。しかし、前世紀の遺物のようなスポーツ・ハンティングは現在も合法的に行われ、一定の条件のもとで、そのトロフィーの国際取引も認められている。その名が喚起するイメージとは異なって、CITESにおいては、絶滅が危惧されている野生動植物の商業的利用は禁止されず、保全と利用のバランスが重視されているためである。しかし、保全と利用をどのように両立すべきか、という点については長年にわたる見解の対立があり、この点がCITESの

規制レジームに複雑さとダイナミズムをもたらしている。

　以上を踏まえ、本章においては、CITES の規制内容および実施制度の発展を概観し、変化する規制レジームの意義と課題を検討する。

2.　採択の経緯

　絶滅が危惧される野生動植物の保全および国際取引について、第二次世界大戦前には地域条約による規制が存在していたが、急速に拡大する違法取引への対処を目的として、1963年、国際自然保護連合（IUCN）は条約の起草および採択を勧告し、独自の条文草案を作成して検討を重ねていた。一方、米国は国内における自然保護運動の興隆を背景として、1969年、絶滅危惧種の輸入を原則として禁止し、国際競争力の低下を危惧する国内産業界の要望を受けて、法的拘束力ある国際条約の締結をめざしていた。

　1972年、国連人間環境会議で採択された行動計画には、野生動植物の輸出、輸入および積み替えに関する条約を準備し、採択するための外交会議を速やかに開催すべきとの勧告が含められ（para.99.3）、これを受けて、米国およびIUCN が中心となって、条約の起草作業が進められ、1973年3月3日、米国のワシントンで開催された外交会議で条文が採択されて、CITES は1975年7月1日に発効した。

3.　規制の概要

(1)　条約の目的
　条約の目的は、野生動植物を現在および将来世代のために保護されるべき自然の系の一部と認め、種の存続（species survival）を脅かさないよう、国際協力に基づいて、過度な国際取引を防止することである（前文第1文、4文、2条1項、2項(a)、3条2項(a)、3項(a)、5項(a)、4条2項(a)、6項(a)）[☛5.(1)②]。

(2)　用語の定義
① 「種」　「種」とは、種もしくは亜種またはこれらの地理的に隔離され

た個体群を指す（1条(a)）［種の学名（Nomenclature）は標準的な命名法に従い、動物・植物委員会に配属された命名法専門家が締約国および事務局の照会に対応する（Resolution Conf.18.2, Annex 2)]。保護の対象をどこまで細分化すべきか、という点は「種」という語義の曖昧さゆえに争われていたが、1994年、附属書掲載基準の改正により、国家または地域個体群の生息状況の相違を考慮して、「分裂リスト」（spilt listing）が認められることとなった（Resolution Conf. 9.24 (Rev. CoP17), Annex 3)［☞5.(1)①。たとえば、ヒグマは附属書Ⅱ掲載種であるが、ブータン、中国、メキシコ、モンゴルのヒグマは附属書Ⅰに掲載されている。アフリカゾウは附属書Ⅰに掲載されているが、南部アフリカ諸国（ナミビア、ボツワナ、ジンバブエ、南ア）の個体群は注釈付きで附属書Ⅱに掲載されている]。

　交雑種は、野生状態で明確かつ安定的な個体数を有する場合には、独立した種として附属書掲載が認められ（Resolution Conf. 9.24 (Rev.CoP17)）、その親または動物については「直近の系統」（recent lineage）がいずれかの附属書に掲載されている場合には、当該種が未掲載であっても、規制対象となる（Resolution Conf. 10.17 (Rev. CoP14), Resolution Conf. 11.11 (Rev. CoP18)）。

　②　「標本」　「標本」とは、生死を問わず動植物の個体を指し、「容易に識別することができるもの」であれば、全形であるか、部分であるかは問われない（1条(b)）。「容易に識別することができる」とは、添付文書、包装、ラベル等により識別可能な場合を含み（Resolution Conf. 9.6 (Rev. CoP16)）、粉末状の漢方薬原材料、DNA、血液、細胞のサンプルも「容易に識別することができるもの」とみなされる。

　③　「取引」　「取引」とは、輸出、再輸出、輸入または海からの持込みを指し（同条(c)）、「再輸出」とは、すでに輸入されている標本を輸出することを指す（同条(d)）。「海からの持込み」とは、「いずれの国の管轄の下にもない海洋環境において捕獲され又は採取された種の標本をいずれかの国へ輸送すること」であり（同条(e)）、附属書ⅠまたはⅡに掲載された海産種を公海上で漁獲し、当該船舶の旗国または他国に水揚げすることはこれにあたる（Resolution Conf. 14.6 (Rev. CoP16)）。

(3)　取引の規制

CITES は、保護の必要性に応じて三つの附属書への種の掲載を決定し、附属書掲載種の標本の取引については、条約規定に従って、許可書・証明書の発給および確認を要請する（2条4項、3条1項、4条1項、5条1項。cf. 14条）。

① 附属書Ⅰ　　附属書Ⅰには絶滅のおそれがあり、取引による影響を現に受け、または将来受けるおそれがある種を掲載する。附属書Ⅰ掲載種に対しては特に厳重な規制が求められ（2条1項）、「主として商業的目的」の取引は禁止される（3条3項(c)、同条5項(c)）。「主として商業的目的」は可能な限り広く定義されるものとされ、非商業的性質が支配的とはいえない場合には、商業的目的とみなされる（Resolution Conf. 5.10（Rev. CoP15）, para.1.c）［たとえば、日本によるイワシクジラ（北太平洋海域）の調査捕鯨については、調査後の鯨肉の市場取引の実態が問題視され、常設委員会は「主として商業的目的」に当たると判断して、3条5項(c)の不遵守を認定した（SC70 Sum.3（Rev.1）（02/10/18）, para.27.3.4）］。

附属書Ⅰ掲載種の標本の輸入に際しては、事前に取得した輸出許可書（再輸出の場合は再輸出証明書）および輸入許可書の提示が求められる（3条2項〜5項）。輸出許可書は、輸出国の科学当局が当該標本の取引は種の存続を脅かすこととならないことを助言し（無害証明 non-detriment finding: NDF）（3条2項(a)）、同国の管理当局が当該標本の適法取得（legal acquisition finding: LAF）（同条同項(b)）、生きた個体については、安全および動物福祉に配慮した準備と輸送の確保（同条同項(c)）および事前に発給された輸入許可書を確認した場合にのみ発給される（同条同項(d)）。輸入許可書は、輸入国の科学当局が NDF の助言（同条3項(a)）、および受領者が生きた個体を収容し、世話をするための適当な設備の確認を行い、同国の管理当局が「主として商業的目的のために」使用されないことを認めた場合にのみ発給される（同条同項(c)）。海からの持込みについては、持込みが行われる国の管理当局が輸入時と同様の要件に従って、事前に発給した証明書の提示が求められる（同条5項）。

NDF、LAF、および輸送条件については、締約国会議の決議で非拘束的な共通指針が採択されている［NDF については、Resolution Conf. 16.7.（Rev. CoP17）、LAF については、Resolution Conf. 18.7が採択され、航空貨物の輸送については IATA 指針、その他の場合には独自の指針が適用される（Resolution Conf. 10.21（Rev.

CoP.16))]。

②　**附属書Ⅱ**　附属書Ⅱには、現在は絶滅のおそれはないが、取引を厳重に規制しなければ絶滅危惧種となるおそれのある種および外形が類似している種が掲載される（2条2項(a)・(b)）。類似種は法執行の必要上、掲載されているが、外形での識別には限界があるため、近年は水際検査において DNA 技術の利用が推奨されている。輸入に際しては、事前に発給された輸出許可書（再輸出の場合は再輸出証明書）の提出が求められるが（同条2項、4項）、輸入許可書の提示は求められていない。輸出許可書（または再輸出証明書）の発給要件は附属書Ⅰ掲載種と同様であるが（4条2項、5項）、附属書Ⅱ掲載種については商業的取引が認められているため、過度な取引で種の存続が脅かされないよう、輸出国の科学当局による監視が求められている（同条3項）[☛5.(3)②]。

③　**附属書Ⅲ**　附属書Ⅲには、自国の管轄内で捕獲もしくは採取の防止または制限を行う必要があり、他の締約国・地域の協力を要するものを掲載する（2条）。附属書Ⅲの掲載には締約国会議の議決を要しないが、不意打ちを避けるため、他の原産国、主な輸入国および事務局、動物・植物委員会との事前協議と締約国会議への通告が必要となる（Resolution Conf. 9.25 (Rev. CoP18)）。附属書掲載国からの輸出においては、同国管理当局が LAF および生きた個体に関する安全と、動物福祉に配慮した準備、輸送を確認して発給した輸出許可書の提出を要し（5条2項）、当該締約国からの輸入には輸出証明書の、その他の締約国からの輸入には原産地証明書の提示を要するが（5条）、科学当局による NDF の助言は必要とされていない。

④　**取引免除に係る特別規定**　税関管理下での通過または積み替え（7条1項）、条約適用前取得（同条2項）、手回品または家財（同条3項）、飼育による繁殖または人工的繁殖（同条4項、5項）、科学者または科学施設の間での貸与、贈与または交換（同条6項）、移動展示（同条7項）については、3条から5条の適用が免除されるが、濫用を防止し、かつ円滑な取引を促進するため、締約国会議の決議によって適用要件の明確化が行われている［演奏家が演奏会用の楽器を持参する場合には、手回り品として免除を受け、または複数回の渡航が認められる楽器証明書の発給を受けることができる（Resolution Conf. 16.8 (Rev. CoP17)）］。

⑷　締約国の国内実施措置

　締約国は、附属書掲載種の輸出入管理（3条から5条）、および違反に係る標本の取引もしくは所持またはその双方の処罰（penalize）（8条1項⒜）、没収または輸出国への返送規定を国内法に設けることを求められ（8条1項⒝）、国内における費用の求償方法および輸出入港の指定を含めることもできる（8条2項、3項）。また、管理当局および科学当局の指定（9条）、保護センターの設置（8条4項、5項）、取引に関する記録の保持（8条6項）および定期的報告書の作成と事務局への送付（8条7項⒜・⒝）も求められている。

　締約国は、取引、捕獲もしくは採捕、所持、輸送の禁止を含む一層厳重な国内措置をとる権利を有し（14条1項）、関税、公衆衛生、動植物検疫等の関連する他条約の義務に基づく国内措置に本条約は影響を及ぼさない（同条2項）。また、条約の効力発生時に有効であった他の条約に基づき捕獲または採捕された附属書II掲載の海産種については、条約の適用が免除され（同条4項）[cf. ICCAT（1969年発効）、ICRW（1948年発効）。ただし、IWCの商業捕鯨モラトリアムの対象鯨類はいずれも附属書Iに掲載されている]、本条約のいかなる規定も海洋法に基づく主張および法的見解を害さない（同条5項）。

⑸　附属書改正手続

　締約国は単独または共同で、締約国会議会合の150日前までに事務局に通告を行い、附属書IまたはIIの改正（掲載または削除）を提案することができる（15条1項⒜）。改正案は出席しかつ投票する締約国の3分の2以上の多数決で議決され（同条同項⒝）、採択された附属書の改正は、会議終了の90日後にすべての締約国に対して効力を生じる（同条同項⒞）。

　オプトアウトは認められていないが、効力発生前に留保を付すことは認められ（同条2項）、留保を付した種の取引については「この条約の締約国ではない国として取り扱われる」（同条3項）。ただし、附属書I掲載種に留保を付す場合には、附属書II掲載種に係る取引の規制、モニタリングおよび年次報告の義務を負う（Resolution Conf. 4.25（Rev. CoP18））。

　附属書IIIの掲載は、締約国がその種を記載した表を事務局に提出し、事務局が他の締約国に表を送付した90日後に効力を生じ（16条1項）、当該種について

は、いつでも留保を付すことができる（同条２項）。また、附属書掲載の提案国は事務局への通報により、いつでも掲載を取り消すことができ、附属書からの削除は、事務局が全締約国に通報した日から30日後に効力を生ずる（同条３項）。

　なお、規制または割当対象となる地域個体群等について、または個体の部分もしくは派生品の範囲もしくは輸出割当について附属書に付された注釈（annotation）は、附属書と不可分一体とみなされ、その改廃は附属書改正と同様の手続に従うものとされている（Resolution Conf. 11.21（Rev. CoP18））。

4.　条約実施機関

(1)　締約国会議

　締約国会議（COP）は全締約国で構成される条約の最高意思決定機関であり、条約の実施状況を検討するために（11条３項）、３年に１回開催される（cf. 11条２項）。附属書改正提案の審議は毎回、高い関心を集めているが、近年は戦略ビジョンの検討を含む横断的施策に関する議案、特定種の保全に関連する議案、および遵守・実施に関する議案が増加し、規制レジームの制度化・複合化が進展している。

　オブザーバーとして参加を認められた団体（政府間機関または非政府機関もしくは団体。国内の非政府機関または団体については、その所在国により条約目的に沿うものであると認められたもの）は、会議に出席する権利を有するが、投票する権利は有さない（同条６項、７項(a)・(b)）。ただし、議長はNGOにも発言の機会を確保するよう留意するものとされ、NGOは、議場での発言に加えて、作業部会への参加、調査報告や提言文書の配布、サイドイベントの開催等、多様な経路を通して交渉担当者とコミュニケーションを図り、審議に実質的な影響を及ぼすことが認められている。

(2)　事務局

　事務局の任務は国連環境計画（UNEP）が提供し、事務局は専門的能力を有する政府間機関および非政府機関の援助を受けることができる（12条１項）［事務局はIUCN、UNEP-WCMCおよびTRAFFICと緊密な関係を有し、取引データベー

スの管理（UNEP-WCMC）、違法取引の実態調査および ETIS の運用（TRAFFIC）、条文コメンタールの作成（IFAW）等の、特定の業務を NGO に委託する場合もある]。

　事務局の任務は COP または常設委員会の指示のもとで技術的、支援的役務を提供することであるが（同条 2 項、13条）、附属書改正提案およびその他の議案については採択の可否に踏み込んだコメントを付し、遵守手続およびその他の実施手続においては広汎な裁量に基づいて調査および調整を行うことにより、実施プロセスの管理および促進において主導的役割を果たしている。

(3)　常設委員会

　常設委員会は六つの地域を代表する締約国、寄託国政府（スイス）、前 COP 開催国および次期開催国で構成され（Resolution Conf. 18.2, Annex 1）[15カ国につき代表 1]、会期間の実施を監督するため、毎年 1 回および COP の前後に開催される。常設委員会は COP の指示のもとで、事務局に対する業務上・政策上の指示、予算の監督、議案の検討、委員会・作業部会の調整等を行うとともに、遵守手続および重要な取引評価（Review of Significant Trade: RST）においては、取引停止勧告を含む対応措置を決定する。委員会の会合には他の締約国および NGO 等がオブザーバーとして多数参加するため、近年はミニ COP とも称され、COP で議論を尽くせなかった論点を整理し、次期 COP へ向けた総意を形成する上で重要な議論の場とみなされている。

(4)　動物・植物委員会

　動物・植物委員会は条約の実施に関する科学的、技術的支援を行うために設置され、六つの地域から選出された科学者（個人代表）および各 1 名の命名法の専門家で構成されている（Resolution Conf. 18.2, Annex 2）。両委員会は毎年 1 回開催され、附属書掲載種およびその可能性がある種の科学的評価を行い、実施の監督において技術的助言を行う [☛ 5.(3)②]。ただし、附属書改正提案の妥当性については、両委員会の評価に基づく事務局の見解と、IUCN または FAO 専門家パネル等の評価が一致しない場合には、いずれの科学的評価を採用するかは、COP の裁量に委ねられている。

5.　条約の実施

(1)　保存主義から保全主義へ

①　附属書掲載基準の改正　　1976年のCOP 1でベルン基準が採択されると、野生生物の消費的利用に否定的な保存主義の影響のもとで、カリスマ種の附属書Ⅰへの掲載が進展した。しかし、1989年、アフリカゾウの取引が禁止されると、南部アフリカ諸国は、ベルン基準は科学的根拠を欠き、不合理な掲載の是正も困難であるとの批判を展開して附属書掲載基準の見直しを提案し、1994年、ベルン基準に代わる新たな附属書掲載基準（フォート・ローダデール基準）が採択された（Resolution Conf. 9.24 (Rev. CoP17)）。新たな基準は生物学的基準および取引基準の要件を明確化し、原産国との事前協議および分裂リストも認められたため、1997年、ボツワナ、ナミビア、ジンバブエの個体群について附属書Ⅱへの格下げが認められ、1999年、日本を仕向け地とする象牙の1回限りの取引（ワン・オフ・セール）が実施された［2度目のワン・オフ・セールは2007年、南アを含めた4カ国について認められ、2008年、日本と中国を仕向け地として実施された］。

②　持続可能な利用　　保全と利用の関係について条文は沈黙しているが、1990年代以降、COP決議によって「持続可能な利用」の主流化が進められている。1992年、南部アフリカ諸国の提案により、野生動植物の国際取引は生態系保全および地域住民の発展に寄与することを認める決議が採択された後（Resolution Conf. 8.3 (Rev. CoP13)）、2000年に採択された戦略ビジョンは「持続可能な利用」原則を公認し、2004年には、生物多様性条約の「持続可能な利用に関するアジス・アベバ原則・指針」のCITESへの適用が承認された（Resolution Conf. 13.2 (Rev. CoP14)）。以後、木材、海産種等、商業的に取引されている種の附属書Ⅱへの掲載が増加し、取引を監視するためのスキームも発展した［☛5.(3)②］。人工飼育種、人工繁殖種等の非野生種についても、取引量の増大に伴って、規制管理の精緻化が進められている［☛5.(1)④］。一方、地域社会の生業（Livelihood）（Resolution Conf.16.6 (Rev.CoP18)）やブッシュミート（Doc.11.44）の検討等において、従来、見過ごされていた南側の視点が重視され

るようになった。

　③　**輸出割当**　　輸出割当は、当初はチータ、アフリカゾウ等、厳重な管理を要する種について用いられていたが、取引の持続可能性を確保するため、積荷ごとのNDFに代わる有効な手段として利用されるようになり、各国の実行を標準化するため、2007年、共通指針が採択された（Resolution Conf. 14.7 (Rev. CoP15)）。締約国が輸出割当を課す場合には、継続的なモニタリング、輸出データの保管、データの参照により、年間上限量を超過しないよう輸出承認を行うものとされ、事務局への通報が求められている（Resolution Conf. 12.3 (Rev. CoP18)）。COPは附属書の注釈として［南部アフリカ諸国のアフリカゾウ］またはCOP決議によって輸出割当を決定し、後者については、ハンティング・トロフィー［ヒョウ（Resolution Conf. 10.14 (Rev. CoP16)）、マールコール（Resolution Conf. 10.15 (Rev. CoP14)）、クロサイ（Resolution Conf. 13.5 (Rev. CoP18)）］、キャビア（Resolution Conf. 12.7 (Rev. CoP17)）等について国ごとの年間輸出割当が公表されている。

　④　**非野生種の取扱い**　　附属書Ⅰ掲載種であって、商業的目的のため飼育により繁殖させた動物（CB種）および人工的に繁殖させた植物の標本は附属書Ⅱ掲載種とみなされ（7条4項）、輸出国の管理当局が発給した証明書の提出により、商業的取引が認められる（同条5項）。非野生種の取引は「持続可能な利用」として増大する一方で、野生種の密猟および違法取引を誘発するとの批判もあるため、輸出国および事業者には厳格な管理が求められている。たとえば、CB種の取引は野生種に悪影響を与えないよう管理された環境下で飼育された2世代目以降に限られ（Resolution Conf. 10.16 (Rev.)）、飼育施設の登録および生きた個体へのマイクロチップ装着が求められる（6条7号、Resolution Conf. 7.12 (Rev. CoP15), Resolution Conf. 8.13 (Rev. CoP17)）。野生状態にある個体から子または卵を採取し、人工的に飼育した個体の商業的取引を行うランチングについては、飼育施設および事業者の登録、種の存続に重大な悪影響を与えない等の要件の充足（Resolution Conf. 11.16 (Rev. CoP15)）、および統一マーキング・システムの適用が求められ、生きた個体についてはマイクロチップの装着も必要となる。

(2) 遵守システム

① **定期的報告** 締約国による定期的報告としては、附属書掲載種の取引に関する年次報告書（8条7項(a)）、2年ごとの実施報告書（同条同項(b)）、違法取引およびランチングに関する年次報告書の提出が求められ（Resolution Conf. 11.17（Rev. CoP18）, Resolution Conf. 11.16（Rev. CoP17））、締約国の取引データはCITES 取引データベースに登録されて、実施の監視等に用いられる。もっとも、提出を遅延する国も少なくないため、年次報告書については、連続して3回、正当な理由なく未提出の場合には、遵守手続に従って、常設委員会が取引停止を勧告する（Resolution Conf. 11.17（Rev. CoP18）, paras.14-15）。

② **遵守手続** CITES の遵守手続は、13条および COP の決議に基づいて体系化され（Resolution Conf. 11.3（Rev. CoP18）, Resolution Conf. 14.3（Rev. CoP18））、長期的な遵守の確保を目的として、支援的かつ非対立的なアプローチが志向されている。事務局は定期的報告、国内法令、重要な取引評価（RST）または国内立法プロジェクト（NLP）への応答等に基づいて、潜在的な不遵守を発見し、当該国とのコミュニケーションにより、自発的改善を促進する。合理的期間内に十分な是正措置がとられない場合には、常設委員会が対応措置を決定し、執拗な不遵守に対しては、最後の手段として、全種または対象種について取引停止を勧告する。

(3) その他の実施監視プログラム

① **国内立法プロジェクト（National Legislation Project: NLP）** 国内立法プロジェクト（NLP）は、締約国の国内実施のための立法を促進するため、1992年、開始された。事務局は四つの基本的な実施義務の履行状況について国ごとに評価を行い、一部または全部が不十分な国に対しては、助言と支援により自発的改善を促進する。さらに、常設委員会は、事務局の報告に基づいて、要注意国を決定し、一定期間を経過しても改善されない場合には、当該国に対し、取引停止を勧告する（Resolution Conf. 8.4（Rev. CoP15））。

② **重要な取引評価（Review of Significant Trade: RST）** 重要な取引評価（RST）は、対応能力がぜい弱な締約国の NDF の評価およびモニタリングが不十分との懸念に基づいて、附属書Ⅱ掲載種について、重要かつ潜在的な悪影響

をもたらすおそれのある取引を見出し、その是正を図るための技術的なモニタリング手続として導入された。事務局は取引データベースに基づいて、対象種または対象国の原案を作成して動物・植物委員会に評価対象の選定を付託し、委員会は選定および対応の可否を検討し、必要な場合には、輸出国にNDFおよび取引規制に関する是正措置を勧告する。さらに事務局は当該国の是正措置の実施状況について常設委員会に報告を行い、常設委員会は、是正勧告が実施されていないと認められる場合には、当該国または対象種について、取引停止を勧告する（Resolution Conf. 12.8（Rev. CoP18））。

　③　**アフリカゾウの監視**　　アフリカゾウについては、南部アフリカ諸国の個体群の格下げおよびワン・オフ・セールの決定に伴い、密猟および違法取引を監視し、関連諸国の実施措置を改善するためのスキームが導入された（Resolution Conf. 10.10（Rev. CoP18））。MIKE（Monitoring the Illegal Killing of Elephants）は一定のサイトでゾウの致死率のモニタリングを行い、密猟の捕獲圧を評価して、準地域および国家全域における違法殺害の水準と動向を明らかにし、個体数管理を支援するための監視スキームである。ETIS（Elephant Trade Information System）は象牙を含むゾウの標本の没収データ、法執行およびその効果の分析を含むデータベースであり、集積された情報は、条約実施機関の決定の科学的根拠として、および締約国の取組み改善のために用いられる。また、ETISの分析に基づいて選定された要監視国には、密猟、違法取引に対処するための国家象牙行動計画（National Ivory Action Plans: NIAPS）の策定が求められ、常設委員会の継続的な評価検討のもとで、自発的な是正が図られている。

(4)　密猟・違法取引への対応

　8条は違反に対する処罰（penalize）の義務を規定するが、犯罪としての処罰は求められていない。しかし、国連においては、2000年以降、野生植物の密猟、違法取引は越境的な組織犯罪集団の資金源となり、地域の安全を脅かすとの認識が共有されるようになり、法執行の強化および重大な犯罪としての処罰が求められている。2010年、CITES事務局は国際刑事機構（インターポール）、国連薬物犯罪事務所（UNODC）、世界銀行、世界税関機構（WCO）とともに「野生生物犯罪と闘う国際コンソーシアム」（ICCWC）を設立し、締約国の法執

行の支援および能力構築を行っている。また、地域的な政府間イニシアティブ
として発足した野生生物法執行ネットワーク（WEN）との連携も進められ、情
報共有および刑事司法政策との融合による CITES 実施プロセスの改善が図ら
れている。

6.　おわりに——評価と課題

　人間活動の急速な拡大に伴う種の絶滅の進行に対し、植民地時代の狩猟管理
規制に淵源を有し、1970年代、国際環境法の黎明期に自然保護条約として成立
し、グローバル化の時代には、野生生物の「持続可能な利用」により、国連持
続可能な開発目標に貢献するという新たなビジョンを掲げる CITES は、「古
い革袋に新しい酒を盛る」ことに成功を収めた好例といえよう。

　CITES の実効性は高く評価され、その理由としては、第一に、遵守および
実施に問題を抱える締約国に対し、支援的アプローチと、取引停止勧告という
「飴と鞭」を効果的に用いて迅速な是正が図られている点があげられる。第二
に、会議の意思決定はコンセンサスを基調としつつ、意見が分かれる場合に
は、直ちに投票が行われ、ルールに基づく、民主的な意思決定が確保されてい
ること、さらに、審議の公開性、透明性が確保され、条約目的に賛同し、保全
活動に関与する NGO の参加が広く認められている点、があげられる。第三
に、事務局は、多数の議案を機動的に処理し、多彩な実施プログラムの運用を
担いつつ、対立する意見の調整にも配慮して、バランスのとれた実施の確保に
寄与している。さらに、条約の規律対象の拡大および機能変化に対しては、
NGO の関与、他の環境条約との連携および専門機関との協力によって、財源
の確保も含め、効果的な対応が図られている。

　一方、「持続可能な利用」の主流化は、保全の担い手に焦点を当てるという
パラダイム転換によって原産国の立場を強化し、保全費用の調達やサプライ・
チェーンのグリーン化により、ビジネスの関与を高める点でも期待を集めてい
る。しかし、地域社会への利益還元の妥当性、およびトロフィーをめぐる倫理
的課題については争いがあり、深刻な対立を招いている。また、熱帯木材につ
いては、附属書Ⅱ掲載による「持続可能な管理」が受け入れられ、ITTO との

協力も進展したが、海産種の附属書掲載には根強い抵抗があり、RFMOとの関係および保全の実効性について議論は膠着している。さらに、野生生物犯罪への対処として、象牙、サイ角等については、需要削減のために国内市場閉鎖を進める諸国と、持続可能な利用を唱道する諸国との分断が深まり、地域社会のニーズをどのように考慮すべきか、という点についても見解は分かれている。種の大量絶滅の危機が現に進行するなかで、CITESのミッションの再定義が、不毛な対立を克服するメタ規範として有効に機能するか、という点はいまだ不透明であるが、いずれの論点とも深くかかわりがある日本については、変化する国際環境のもとで、従前の立場の再考を試みる必要があろう。

〈参考文献〉

1. 金子与止男「ワシントン条約」西井正弘編『地球環境条約』（有斐閣、2005年）97-113頁。
   長年、日本政府の科学アドバイザーを務めてきた著者による条約および国内実施措置の簡明かつ信頼性の高い解説である。
2. 菊池英弘「ワシントン条約の締結及び国内実施の政策形成過程に関する考察」『長崎大学総合環境研究』14号1巻（2011年）1-16頁。
   条約締結時の法的担保および1980年代の国内実施措置の再調整について、ち密な実証分析が行われている。
3. Rosalind Reeve, *Policing International Trade in Endangered Species-The CITES Treaty and Compliance*, Earthscan, 2002.
   CITESの遵守管理メカニズムの発展について具体的事案に即して解説する良書である。

【問い】

1. CITESの取引規制の実効性は締約国の許可書発給システムに依存するが、各国の管理能力にはばらつきがある。どのような制度的改善が図られてきたか。
2. 野生動植物種の「持続可能な利用」の意義と課題について、具体的事例に即して検討しなさい。
3. 日本の国内実施の特色と課題を検討し、地球環境保護という法益はどの程度、考慮されているか、適切にアップデートされているか、評価しなさい。

コラム⑫　日本の ICRW 脱退と商業捕鯨の再開

1　日本の脱退

　2018年12月26日、日本政府は国際捕鯨取締条約（ICRW）11条に基づき、同条約およびその議定書からの脱退を通告した。新聞などでは、国際捕鯨委員会（IWC）からの脱退とも表現され、IWC が ICRW に基づき設立されたことに鑑みれば、このような表現は誤りではない。しかしながら、国際法の観点からは、ICRW という条約からの脱退、と理解するのがより正確といえる。この通告により、2019年6月30日には脱退の効力が発生し、日本は非締約国として、同条約等に拘束されなくなる。そのため、日本政府は、2018年12月26日の会見において、脱退の通告を行うと同時に翌年7月からの商業捕鯨の再開を宣言したのである。

　この条約脱退と商業捕鯨再開については、国際連盟からの脱退と重ね、激しく批判する声がある。その一方で、2019年4月の世論調査によれば、肯定的に評価する声がおよそ70％に上る。批判する声は、条約からの脱退というネガティブなイメージが今後の日本外交に及ぼす影響や、商業捕鯨を行うことによって得られる利益が大きくないこと、IWC 内で議論を継続する余地があったことなどを理由としている。他方、支持する声は、脱退が環境帝国主義に対する抵抗であるとか、日本の伝統文化保護につながるといった点、さらには、変質した ICRW への正しい対応との評価を理由としている。

2　脱退の背景
（1）ICRW と捕鯨論争

　この脱退について正確に理解するためには、まず、ICRW についての理解が必要不可欠である。1946年に締結された同条約は、その前文において、①鯨類の保全と、②捕鯨産業の秩序ある発展、の二つを目的として規定している。そして、これらの目的を達成するために、IWC を設置すると同時に、鯨類に対する締約国の権利・義務について規定している。たしかに、条約上、①と②の二つが同列の目的と明示されているわけではない。そうはいっても、そもそもの条約名称が捕鯨禁止条約ではなく、取締（Regulation）条約にすぎないこと（化学兵器や拷問等は禁止条約である）、また、相反する目的を規定することは考え難いことに鑑みれば、二つの目的を両立させるための条約と解するのが素直な読み方であろう。

　しかしながら、時間の経過とともに、二つの目的のうち、①のみが強調されていく。その端緒となったのが、1972年の国連人間環境会議である。この会議で米国は、商業捕鯨のモラトリアム（一時停止）を提案した。これは、ベトナム戦争での環境破壊から注目をそらすためであったといわれている。そして、この商業捕鯨モラトリアムは1982年に IWC で採択され、1986/87年漁期より実施された。このモラトリアムが継続するなか、商業捕鯨の再開を目指す日本をはじめとする捕鯨国と、モラトリアム維持の反捕鯨国との対立構造ができ上がり、現在にいたる。

　ただし、ここで注目しておきたいのは、そもそもモラトリアムが導入されたのは、鯨類資源の管理方式に科学的疑義が呈されたから、という事実である。実のところ、この管理方式や鯨類の資源量については、当時より国家間での見解は一致していなかった。とはいえ、鯨類資源の管理方式についての科学的知見を蓄積するため、というモラトリアム導入の理由づけは、ICRW の二つの目的に合致したものであった。このことは、捕鯨国にとっては、より科学的な管理方法と資源量が十分であることを示せば、商業捕鯨の再開が認められることを意味していた。事実、モラトリアムは1990年までに再考される予定であった。

　しかしながら、その後、再考されることなくモラトリアムが長期化していくなかで、商業捕鯨を禁じる理由づけも変わっていく。ICRW の保護対象となっている13種の大型鯨類すべてが絶滅の危機に瀕しているという誤

解から商業捕鯨の再開に反対する者もいる。他方で、鯨類を特別視するがゆえに商業捕鯨の禁止を唱える声が強まると、もはや、捕鯨自体が禁止されるべき行為とみなされ、目的②についての建設的な議論は困難となっていく。

(2)　脱退へいたる経緯

2018年の第67回 IWC 総会の議長も務められた森下丈二によれば、日本が脱退にいたるまで、捕鯨国と反捕鯨国との間では四度に及ぶ和平交渉が行われた。1997年のアイルランド提案、2004年の改定管理制度パッケージ提案、2007年より構想された IWC の将来プロジェクト、2010年の議長副議長提案である。ちなみに、「南極海における捕鯨」事件（基本判例・事件⑦）はこの議長副議長提案後に開始された。そして、2018年9月に開催された IWC 総会において、日本提案が否決され、かつ、ブエノスアイレスグループの支持するフロリアノポリス宣言が採択された。

同総会における日本提案とは、捕鯨国と反捕鯨国との間での相互理解を相当程度諦め、それぞれが別の枠組みで活動することを規定する。既存の保護委員会については反捕鯨国による運用を認め、代わりに、新たに持続的捕鯨委員会を設立して、捕鯨国の活動はそちらで行おうとするものである。他方で、フロリアノポリス宣言では、商業捕鯨モラトリアムの継続や、保護委員会に予算を重点的に配分することを求めている。

日本としては、第67回総会に臨むに際し、日本提案が否決された場合の脱退は想定していたと思われる。そのようななか、フロリアノポリス宣言が採択されたことは、IWC は①のみを目的とし、同組織内において②についての議論がもはや期待できなくなったことを鮮明にした点で、脱退をより正当化しやすくさせるものでもあったといえよう。

3　日本の商業捕鯨の再開

日本が ICRW から脱退した結果、商業捕鯨モラトリアムを含む ICRW 上の義務に、日本は拘束されなくなる。だからといって、日本が完全に自由に捕鯨を行えるわけではない。たしかに、国連海洋法条約に基づけば、沿岸国は自国の領海や排他的経済水域の生物資源を管理する権限を有する。また、公海自由の原則のもと、公海上でも原則として漁業は自由に行うことができる。しかしながら、国連海洋法条約はその65条において、「いずれの国も、海産哺乳動物の保存のために協力するものとし、とくに、鯨類については、その保存、管理および研究のために適当な機関を通じて活動する（傍点筆者）」と規定している。

そのため、自国の排他的経済水域内においても、日本は「適当な機関」を通じた活動を行わなければならない。この条件を満たすために、二つの方法があるといわれている。第一に、IWC の正式メンバーではなくなるが、引き続きオブザーバーとして参加し、IWC の管理方式・制度を用いることで、IWC を通じた活動をする方法である。第二に、IWC に代わる新たな機関を設立して、その機関を通じて活動する方法である。後者に関しては、アイスランドが ICRW から一時的に脱退した際に、北大西洋海産哺乳動物委員会（NAMMCO）を設立して条約上の義務を遵守しようとしたことが参考となろう。

また、日本が長く調査捕鯨を行ってきた南極海については、南極の海洋生物資源の保存に関する条約の6条において、ICRW 上の権利・義務に影響を与えないこと、すなわち、ICRW の適用を前提とすることが規定されている。そのため、ICRW を脱退した日本としては、同条約において認められている調査捕鯨を継続することが難しくなる。

捕鯨問題は、漁業問題として扱うか、環境問題として扱うかで大きく見え方が変わる。地球環境が大事であることはいうまでもないが、ある問題を環境問題として扱うことが適切か否か、捕鯨問題は、このことを考えるうえでも良い教材といえる。ただし、その前提として、あるいはその帰結としての、法的な問題を正確に理解することもまた重要である。

（瀬田　真）

コラム⑬　ウナギの国際取引規制

1　IUCNレッドリストとウナギ

　2014年6月、IUCN（国際自然保護連合）はニホンウナギの絶滅危惧ⅠB類（Endangered）への掲載を発表、このことは国内でも広く報じられた。IUCNは同年11月にもアメリカウナギを絶滅危惧ⅠB類に指定し、ヨーロッパウナギについては2008年に自然に生息するものとしては最上位のカテゴリーである絶滅危惧ⅠA類（Critically Endangered）に掲載している。ニホンウナギと同じⅠB類にはシロナガスクジラ、トキなどが掲載されており、異なる種の絶滅リスクを単純に比較することはできないが、これらの種とカテゴリー上は同等あるいはそれより上に指定されるほど、ウナギの現状は深刻であるといえる。

2　国連海洋法条約と関係国の取組み

　ウナギは海で産卵し、海での回遊の後河川を遡上し、成長後産卵のために再び海に戻ってゆく。国連海洋法条約では、このように海で生まれ河川に遡上し再び海に降るものを「降河性の種」として、その生活史の大部分を過ごす水域の所在する沿岸国が当該種の管理について責任を有するとし（67条1項）、降河性の種の漁獲は排他的経済水域内で行わねばならないと定めている（同条2項）。したがって同条約上ウナギの公海での「沖捕り」はできない。加えて、降河性の魚が稚魚または成魚として他の国の排他的経済水域を通過して回遊する場合には、漁獲を含め当該魚の管理は、当該種がその生活史の大部分を過ごす水域の所在する沿岸国と当該他の国との間の合意によって行わなければならないと規定している（同条3項）。同条約は沿岸国に対し、自国が入手することのできる最良の科学的証拠を考慮し、排他的経済水域における生物資源の維持が過度な開発によって脅かされないことを適当な保存措置および管理措置を通じて確保することも求めている（61条2項）。

　ニホンウナギの沿岸国・地域である日本、中国、台湾は2012年に「ニホンウナギの国際的資源保護・管理に係る非公式協議」を開催、翌2013年にはこれに韓国等も参加、2015年漁期以降養殖池に入れる稚魚の量を直近の数量から2割削減するとともに、法的拘束力のある枠組みの設立の可能性について検討するとの共同声明を2014年9月に発表している。しかし直近の2014年漁期の稚魚池入れ量は過去数年に比べ突出して多く、有効な規制がされていると言い難い。法的拘束力ある枠組みについても現在までのところ何らの進展もみられず、中国は2015年以降非公式協議を欠席している。台湾では現在ニホンウナギは絶滅危惧ⅠA類に指定されており（Gollock et al., 2018, p.27）、稚魚の輸出は原則として禁止されているが、香港に密輸されたうえで日本などに輸出されていることは関係者なら誰もが知る事実である。現在の国内ウナギ消費量のうち養殖が99%以上を占めており、ウナギの養殖は天然で採捕される稚魚に依存しているが、2010/2011年漁期から2019/2020年漁期に日本の養殖池に池入れされた稚魚のうち44〜84%は国内未報告漁獲、もしくは台湾からの密輸由来のものが大半と推定される香港からの輸入である（図参照）。ニホンウナギの沿岸国は国連海洋法条約における管理についての責任を十分に果たしているとは言い難い。

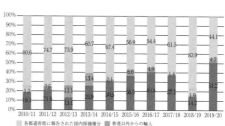

日本の養殖池に池入れされたウナギの稚魚の割合（%）
（データ出典：水産庁「ウナギをめぐる状況と対策について」〈2021年〉財務省貿易統計）
＊20XX/YY年の輸入は、20XX年7〜12月と20YY年1〜6月の輸入分の値

3　ウナギとワシントン条約

　ヨーロッパウナギについては2007年のワシントン条約締約国会議で附属書Ⅱへの掲載が決定し、2009年3月より規制が実施されている。条約の附属書Ⅰには絶滅のおそれがあり取引による影響を実際に受けている、あるいは受ける可能性があるものが掲載されるものとされ（2条1項）、掲載された場合商業的な国際取引はできなくなる。附属書Ⅱには、現在必ずしも絶滅のおそれはないが、その存続を脅かすこととなる利用がなされないようにするためにその標本の取引を厳重に規制しなければ絶滅のおそれのある種等が掲載されるものとされ（2条2項）、掲載された場合、輸出入に際し輸出国の許可書発給が必要となる（4条2項）。

　ヨーロッパウナギの掲載は附属書Ⅱであることから、輸出国発給の許可書があれば輸出入可能だが、条約では輸出国が許可書を濫発しないよう制約をかけている。すなわち締約国は「科学当局」（Scientific Authority）の指定が義務づけられており（9条1項）、輸出の許可に際し輸出国の「科学当局」が輸出が当該種の存続を脅かす（detrimental to the survival of that species）こととならないと助言を行う必要がある（4条2項(a)）。この助言は「無害証明」（non-detriment finding: NDF）と呼ばれる。EU諸国は現状の資源量ではNDFを行うことはできないとして2010年12月以降輸出許可書を発給していない。したがって現在NDFを付した後輸出されているヨーロッパウナギは北アフリカ産等に限られている。

4　ワシントン条約の履行確保メカニズム

　ワシントン条約では締約国会議で採択された決議等に基づき、履行確保のためのメカニズムを発展させており、最も厳しい措置として附属書に掲載されている特定の種あるいはすべての種に対する取引停止勧告が行われる。NDFについては2002年の第12回締約国会議で採択された決議Conf. 12.8により「顕著な取引に関するレビュー」（Review of Significant Trade: RST）と呼称される是

正メカニズムが規定されている。RSTではまず、条約事務局がワシントン条約の貿易データベースの分析をもとにNDFが適正に行われているかレビューすべき国・種の素案を選定、これをもとに動物・植物委員会がレビュー対象国・種を決定する。次に、事務局はレビュー対象国・種の取引状況やNDFを調査し、是正措置勧告が必要か否かの素案を策定し、これをもとに動物・植物委が適宜レビュー対象国に是正措置勧告を行う。事務局は是正措置勧告の履行状況を調査し常設委員会に報告、常設委員会は必要であれば取引停止等の措置を締約国に勧告する。ヨーロッパウナギについてもRSTが行われており、2018年の第30回動物委員会がアルジェリア、モロッコ、チュニジアに対しNDFが適切でないとして是正措置勧告を行っている。

5　附属書掲載基準とニホンウナギの今後

　附属書ⅠおよびⅡの掲載基準は条約上の規定のほかに決議Conf. 9.24（Rev. CoP17）により詳細に定められている。商業利用される海産種についてはFAOが専門家諮問パネルを立ち上げ、掲載提案ごとにConf. 9.24に定められる生物学的基準を満たしているか検討し、締約国会議の審議の際その結果が報告される。附属書は締約国による3分の2の多数決で改正される。

　ニホンウナギに関しIUCNは、当該種の3世代時間（30年）で50％以上の減少が推定されることを理由として絶滅危惧種ⅠB類に掲載しており、最上位のⅠA類にすべきではないかとの議論も行われた（海部、2016年、39頁）。現在の資源状況を鑑みた場合、加盟国から今後ニホンウナギの附属書掲載提案がなされた場合、採択される可能性は十分ありうるといえる。

〈参考文献〉

Matthew Gollock, et al., "Status of non-CITES listed anguillid eels," AC30 Doc. 18.1., Annex 2, 2018.

海部健三『ウナギの保全生態学』（共立出版、2016年）。　　　　　　　　　　（真田　康弘）

13章　有害廃棄物の越境移動

鶴田　順

1.　有害廃棄物の越境移動をめぐる問題状況

　有害廃棄物の国境を越える移動は、1970年代より欧米諸国を中心にしばしば行われてきたが、1980年代に入り、欧米諸国から環境規制の緩いあるいは規制のない発展途上国に、有害廃棄物が輸出され、現地で住民の健康に被害を及ぼすおそれのある汚染（水質汚染や土壌汚染）を引き起こす事件が多発するようになっていた。たとえば、1988年に、イタリアから、PCBやダイオキシン等を含む有害廃棄物が建築材料という名目で輸出されてしまい、ナイジェリアのココに投棄されるという事件が発生した（いわゆる「ココ事件」）。先進国から発展途上国へ廃棄物の輸出がなされる理由は、先進国における処分能力の物理的限界（最終処分場のひっ迫等）、法規制の厳格化、処分費用の高騰、発展途上国側の廃棄物輸入による外貨獲得等である。

　有害廃棄物の越境移動をめぐる問題状況の改善にいち早く取り組んだのは、経済協力開発機構（OECD）であった。OECDは1984年に「有害廃棄物の越境移動に関する理事会決定及び勧告」を採択し、後述するバーゼル条約でも採用された「事前通告と同意」という手続を有害廃棄物の越境移動の条件とする勧告を行い、1986年には「OECD地域からの有害廃棄物の輸出に関する理事会決定及び勧告」を採択し、OECD加盟国から非加盟国への有害廃棄物の越境移動の規制を決定した。日本は1964年にOECDに加盟しており、OECD加盟国との有害廃棄物の越境移動についてはOECD理事会決定に従っている。OECD理事会決定とバーゼル条約を比べると、OECD理事会決定のほうが規制対象が限定的である。たとえば、電子基板はOECD理事会決定では「グリーン・リスト」に掲げられ、自由に国際取引できることとなっている。

　OECD と国連環境計画（UNEP）を中心に広く国際的に有害廃棄物の越境移動を規制する条約の検討が進められ、1989年３月に「有害廃棄物の国境を越える移動及びその処分の規制に関するバーゼル条約」が採択された。バーゼル条約は1992年５月に発効した。2021年６月末現在、締約国数は188カ国、EU およびパレスチナである。日本については、1992年12月にバーゼル条約の締結が国会で承認され、1993年12月に発効した。

　地域的条約としては、たとえば、1991年１月に、アフリカ外からアフリカへの有害廃棄物の越境移動を禁止し、アフリカ域内での有害廃棄物の越境移動も禁止する「国境を越えてアフリカに持ち込まれる危険廃棄物に関するバマコ条約」が採択された。

　また、有害廃棄物の越境移動を規制する二国間条約としては、アメリカがカナダ、メキシコ、コスタリカ、マレーシア、フィリピンと締結した二国間協定等がある。なお、日本と台湾の間の有害廃棄物の取引については、2005年に、民間レベルの協定（財団法人交流協会〈日本側〉と亜東関係協会〈台湾側〉の協定）として、バーゼル条約に準じた「日台間の有害廃棄物等の移動、処分の規制に関する民間取決め」が締結されている。

2.　バーゼル条約による有害廃棄物の越境移動の規制

　バーゼル条約は、「有害廃棄物」と「他の廃棄物」等の国境を越える移動を規制している（条約１条）。バーゼル条約における「有害廃棄物」とは、条約附属書Ⅳに掲げる「処分」（後述する）を行うために輸出されまたは輸入されるものであって、条約附属書Ⅰに掲げるもの（①「廃棄の経路」により規定される18種類の廃棄物〈医療廃棄物、有機溶剤の製造等から生じる廃棄物、PCB 等を含む廃棄物等〉と②六価クロム化合物、砒素、セレン、テルル、カドミウム、水銀、鉛や石綿等の成分を含有する27種類の廃棄物）であり、かつ、条約附属書Ⅲに掲げる「有害な特性」（爆発性、酸化性、毒性、腐食性や生態毒性等）を有するものである（図13-1参照）。条約附属書Ⅳに掲げる「処分」は、「地中又は地上への投棄」や「陸上における焼却」等の最終処分のみでなく、資源回収や再生利用等を含む作業である。そのため、たとえば、使用済み電気・電子機器で鉛を含有するものにつ

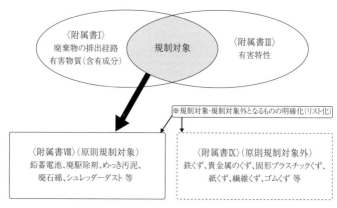

図13-1　バーゼル条約の規制対象である「有害廃棄物」の同定のあり方
（出典：環境省環境再生・資源循環局廃棄物規制課・経済産業省産業技術環境局
資源循環経済課『廃棄物等の輸出入管理の概要』〈2021年3月〉2頁から）

いては、中古品としてそのまま利用（リユース）する場合にはバーゼル条約の
規制対象とはならないが、使用済み電気・電子機器から鉛等の資源を回収する
場合には規制対象となる。

　1995年に開催されたバーゼル条約第3回締約国会議（COP3）でいわゆる
「BAN改正」（本章第3節参照）が採択されたことを受けて、締約国会議のもと
に設置された技術作業部会による「有害廃棄物」に該当するか否かを具体的に
示すリスト作成の作業が加速した。1998年に開催されたCOP4において、附
属書Ⅷ（原則として規制対象となる物を掲げるリスト）と附属書Ⅸ（原則として規制
対象外となる物を掲げるリスト）が採択されている[1]。

　また、バーゼル条約における「他の廃棄物」は、これまでは条約附属書Ⅱに
掲げられている「家庭から収集される廃棄物」（Y46）と「家庭の廃棄物の焼却
から生ずる残滓」（Y47）の2種類のみであった。

　2019年5月開催のCOP14では、プラスチックごみをめぐる問題状況を受け
て、附属書Ⅱに「プラスチックごみ」（Y48）を追加するなどの改正案が採択さ
れた（BC-14/12、改正附属書は2021年1月1日発効）。この改正では、条約の規制
対象である「有害廃棄物」のリストである附属書Ⅷに廃棄の経路や成分などか

1）　バーゼル条約附属書Ⅷと附属書Ⅸの採択については、上河原献二「有害廃棄物の越境移動に
　関するバーゼル条約」西井正弘編『地球環境条約』（有斐閣、2005年）232-233頁．

ら有害特性を示すプラスチックごみが追加され、また条約の非規制対象リスト
である附属書Ⅸに「環境に適切な方法でリサイクルすることを目的とした、汚
染物や他の種類のごみがほとんど混入していないプラスチックごみ」（附属書Ⅸ
B-3011）が追加され、これらを踏まえて附属書Ⅱに附属書Ⅷと Ⅸ以外のプラス
チックごみが追加された。附属書Ⅱ改正で追加された「プラスチックごみ」
は、廃棄の経路や成分などから有害特性を示さないが、汚れているか他の種類
のごみが混入しているため、リサイクルに適さないプラスチックごみが該当す
る。バーゼル条約は2019年の附属書改正以前から「他の廃棄物」の移動も規制
し、その「他の廃棄物」には「家庭から収集される廃棄物」（Y46）も含まれて
いた。そのため、2019年の附属書改正は、新たな規制対象を設けたのではな
く、「家庭から収集される廃棄物」からプラスチックごみを横出しして既存の
規制対象の明確化を図ったもの、それにより、水際での規制執行の確保・向上
を企図したものといえる（プラスチックごみ問題については**コラム⑧**参照）。

　なお、放射能を有する廃棄物（放射性廃棄物）は、バーゼル条約の規制対象
外とされている（条約1条3項）。放射性廃棄物の越境移動については、1997年
に採択された「使用済燃料管理及び放射性廃棄物管理の安全に関する条約」等
によって規制されている。

　バーゼル条約は、その規制対象である「有害廃棄物」と「他の廃棄物」（以
下「有害廃棄物」と「他の廃棄物」を合わせて「有害廃棄物等」）の越境移動を禁止
するのではなく、人の健康や環境を害することがないようなかたちでの越境移
動を確保することを目的としている。そのような越境移動を確保する方策とし
て、バーゼル条約は「事前通告と同意」という手続を採用した（同4条1項(c)、
6条1項と同2項）。すなわち、輸出（予定）国から輸入（予定）国に対して有害
廃棄物等の輸出計画についての通告が事前に書面でなされ、輸入（予定）国か
らの書面による同意を得たうえで、輸出（予定）国において輸出の許可がなさ
れ、輸出が開始されるという手続である。輸出（予定）国は、輸入（予定）国
から書面による同意を得られない場合には、輸出を許可せず、または輸出を禁
止する義務を負う（同4条1項(c)）（図13-2参照）。

　バーゼル条約の交渉過程で先進国と発展途上国の間で議論が紛糾した論点の
一つは、バーゼル条約6条2項のもとで「事前通告と同意」の手続を踏まえる

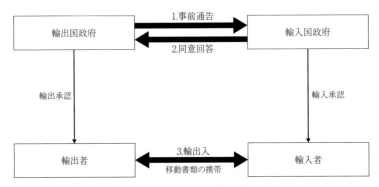

図13-2　バーゼル条約の「事前通告と同意」の手続（出典：環境省環境再生・資源循環局廃棄物規制課・経済産業省産業技術環境局資源循環経済課『廃棄物等の輸出入管理の概要』〈2021年3月〉3頁から）

対象となる「通過国」に、有害廃棄物等を積載した外国船舶が自国の港に入港等せず自国の領海を通航されるだけの国を含むか否かであった。これを「含む」としてしまうと、当該外国船舶が国際法上（国際慣習法および国連海洋法条約17条のもとで）有している「領海の無害通航権」（外国船が、沿岸国の平和・秩序・安全を害さないという条件で、沿岸国の許可を得ることなく領海を通航する権利）が制限されてしまう可能性があるため争点となった。交渉の結果、バーゼル条約4条12項に先進国が主張する「航行上の権利及び自由」と発展途上国が主張する「領海に対する国の主権」の双方に配慮した規定を置くことで両者の妥協が図られた。

　「事前通告と同意」のような手続を踏まえずに行われた有害廃棄物等の越境移動は「不法取引」（illegal traffic）と定義され（同9条1項）、締約国は、このような不法取引を防止し処罰するために、適当な国内法令を制定する義務を負う（同9条5項）。また、より一般的に、バーゼル条約は、「締約国は、この条約の規定を実施するため、この条約の規定に違反する行為を防止し及び処罰するための措置を含む適当な法律上の措置、行政上の措置その他の措置をとる」（同4条4項）と規定し、締約国に対して国内法整備等の措置を講じる義務を課している。このような義務は、各国の国内法やその執行のあり方が有害廃棄物等の越境移動に関する問題状況の原因となっているという側面があり、他方で、そのような問題状況を克服するためには、各国の国内法のあり方を調整する必

要があるため、条約によって設定されているといえる。

　このように、バーゼル条約は、有害廃棄物等の越境移動を禁止するのではなく、あくまでもその適正な移動を確保することを目的とする条約であるが、条約の発効後も、有害廃棄物等が「事前通告と同意」の手続を踏まえずに輸出されてしまった事案や、「再生可能資源」や「中古品」と称して輸出された貨物が輸出先国の税関で通関できずに返送（シップ・バック）されている事案など、有害廃棄物等の不適正な越境移動が発生している。

　なお、バーゼル条約12条は、締約国は有害廃棄物の越境および処分から生ずる損害に対する責任および補償に関する規則と手続を定める議定書採択のために協力すると規定しており、これを受けて、1999年に開催されたCOP 5で「有害廃棄物の国境を越える移動及びその処分から生じる責任及び補償に関するバーゼル議定書」が採択された。議定書は20番目の批准書等を寄託者が受領した後90日目に発効することとなっている。2021年6月末現在、締約国数は11カ国（ボツワナ、コロンビア、コンゴ民主共和国、コンゴ共和国、エチオピア、ガーナ、リベリア、サウジアラビア、シリア、トーゴとイエメン）とパレスチナであり、日本は締結していない。

3.　1995年のBAN改正の採択

　1995年9月に開催されたCOP 3では、有害廃棄物等の越境移動をめぐる問題状況を克服すること等を目的として、バーゼル条約の締約国で附属書Ⅶに掲げられた国（OECD加盟国、ECの構成国およびリヒテンシュタイン）（以下「附属書Ⅶ国」とする）からそれ以外の国（以下「非附属書Ⅶ国」とする）へのあらゆる有害廃棄物の輸出を一般的かつ全面的に禁止する規定を追加する条約改正決議（BAN改正）が採択され、2019年12月に発効した。

　BAN改正の発効要件はバーゼル条約17条5項に「改正を受け入れた締約国の少なくとも4分の3」の国の批准等の書類がバーゼル条約の寄託者である国連事務総長によって受領されることで発効すると規定されているが、この4分の3の数え方について締約国間で見解の対立が生じた。BAN改正の発効要件の解釈問題については、2011年10月に開催されたCOP 10において、同条項の

文言は「改正が採択された時点で締約国であった締約国の4分の3」を意味するものと解釈すべきであるとする決議が採択されて決着をみた[2]。BAN改正は2019年12月に発効した。

　BAN改正については、その採択に係る過程で、バーゼル条約とBAN改正の規制対象物である有害廃棄物の範囲についてなど、さまざまな論点について議論がなされたが、とりわけ議論となった次の二つの論点、①附属書Ⅶ国と非附属書Ⅶ国との間で「二国間の、多数国間の及び地域的な協定又は取決め」（バーゼル条約11条1項）（二国間協定等）を締結した場合におけるバーゼル条約、BAN改正と二国間協定等の三者の適用関係、②附属書Ⅶに国名を追加するにあたっての基準については、BAN改正が発効するまで議論を行わないこととして問題を先送りした。

　なお、日本はBAN改正を締結していない。日本政府は、バーゼル条約の締約国を附属書Ⅶ国と非附属書Ⅶ国とに分類し、適切な処理能力を有する非附属書Ⅶ国への輸出を全面的に禁止してしまうことは再生可能資源の有効利用を阻害する可能性があるとして、BAN改正の採択時からBAN改正の批准に慎重な立場をとっている[3]。

4.　有害廃棄物の越境移動をめぐる国際法の展望

　1990年代には、バーゼル条約やBAN改正のように、有害廃棄物の「汚染性」に着目し、その越境移動を抑制することに国際的な議論の重点が置かれてきた。しかし、2000年代に入ってから廃棄物や再生可能資源の「資源性」が着目され、貿易障壁の低減等が議論されるようになった。

　バーゼル条約では、2008年6月に開催されたCOP9でインドネシアとカナダが呼びかけ、Country Led Initiative（CLI）という取組みが始まった。CLI

2）　BAN改正の発効要件の解釈問題については，鶴田順「バーゼル条約95年改正をめぐる法的課題」小島道一編『国際リサイクルをめぐる制度変容』（アジア経済研究所，2010年）213-236頁.

3）　2006年12月5日の第165回国会参議院外交防衛委員会における由田秀人環境省大臣官房廃棄物・リサイクル対策部長（当時）の答弁（『第165回国会参議院外交防衛委員会議録第7号』6頁）参照.

では、BAN 改正の発効要件の解釈問題について見解の対立に関連して、BAN 改正の本来の目的である有害廃棄物の処理能力のない発展途上国をいかにして守るかが検討された。CLI における検討を通じて、2006年の「事前通告と同意」の手続を踏まえた輸出入に関する統計によると、先進国から途上国への有害廃棄物の越境移動量は全世界の越境移動量の0.3％程度であること、途上国から途上国への移動量は先進国からの途上国への移動量の約26倍であることなどが明らかとなった。また、「事前通告と同意」の手続を踏まえた移動は適切にリサイクルする施設に受け入れられていると考えられる一方で、「事前通告と同意」の手続を踏まえず、中古品としてそのまま使用（リユース）するという名目等で輸出されてしまっている有害廃棄物に問題があることが指摘された。そのうえで、リサイクル目的での有害廃棄物の円滑な越境移動を可能にするために、適切にリサイクルできる施設に関する認証制度を導入することなどが議論された。

　越境移動が水質汚染や土壌汚染などの環境問題や健康被害を引き起こしている使用済み電子・電気機器（パソコンやモニターなど）については、2013年5月に開催された COP11において、使用済み電気・電子製品を条約の規制対象外と判断するための基準である「E-Waste 及び使用済み電気・電子機器の国境を越える移動、特にバーゼル条約における廃棄物と非廃棄物の区別に関する技術ガイドライン案」が検討された。使用済み電気・電子機器の輸出について、アフリカや中南米諸国は、輸出前の時点で通電検査等の正常に作動することを確認するための検査（機能性検査）が行われていない場合は、有害廃棄物として扱うべきであると主張した。それに対し、日本は、中古品としてリユースすることを目的とした輸出については、輸出先国において中古品として利用されるか否かを追跡・検証できるようなシステム（トレーサビリティ・システム）を構築できているのであれば、輸入先国における機能性検査を認めるべきであると主張したが、広範な支持を得るにはいたらなかった。結局、COP11では基準のあり方について決着をみず、2015年5月開催の COP12では技術ガイドラインが暫定的に採択され、2017年4月開催の COP13では技術ガイドライン検討のための専門家作業グループの設置が決定された。2019年4月開催の COP14では技術ガイドラインの改正案を採択した。

　このように、バーゼル条約の近年の COP の議論においては、有害廃棄物を処理・処分の対象とみなし、越境移動の負の側面を強調してきた1990年代の議論から、リユース名目の不適正な越境移動の防止を図りつつ、有害廃棄物を再生可能資源として有効に利用するという本来の条約目的に沿った議論が行われつつある。この背景には、資源需要の増大と資源価格の高騰から資源の有効利用を進めていかなければならないという事情や、途上国における廃棄物・リサイクル関係法制とその執行体制の整備が進み、廃棄物・リサイクル産業が発展するなど、適正な国際資源循環を実現する環境が整いつつあることがあげられる。

　　〈参考文献〉
　1．ビル・モイヤーズ編、粥川準二・山口剛共訳『有毒ゴミの国際ビジネス』（技術と人間、1995年）。
　　　　1989年のバーゼル条約の採択にいたる有害廃棄物の越境移動をめぐる1980年代の問題状況が具体的に描かれている。原書は1990年刊行であるが、終章では近年社会問題化しているプラスチックごみ問題が取り上げられ、リサイクルよりも使用削減（リデュース）が重要であるとの指摘がなされている。
　2．小島道一『リサイクルと世界経済』（中央公論新社、2018年）。
　　　　廃棄物、再生可能資源と中古品それぞれの国際取引の現状と課題を具体的に明らかにし、国際的なリユース・リサイクルの展望を描いている。
　3．鶴田順「有害廃棄物の越境移動に関する国際条約の国内実施」『論究ジュリスト』7号（2013年秋号）39-45頁。
　　　　国家間で発生した有害廃棄物等の不適正な越境移動事案を通じて顕在化した日本におけるバーゼル条約の実施の課題を指摘し、その克服策について述べている。
　4．島村健「バーゼル法改正」『環境と公害』（2018年1月号）52-58頁。
　　　　日本におけるバーゼル条約の実施のための法律である「特定有害廃棄物等の輸出入等の規制に関する法律」（平成4〈1992〉年法律108号）の平成29（2017）年6月16日公布の一部改正の内容、意義と残された課題について述べている。

　　【問い】
　1．1989年にバーゼル条約が採択されるにいたった有害廃棄物の越境移動をめぐる問題状況とはどのようなものであったか。
　2．バーゼル条約は有害廃棄物等の不適正な越境移動をいかなる方法で防止しようとしているか。
　3．使用済みの電子・電気機器が国際的に取引されていることの意義と課題とは何か。

コラム⑭　船舶解体の規制

1　船舶解体をめぐる問題状況

　船舶解体業は、1990年代前半に、日本、台湾、韓国等の東アジア諸国からインド、バングラデシュ、パキスタン等の南アジア諸国に、その世界的な中心地が移行した。2014年のこれらの南アジア諸国の解体実績（解体した船舶のトン数の合計値）の世界シェアは、インド29.8％、バングラデシュ24.2％、パキスタン18.0％であった。これらの国々では干満差を利用して船舶を自力で座礁させて潮間帯に船舶を解体する「ビーチング」という手法で船舶解体が行われている。

　ビーチングによる船舶解体では、爆発・火災事故や解体作業者の高所からの転落等、解体作業者の多くが危険で不衛生な環境で作業に従事しているという労働安全の問題、また、船舶に搭載されたアスベストの飛散、ポリ塩化ビフェニル（PCB）等の環境に残留しやすい有機汚染物質、船舶のスクリューの腐食を防ぐために使用されていた亜鉛や船底への貝類や海藻等の付着を防ぐために船底塗料に使用されていた有機スズ化合物であるトリブチルスズ（TBT）等の重金属類、廃油等による海洋環境汚染の問題が生じていた。

2　問題状況への対応

　船舶解体が有するこのような問題状況に対処するために、バーゼル条約（⇒13章）の事務局が置かれている国連環境計画（UNEP）、船舶解体の労働安全問題に関心を有する国際労働機関（ILO）、そして、代表的な海事関連の国際機関である国際海事機関（IMO）等の国際機関が検討を行い、それぞれの機関で法的拘束力を有さないガイドラインが採択された。

3　シップ・リサイクル条約の採択

　バーゼル条約はリサイクル目的で行われる船舶の輸出も規制しているが、一般的な有害廃棄物とは異なり、船舶は解体が行われるヤードまで自らの機能で移動できるという特徴を有し、そもそもバーゼル条約の定立過程でリサイクル目的での船舶の越境移動への適用は想定されていなかったため、バーゼル条約によってリサイクル目的での船舶の越境移動を規制するのは実際には困難であった。

　そこで、2005年2月にIMO本部でILOとIMOの船舶解体に関する合同作業部会が開催され、船舶解体が有する労働安全問題や環境問題を改善・克服するための新たな条約を策定することが決定され、2009年5月に「安全かつ環境上適正な船舶のリサイクルのための香港国際条約」（シップ・リサイクル条約）が採択された。

4　シップ・リサイクル条約とは

　シップ・リサイクル条約は、船舶解体が有する労働安全問題や環境問題を改善・克服するために、締約国に対して条約に適合する船舶を条約に適合するリサイクル施設でのみリサイクルすることを法的に義務づける条約である。条約の規制対象は、排他的経済水域を越えて航行する条約の締約国を旗国とする国際総トン数500トン以上の船舶と締約国国内にある「船舶リサイクル施設」である。

5　有害物質インベントリー

　条約の規制対象船舶は「有害物質インベントリー」の作成と維持管理を求められる。インベントリーとは、船舶に使われている有害物質の所在位置、種別や概算量等を記載した一覧表であり、解体時にリサイクル施設に提示されることとなる。

　条約発効後に建造契約が交わされる新造船については、造船所が船用機器メーカー、部品メーカーや材料メーカー等から使用した有害物質情報の提供を受けて船舶に搭載されている有害物質（アスベスト、オゾン層破壊物質、PCB、TBT類、カドミウム、六価クロム、鉛、水銀等の13種の物質）についてインベントリー第1部を作成し、旗国政府の主管庁もしくは船級協会から新造船の就航前に初回検

査を受けて、「インベントリー国際証書」を取得しなければならない。

すでに就航している船舶（現存船）については、条約発効後5年以内にインベントリーを作成し、新造船と同様に、旗国政府の主管庁もしくは代行機関（主に船級協会）から初回検査を受けて証書を取得しなければならない。ただし、現存船の場合は船舶内に存在する有害物質のすべてを正確に調査することは困難であるため、条約で船舶への搭載が禁止されている4種の有害物質（アスベスト、オゾン層破壊物質、PCB、TBT類）についてのみ調査することとなった。

6　船舶リサイクル施設

シップ・リサイクル条約は、船舶のみでなく、締約国国内にある船舶リサイクル施設も規制対象としている。船舶リサイクル施設は施設・設備の概要や解体・リサイクルの手順等を詳細に記した「船舶リサイクル施設計画」を作成し、所在国の主管庁もしくは船級協会から承認を受けなければならない。承認を受けた船舶リサイクル施設が条約の規制対象船舶を解体・リサイクルする場合には、条約に適合した船舶であって、解体・リサイクルすることを承認された船舶以外は受け入れてはならない。また、承認を受けた船舶リサイクル施設は、解体作業者や施設周辺の住民に健康上の危険を及ぼさないように、船舶解体・リサイクルによる人体および環境への悪影響を防止・減少・最小化し、そして実行可能な範囲でなくすように、管理システム等を確立しなければならない。

7　EPRの採用

このように、シップ・リサイクル条約は、造船業界に船舶解体を視野に入れた設計・資材選定・製造・艤装を求める条約であるといえる。シップ・リサイクル条約にみられる製品の製造過程への着目は、「拡大生産者責任」（EPR）という考え方によって基礎づけられるものである。EPRとは、2001年のOECDガイダンスマニュアルによれば、「製品に対する生産者の責任を、物理的および／または

金銭的に、製品のライフサイクルにおける消費後の段階まで拡大させるという環境政策アプローチ」である。EPRは、製品に対する生産者の物理的責任（使用後の製品の回収・処理・リサイクル等の実施の責任）と金銭的責任（使用後の製品の回収・処理・リサイクル等の費用の支払いの責任）を製品の使用後の段階まで拡大することにより、天然資源の採取、製造、製品の使用、製品の使用後の各段階で発生する環境負荷をできるだけ小さくするように配慮した「環境配慮設計」（DfE）の採用を促進し、それにより、廃棄物の発生・排出の抑制、適正処理やリサイクルを効率的に実現するための理念である。生産者に責任を課すのは、生産者が製品の材料選択やDfEの採用をはじめとして製品の環境負荷の削減に資する能力・情報を最も有している主体であることが多いからである。

8　条約採択後の船舶解体の動向

シップ・リサイクル条約は、2021年8月末現在、未発効である。日本は2019年3月に条約加入書をIMOに寄託した。ただ、IMOで条約の実施に必要な各種ガイドラインの整備が完了したこともあり、条約の発効を待たずに、船主、船級協会、リサイクル施設、造船所、船用機器メーカー等の多くの関係アクターが条約が設定した義務や基準を自主的に履行・実施し始めたことから、条約が目指す船舶解体が徐々に実現されつつある。

（鶴田　順）

「パキスタンの海岸にあるタンカー解体現場で起きた大規模火災」（2016年11月1日撮影、AFP＝時事）

14章　貿　易

小林　友彦

1．はじめに

　経済のグローバル化が地球環境に及ぼす影響について、本章ではとくに貿易との関連に焦点を当てる。具体的には、貿易を促進することが環境保護のためにどのように役立つのか、逆に貿易がどのような形で環境損害の脅威となるのかについて、多面的な評価が必要であることを示そうとする。

　さて、「貿易」とは、国境を越えてなされる取引のことを指す。そして「取引」とは、営利目的で物品またはサービス（役務）の提供がなされ、その対価の支払いがなされる双方向的な行為である。国内での取引と同様、貿易も合意に基づいてなされる。そのため、外国への食糧援助や汚染物質の海洋投棄等は、物品の越境移動ではあるものの、貿易ではない。その一方で、廃棄物であっても、国境を越えて有料で取引される場合は貿易となりうる（⇒13章 **2.**）。また、貿易の対象は物品に限られない。形のある物品（象牙や鯨肉等）だけでなく、サービス（水質浄化システムや新幹線運行システム等）や、形のない資源（伝統的知識等）（⇒11章 **5.**）も貿易されうる。

　たしかに、経済活動の活性化が世界の環境汚染を進めることが多くあった（⇒7章～13章）。とはいえ、貿易の促進・円滑化と環境の保護との関係を考える際には、二者択一の問題としてではなく、それぞれ重要な価値だと認めつつ、どのように両者のバランスをとるかを考える必要がある[1]。次節以降では、貿易が環境保護と関わる場面をいくつか取り上げて、その相互関係の特徴を浮かび上がらせたうえで、現代的な意義と課題を示す。

---

1)　トマス・J・ショーエンバウム「国際貿易と環境保護」パトリシア・バーニー／アラン・ボイル『国際環境法』（慶應義塾大学出版会，2007年）789頁以下参照.

2.　環境保護のための貿易規制

(1)　概説

　本章では、私的行為として行われる貿易に焦点を当てる。資源管理や安全保障などの政策目的から国家自体が貿易主体となる貿易（国家貿易）や、政府が購入主体となる政府調達もあるが、世界貿易の大半は営利目的でなされる私的取引としてなされているからである。それゆえ、当事者間の距離の遠さや国による通貨・規格の違いといった障壁はあるものの、国内での取引と同様に、買手はできるだけ品質の高い物品やサービスをできるだけ安い価格で手に入れたいと考えると想定される。逆に、売手はできるだけ低コストで生産し、できるだけ高く売りたいと考えるであろう。いずれにせよ、貿易が行われるためには、そのような当事者の双方が満足するような内容で合意に至ることが必要となる。たとえ世界貿易機関（WTO）協定（1995年発効）や各種の自由貿易協定（FTA）等によって貿易自由化が進んでも、買手が望まないものを売手が一方的に押し付けるようなことはできない。

　ただし、売買を行う当事者の間では満足していても、それ以外の人・国・環境に悪影響（いわゆる「負の外部性」）を生じさせることはありうる。たとえば、病原菌に汚染された食品を低額で輸入し、その情報を隠して国内では市場価格で販売すれば、消費者の健康が損なわれる。また、厳しくなる廃棄物処理規制を逃れようとして規制の緩い国に廃棄物を輸出すれば、その国の環境を悪化させる効果がある。いずれの例でも、売手と買手は貿易内容に満足していたとしても、それ以外の人々や環境に悪影響が生じうるのである。

　だからといって、貿易活動が常に環境保護に悪影響を及ぼすものだと考えるのは早計であろう。まず、国内で自給自足しようとすれば、かえって環境破壊を生じさせることもありうる。たとえば、日本で天然ガスを輸入する代わりに国産の燃料のみ使用しようとすれば、大気の汚染、保水機能の低下、二酸化炭素吸収源の減少といった悪影響が生じることが予想できる。逆に、物品やサービスがスムーズに国境を越えて移動できるほうが、より効率的で環境保護に資するような仕組みの確立に役立つこともありうる。たとえば、生態系への悪影

響の恐れが小さくかつ高付加価値な野菜の輸出入がしやすくなれば、それらの生産が世界的に普及・拡大することも期待できる。また、優れた再生可能エネルギー発電の技術を開発した競争力のある企業が貿易障壁なしに他の国に進出しやすくなれば、より環境に優しい技術の発展を促すものと期待される。

(2)　規律の態様

①　**貿易すること自体の規制**　　貿易から生じる悪影響を防止するために考えられる最も直接的な選択肢として、特定の物品の貿易を制限するという方法がある。

　もちろん、貿易規制だけが決め手になるとは限らない。たとえば、乱獲や密猟によって絶滅の危機に瀕している野生動植物を保護するためには、まずは乱獲や密猟行為それ自体を禁止するよう締約国に義務づける条約を作成するという方法が考えられる。しかしながら、いかに強い国際的義務を課しても、国内での履行確保が難しいことがままある（⇒5章）。たとえば、それらの動植物が国内または外国の市場において高値で売れるような状況であれば、刑罰による抑止がうまく働かない場合もある。また、隣国と陸続きであれば国外からの密猟者の流入や禁制品の密輸出がなされる場合があり、それらすべてを捕捉することは容易ではない。先進国であっても環境法令の遵守について懸念が提起されうる（⇒12章、**コラム⑬**）ため、発展段階にかかわらず諸国に共通の課題だといえる（日本における環境条約の実施については6章参照）。

　そこで、比較的捕捉しやすい輸出入段階での取締りを行うよう加盟国に義務づけることでもって、間接的に乱獲や密猟の誘因を減少させようとするのである[2]。たとえば、所定の条件を満たしたことが証明されないかぎり、特定の産品については輸出も輸入も禁止するという規制をすることがありうる。密猟したものを外国に輸出して換金できないとわかれば、密猟の誘引は減るだろう。たとえ密輸出できたとしても、宛先の国の輸入通関の段階で捕捉されればやはり取引が実行できず対価は得られないのだから、密輸出を行おうとする誘引も減るだろう。これが、環境保護のために貿易規制を利用する主たる理由である。また、条約への加入それ自体を促す目的で、締約国が対象産品を非締約国

---

　2)　松下満雄・米谷三以『国際経済法』（東京大学出版会，2015年）293頁以下．

との間で貿易するのを禁止する規定を設けるものもある[3]。

　具体例として、ワシントン条約（1975年発効）（⇒12章）がある。絶滅の恐れがとくに高い動植物を特定し、その捕獲を制限するとともに、それらの生物由来の物品（毛皮や牙など）について、国内取引や貿易を規制するよう義務づけている。貿易それ自体の規制を用いるのは、残留性有機汚染物質に関するストックホルム条約（2004年発効）等も同様である。非締約国との貿易を禁止する条約としては、オゾン層を保護するウィーン条約のモントリオール議定書（1989年発効）（⇒8章）やバーゼル条約（1992年発効）（⇒13章）等がある。

　②　**貿易の手続・透明性の規制**　これに対し、貿易すること自体は制限せず、貿易を行う際に領域国に対する事前の通告や同意の取得を義務づけることによって、物品の越境移動が環境に予期せぬ悪影響をもたらすのを予防するという方法もある。

　たとえば、有害廃棄物の適正な処理のために国が定める規制を逃れようとして、環境基準の緩い別の国に有害廃棄物を輸出することには経済的な誘因があるし、危険な物品であっても利益を得られるのであれば輸入するという誘因もある。他方で、どのような物品の輸出入を認めるか否かは国によって判断が異なりうる。このような場合に、条約として貿易それ自体を禁止するのではなく、その適正さを確保するための手続的義務を加盟国に課すことが選択されるのである。具体例には、バーゼル条約（⇒13章）、ロッテルダム条約（PIC条約）（2004年発効）、生物多様性条約の枠組みのもとのカルタヘナ議定書（2003年発効）（⇒11章）等がある。

　③　**貿易の促進のための規制**　貿易を促進することでもって環境保護を追求するという方法もある。たとえば、再生可能エネルギー関連製品や汚水処理関連機材のような環境に優しい物品（「環境物品」）については関税を削減するよう定める協定の策定を目的とした交渉はWTOで2001年に始まった。各国が環境規制を強化するのとは別に、「環境物品」リストを作成し、そこに記載された産品について関税を削減または撤廃するよう加盟国に義務づけることで、環境負荷の小さい産品の生産を刺激し、環境産業の発展を促すという趣旨であ

3）　山下一仁『環境と貿易』（日本評論社，2011年）123頁以下および306頁以下も参照；磯崎博司『国際環境法』（信山社，2000年）192頁.

る。実際にはリストの作成について合意にはいたらなかったものの、2011年以降はアジア太平洋協力（APEC）や有志国会合で議論が続けられている。

3. 環境保護と貿易促進の間の緊張関係

(1) 概説

前節でみたような環境条約上の権利義務は、通商法分野の条約においてどのように位置づけられるのだろうか。まずは貿易に関するグローバルな規律であるWTO協定（1995年発効）上の権利義務との調整が問題となる。WTO協定の前文によれば、発展段階の異なる加盟国それぞれのニーズに沿うことと環境を保護・保全することとを両立させつつ、持続的発展という目的に適合するよう資源の最適利用を進め、それでもって加盟国の国民の生活水準の向上、完全雇用等の実現、そして物品とサービスの生産と貿易の拡大を促すことがWTOの長期的な目的である。そして、この目的を実現するための手段として、貿易障壁の低減（「自由化」）と差別待遇の廃止（「無差別」）を原則とすると定める。

さて、WTOは、関税および貿易に関する一般協定（GATT）（1948年発効）の目的を受け継ぎ、基本原則についてもGATTの条文をそのまま取り込んでいる。そこでは、「同種の産品」の生産国がどこかによって差別することが禁止される（無差別原則）。また、各加盟国が関税譲許を行うことを求めるのに加え、関税その他の課徴金以外の形で輸出入の数量を制限することも禁止される（自由化原則）。

とりわけ環境保護との関連では、GATT 20条「一般的例外」の適用が問題となる。なぜなら、同条は、「公徳の保護のために必要」、「人、動物又は植物の生命又は健康の保護のために必要」、「有限天然資源の保存に関する」等の限定列挙された10種類の措置に当てはまれば、それらが不当な差別や偽装された貿易制限として運用されないかぎり、上述のGATT規定に違反しても許されると規定しているからである[4]。正当な理由がある場合という条件をつけて通商法と環境法の調和を図る方法は、1992年のリオ宣言第12原則にも導入され

---

4) 小林友彦・飯野文・小寺智史・福永有夏『WTO・FTA法入門』（第2版）（法律文化社、2020年）52頁以下.

た。ただし、GATT が起草されたのが1940年代だったので仕方ないことではあるが、GATT の前文にも20条にも「環境保護」そのものは明示されていない。そのため、環境保護を目的とする貿易規制が GATT の諸原則を逸脱しても正当化されるかどうか、文言上は不明瞭であった。

　この問題について先例的判断が示されたいわゆる「エビカメ」事件（1998年確定）では[5]、ウミガメ保護のために輸入制限を課すことが WTO 協定上認められるかが問題となった。とくに、エビの底引き網漁が行われる際に、エビを捕食しようとして近くにいるウミガメも混獲されて溺死する場合があることが問題視された。もともと米国ではウミガメを国内法令で保護していたが、それらは米国領域外にいるウミガメには適用されない。そこで、米国政府は、ウミガメの混獲を防止する装置（章末の図14-1参照）をエビ漁の網に取り付けることを推奨し、近隣のカリブ海諸国等とも協議して支援の枠組みを模索した。さらに1995年からは、全世界的な取組みを促すためだとして、ウミガメ混獲防止装置をつけて漁獲したものだと証明されないかぎり、すべての外国産のエビの米国への輸入を禁じるという運用を始めた。

　いくつかのエビ輸出国は、この措置が GATT 違反だとして WTO 紛争処理手続に訴えた。米国は、原則として禁止される数量制限にあたることは争わず、しかし GATT 20条にいう「有限天然資源の保存に関する」措置として正当化できると主張した。この「エビカメ」事件 WTO 紛争処理手続において、WTO 上級委員会（国内裁判制度における最高裁に相当する機関）は、同条にいう「天然資源」とは起草時には鉱物資源を想定していたものの、今日では生物資源も含まれると解釈した。その理由として、WTO 協定の前文で「環境保護」が重要な価値として加えられており、それに組み込まれた GATT の条文の解釈も「進化」するからだと判示した。これがきっかけとなり、環境保護目的の貿易制限措置についても、偽装された貿易制限等でなければ正当化されうるとの解釈が確立した。そして、通商法が環境規制の重要性を無視しているといったような1990年代前半までになされていた批判は過去のものとなった。

　5）　小寺智史「WTO 協定と環境保護―エビ・カメ事件」『国際法判例百選』（第3版）（有斐閣, 2021年）78事件.

(2)　具体例

①　WTO における位置づけ　　もちろん、「環境保護」目的だと掲げれば何でも許されるというわけではない。上述の「エビカメ」事件でも、問題となった米国の措置は GATT 20条に列挙された10種類の正当化事由のうちの一つに該当する措置だと認められたものの、その運用の仕方が恣意的で不当だとして、結論としては WTO 協定違反だと認定された。つまり、特定の正当化事由に当てはまるか否かだけでなく、どのように運用されているかも含めて、総合的に判断がなされるということである。たとえば海洋生物資源の保存に関する諸条約（⇒10章）のうち輸入時に漁獲証明の確認を義務づけるものについても、同様に WTO 協定との整合性が問題となりうる。

　以下では、関連事例をいくつか紹介する。「EC ホルモン」事件（1998年確定）では、成長ホルモンを投与された牛の肉が人体に悪影響を与える恐れがあるとして輸入制限を課すことが予防原則でもって正当化できるかが争われた（⇒3章 3.）。上級委員会は、WTO 協定の枠内にある衛生植物検疫に関する協定（SPS 協定）の5.7条において、科学的不確実性がある場合は暫定的な貿易制限措置をとることができるという規定の形で予防原則が導入されていると位置づけた。そのうえで、問題となった措置は同条で正当化される範囲を逸脱するとして違反認定した[6]。また、「米国 COOL」事件（2012年確定）では、消費者への情報提供を目的として食肉の原産地の詳細なラベリングを義務づける米国法について、貿易の技術的障害に関する協定（TBT 協定）の禁じる不当な差別に当たるかが争われた。上級委員会は、一見すると客観的・機械的に適用される基準のようにみえても、実質的に国内産の肉について表示の選択肢が増える（逆に、外国産の肉が含まれると表示の負担が増える）ことをもって違反認定された[7]。さらに、「カナダ FIT」事件（2013年確定）では、再生可能エネルギー産業の振興のために固定価格買取（FIT: Feed-in-Tariff）制度を導入した際、その制度を利用するには一定割合以上の国産部品を使用することを条件としたことが問題となった。これも、国内の産業振興のためには正当な動機づけのようにみ

6）　川合弘造「EC の牛肉及び牛肉製品に関する措置（ホルモン）」松下・清水・中川編『ケースブック WTO 法』（有斐閣，2009年）204-205頁.

7）　小林友彦「ラベリング制度の貿易歪曲性：米国─COOL 事件」繁田泰宏・佐古田彰（編代）『ケースブック国際環境法』（東信堂，2020年）190頁.

えるが、外国産部品を多用する企業を不当に差別するものだとして違反認定された[8]。

② **環境条約における位置づけ**　環境条約の側でも、近年では通商法との関係について調和を図ろうとする動きがみられる。1990年代初頭までの環境条約では、通商条約との緊張関係についての配慮は少なかった。たとえば、生物多様性条約（1993年発効）（⇒11章）では、他の条約の権利義務に影響を及ぼさないとしつつ、「ただし、当該締約国の権利の行使及び義務の履行が生物の多様性に重大な損害又は脅威を与える場合は、この限りでない」として、重要な条約目的のためには自らを優先させるという立場をとる（22条1項）。

他方で、1992年の国連環境開発会議で採択されたアジェンダ21では、経済発展と環境保護が「相互に補完的」（mutually supportive）になるよう勧奨された（2.9節）。環境条約でこの文言を用いるものとして、最近では、遺伝資源の利益配分に関する名古屋議定書（2014年発効）（⇒11章）4条3項や水銀に関する水俣条約（2017年発効）前文等がある。これらの規定があれば直ちに両者の調和が達成されるというわけではないが、調和の重要性自体は認識されている。

4．おわりに

本章冒頭で示した通り、貿易と環境はさまざまな場面で密接に結びついている。それゆえ両者に関する国際的規律も調和的であることが望ましい。ただし、現状では環境条約と通商条約は互いに独立して形成されており、調整が完全になされているとは言い難い。仮にWTOの紛争処理手続において環境条約上の権利義務との関係が問題となっても、WTO協定との整合性を判断するにあたって、WTOの機関が環境条約を適用法として解釈できるわけではないので、十分に法的検討を加えることができない。しかし、だからといって全く調整がなされていないというわけではなく、互いの調整の重要性については意識されている。それゆえ、二項対立や二者択一といった極端な考え方に陥らず、どのような調整が可能かについての分析を多面的に行うことが求められてい

8)　阿部克則「カナダ―再生可能エネルギー発電分野に関する措置事件」『WTOパネル・上級委員会報告書に関する調査研究報告書』（2013年度版）（経産省HP）．

る。

〈参考文献〉

1. トマス・J・ショーエンバウム「国際貿易と環境保護」バーニー／ボイル『国際環境法』（慶應義塾大学出版会、2007年）第14章。
   環境保護と貿易規則の間のバランスの重要性を明快にまとめたもの。
2. 山下一仁『環境と貿易』（日本評論社、2011年）。
   経済学、国際法学、公共政策学を架橋しつつ、理論的な課題を現実の問題に応用して政策上の解決策を探るための手がかりを示すもの。

【問い】

1. もし「環境と貿易のどちらが大事なのか」と問われたら、どう答えるか。
2. 特定の環境問題を選んで、それを解決するために、貿易を「促進」させる制度と貿易を「制限」する制度のいずれか（または両方）を用いることが有益かどうか考えてみよう。

図14-1　ウミガメ混獲防止装置（ウミガメ排除装置：TEDs）をつけた底引き網（出典：紀伊半島ウミガメ情報交換会・日本ウミガメ協議会共編『ウミガメは減っているか』〔第二版〕2003年）

15章　国際河川

鳥谷部　壌

1.　国際河川の非航行的利用に関する国際法の発達

(1)　国際河川を取り巻く国家間の緊張の高まり

　国連等の統計によれば、地球上の淡水の実に6割が国際河川流域で生み出されており、世界人口の約4割が国際河川流域の淡水に依存している[1]。地球の気候システム上、淡水の資源量は一定である。そのため、世界各地の国際河川流域でみられる流域人口の増加と流域国の経済発展に伴う水需要の増加は、流域諸国間に淡水資源の奪い合いを生じさせる。とりわけ第二次大戦終結以後、国際河川の多くが、水の過剰利用、汚染の悪化および大規模な転流の脅威にさらされてきた。こうした事態は、1960年代後半以降、国連を舞台に環境保護に優先順位が置かれるにつれ[2]、国際河川に関する条約も非航行的利用（水力発電、灌漑、工業など）へとその対象範囲を拡大していったことに示される[3]。今日、地球上には145の国に263の国際河川が存在し[4]、非航行的利用に関する条約はおよそ400にのぼる[5]。国際河川の水をめぐる諸国の競争は、最近の気候変動の影響も加わり、一層激しさを増している。

1)　UNEP, Oregon State University & FAO, *Atlas of International Freshwater Agreements* (UNEP, 2002), p.2.
2)　*See*, UNGA Res.2581 (XXIV), 15 December 1969; UNGA Res.2657 (XXV), 7 December 1970; UNGA Res.2850 (XXVI), 20 December 1971; UNGA Res.2994 (XXVII), 15 December 1972; UNGA Res.37/7, 28 October 1982.
3)　児矢野マリ『国際環境法における事前協議制度』（有信堂高文社、2006年）43-44頁.
4)　UNEP et al., *supra* note 1, p.1.
5)　*Ibid.*, pp.25-173.

⑵　国際河川の非航行的利用に関する諸理論

　国際河川の非航行的利用に関する現代国際法は、絶対的領土主権論および絶対的領土保全論の正当性を否定し、制限主権論と利益共同論という二つの理論を基盤としている[6]。制限主権論とは、国家は、自国領域内の国際河川を利用しまたは利用を許可するにあたり、他の沿河国に重大な被害を及ぼしてはならないとする考え方である。この理論は、重大な被害の禁止というかたちですべての沿河国の主権を制約する。

　利益共同論は、国際河川の船舶航行の自由化に関し、1929年、PCIJ がオーデル川国際委員会事件で判示した「利益共同」（community of interest）の概念[7]の適用を、非航行的利用に拡大する考え方である。こうした方向性は、1997年のガブチコヴォ・ナジマロシュ計画事件 ICJ 判決で支持された[8]。もっとも、利益共同論から発展を遂げた理論として、共同管理論がある。これは、各沿河国が個別的に重大な被害の防止につとめる制限主権論とは異なり、沿河諸国が共同で協力して河川の利用を管理するという考え方である。諸国間の協力は、具体的には、地域的な条約によって設立される共同機構を通じて実現されることを予定している[9]。

⑶　国際水路の非航行的利用という概念

　①　国際水路の定義　　国連国際法委員会（ILC）の26年に及ぶ作業を経て1997年に国連総会で採択された「国際水路の非航行的利用の法に関する条約」[10]（以下「国連水路条約」）は、2014年 8 月17日に発効した。この条約は、全世界に対して署名に開放されている普遍的条約であり、この分野の国際法の発展に大きな影響力をもつ。同条約は、国際水路を、「地表水および地下水で

---

6 ）　詳細は, S. C. McCaffrey, *The Law of International Watercourses*, 2nd ed. (Oxford University Press, 2007), pp.135-167; 山本良「国際水路の非航行的利用における『衡平原則』の現代的展開」村瀬信也・鶴岡公二編『変革期の国際法委員会（山田中正大使傘寿記念）』(信山社, 2011年) 303-306頁を参照.

7 ）　*Territorial Jurisdiction of the International Commission of the River Oder*, Judgment of 10 September 1929, *PCIJ Series* A, No.23, pp.26-27.

8 ）　*Case Concerning the Gabčikovo-Nagymaros Project* (*Hungary/Slovakia*), Judgment of 25 September 1997, *ICJ Reports* 1997, p.56, para.85.

9 ）　*E.g., Case Concerning Pulp Mills on the River Uruguay* (*Argentina v. Uruguay*), Judgment of 20 April 2010, *ICJ Reports* 2010, pp.105-106, para.281.

あって、その物理的関連性により単一体をなし、通常は共通の流出点に到達する水系」であって、「その一部が複数の国に所在するもの」をいうと定義した（2条(a)、(b)）。国際水路には、河川だけでなく湖沼も包含される。また、河川・湖沼のような表流水と物理的関連性をもつ地下水、運河、貯水池、氷河も含まれる[11]。この定義からも示唆されるように、今日、議論の対象を国際河川に限定することは、現代国際法の発展を正確に反映しているとはいえない。以下では、国際河川よりも広い意味をもつ「国際水路」という用語を使用する。

　② **非航行的利用および共通の流出点の意味**　　国連水路条約によれば、非航行的利用とは、「国際水路とその水の航行以外の目的のための利用ならびにこれと関連する保護、保存および管理措置」と定義される（1条1）。ただし、非航行的利用が航行に影響を与える場合や、逆に、航行が非航行的利用に影響を及ぼす場合には、航行も非航行的利用に含まれる（1条1）。また、同条約が、「国際水路」と「その水」という類似の意味合いをもつ語を重複して用いたのは、一方の岸から対岸までの間の水路で行われる活動、あるいは岸のすぐそばで行われる活動にしか条約の適用がないと解釈される余地を排除するためである[12]。さもなければ、多数の発電施設が条約の蚊帳の外に置かれることになるからである[13]。なお、本条約の起草過程では、水路よりも地理的に広い概念である「流域」とする案も検討されたが、適用範囲が水路と関連性の薄い土地利用にまで拡大されることを懸念した上流国の反対にあい採用されなかったが、地域的レベルでは、流域概念を採用する条約は多数ある[14]。

　「共通の流出点」について国連水路条約は定義を行っていないが、同条約と並ぶもう一つの普遍的条約でUNECEが1992年に採択したヘルシンキ条約[15]の次のような規定が参考となる。「越境水が直接海洋に流入している場合に

10)　Convention on the Law of the Non-Navigational Uses of International Watercourses, adopted by the General Assembly of the United Nations, 21 May 1997, *Official Records of the General Assembly, Fifty-First Session, Supplement* No.49（A/51/49）.

11)　ILC, Report of the International Law Commission on the work of its forty-sixth session, *YbILC*, Vol.II, Part Two（1994）, p.90, para.4 of the commentary to Draft Art.2.

12)　ILC, Second report on the law of the non-navigational uses of international watercourses, by Stephen Schwebel, Special Rapporteur, *YbILC*, Vol.II, Part One（1980）, p.165, para.41.

13)　*Ibid*.

14)　*See*, ILC, Report of the International Law Commission on the work of its twenty-sixth session, *YbILC*, Vol.II, Part One（1974）, pp.301-302, paras.7-17.

は、当該越境水は、それぞれの河口を横切りその両岸の低潮線上の点に引いた直線で終了する」（1条1）。

2．実体的義務

(1)　衡平利用規則

①　**概要**　　衡平利用規則とは、国際水路の利用に際してあらゆる関連する要素や事情を考慮に入れて、衡平かつ合理的な方法で国際水路を利用することをその水路を利用する国に要求する規則である。この規則は、前述の制限主権論および利益共同論に法的基礎を有する。今日、衡平利用規則は、慣習国際法の地位を獲得している。

「衡平」とは、量的な均等ではなく、各国の経済的・社会的ニーズに応じた質的平等を意味する[16]。どのような利用が衡平であるかは、個別の状況に応じて関連する諸要素を総合的に考慮して決定される。その意味で衡平の実質は利益衡量論である。「合理的な」とは、国連水路条約5条1に規定されるように、最適かつ持続可能な利用を実現することを目的とし、関係する水路国の利益を考慮しつつ、水路の適切な保護と両立する利用および開発をいう。なお、「最適かつ持続可能な利用」とは、「最大」利用や、「最も技術的に効率的な利用」「最も金銭的に価値のある利用」の実現を意味するのではなく、すべての水路国に対して可能な限り最大の便益をもたらすものであって、それら諸国のすべてのニーズを最大限満足させることを意味する[17]。より広い視点から「持続可能な利用」を捉えれば、利用を原理的に否定するような環境保護の理念とは対立的な概念であり、水資源利用における時間的次元・長期的視点を要請するものであって、世代間衡平の理念に立脚するものである[18]。

②　**衡平かつ合理的な利用を決定するための関連要素**　　国際水路の利用の衡平

---

15)　Convention on the Protection and Use of Transboundary Watercourses and International Lakes, signed at Helsinki, 17 March 1992, *ILM*, Vol.31（1992）, p.1312.

16)　1994 Draft Articles, *supra* note 11, p.98, para.8 of the commentary to Draft Art.5.

17)　*Ibid*, p.97, para.3 of the commentary to Draft Art.5.

18)　堀口健夫「『持続可能な発展』概念の法的意義」新美育文・松村弓彦・大塚直編『環境法大系』（商事法務，2012年）169頁.

性・合理性を決定する際に考慮すべき要素として、国連水路条約は、(a)地理的・水理的・水文的・生態的その他自然的性質、(b)水路国の社会的・経済的ニーズ、(c)各水路国が当該水路に依存している人口、(d)他の水路国に与える影響、(e)水路の現在の利用および計画中の利用、(f)水路の水資源の保全・保護・開発・効率的利用とそのためにとる措置、(g)代替的利用の可能性、という七つの要素を列挙した（6条1）。ただしこれらは、衡平かつ合理的な利用を決定するための網羅的な要素ではない。状況に応じてその他の要素も考慮される。また、衡平かつ合理的な利用の決定にあたり、常にこれらすべての要素が等しく考慮される必要はなく、個別の状況に応じて異なる。

　ここで重要なのは、水路国は、利用の衡平性・合理性の決定に際して、「人間の死活的ニーズ」（vital human needs）に特別の考慮を払わなければならないことである（国連水路条約10条2）。人間の死活的ニーズとは、飢餓を防止するための飲料水および食料生産のために必要とされる水など、生命を維持するために十分な水を提供することに特別の注意を払うべきことを指す。人間の死活的ニーズは、国際人権法の分野で生成し発展を遂げつつある「水に対する人権」（human right to water）の後押しを受け、近い将来、衡平利用規則の枠内における考慮の優先性が強化される可能性がある[19]。

　③　その他の諸義務との関係　　衡平利用規則は、国際水路の非航行的利用に関するその他の義務とどのような関係にあるか。以下では、協力義務、定期的情報交換義務、生態系保護義務との関係に言及する。国際水路分野の一般的原則である協力義務について、国連水路条約は、衡平利用規則の適用にあたり、必要な場合には協力の精神の下で協議に入ると規定した（6条2）。このことは、国際水路の衡平かつ合理的な利用の達成にあたって、関係国による協力義務の実施が鍵となることを示唆している。

　いうまでもなく、衡平かつ合理的な利用の実現には、関係国間でのデータおよび情報の定期的交換が重要となる（国連水路条約9条参照）。さらに、国連水路条約の ILC 起草作業（1994年第二読条文草案注釈）によれば、国際水路の生態

---

19)　*See, e.g.,* McCaffrey, *supra* note 6, pp.369, 371; I. T. Winkler, "The Human Right to Water," in S. C. McCaffrey, C. Leb & R. T. Denoon (eds.), *Research Handbook on International Water Law* (Edward Elgar, 2019), p.252.

系を保護する義務は、衡平利用規則にその法的基礎を有する[20]。1997年のガブチコヴォ事件判決も、生態系の保護を独立した義務としてではなく、衡平利用規則の概念の枠内で捉えている[21]。

(2)　重大な害を防止する義務

①　**概要**　　衡平利用規則と並んで国際水路分野の中心をなす実体的義務として、「重大な害を防止する義務」(no-harm rule) がある(以下「防止義務」)。同義務は、「何人も隣人を害するような方法で自己の財産を用いてはならない」とのローマ法の相隣関係法理に起源をもつ[22]。この法理は、1941年のトレイル熔鉱所事件仲裁判決および1949年のコルフ海峡事件 ICJ 判決を経て、国際環境法における慣習国際法としての地位を獲得した[23]。もっとも、防止義務は、1966年の ILA ヘルシンキ規則[24] では衡平利用原則のもとでの考慮要素の一つにすぎなかったが(5条2(k))、国連水路条約の起草作業で、特別報告者シュウェーベルによって、衡平利用規則から明確に切り離され自律的な規範として定式化された[25]。

防止義務は、国際水路の利用に際して他国に重大な「害」(harm) を生じさせないようにすべての適当な措置をとることを利用国に要求する。「害」とは事実上の被害を指し示し、法律上の損害を意味しない[26]。防止義務は、「重大な」(significant) のレベル以上の害のみを規制する。「重大な」未満の害については、条約等において特別に規定される場合を除き、被影響国の側に受忍義務が生じる。「重大な」の敷居は個別具体的な状況に応じて異なるが、一般に、

---

20)　1994 Draft Articles, *supra* note 11, p.119, para.3 of the commentary to Draft Art.20.

21)　Gabčikovo-Nagymaros Project Case, *supra* note 8, p.56, para.85.

22)　*See, e.g.*, McCaffrey, *supra* note 6, p.406.

23)　*E.g.*, O. McIntyre, "Responsibility and Liability in International Law for Damage to Transboundary Freshwater Resources," in M. Tignino, C. Bréthaut & L. Turley (eds.), *Research Handbook on Freshwater Law and International Relations* (Edward Elgar, 2018), p.340.

24)　The Helsinki Rules on the Uses of the Waters of International Rivers, *ILA, Report of the Fifty-Second Conference*, held in Helsinki, August 14th to August 20th, 1966, p.477.

25)　ILC, Third report on the law of the non-navigational uses of international watercourses, by Stephen M. Schwebel, Special Rapporteur, *YbILC*, Vol.II, Part One (1982), p.103, para.156.

26)　ILC, Report of the International Law Commission on the work of its fortieth session, *YbILC*, Vol.II, Part Two (1988), p.27, para.138.

「僅かなもの」（trivial）や「取るに足りない」（inconsequential）よりは高く、かなりの規模と量を意味する「深刻な」（serious）や「実質的な」（substantial）よりは低いとされる[27]。防止義務については、今日、慣習国際法としての性格を認める見解が支配的である[28]。

　防止義務を規定した条約条文の代表例は、国連水路条約7条である。同条1は、水路国が重大な害を生じさせ、かつ、「すべての適切な措置」をとらなかった場合に防止義務の違反が発生することを定めている。他方、同条2は、水路国が重大な害を実際に生じさせたが、「すべての適切な措置」をとったという場合に、衡平利用規則を適切に尊重しつつ、影響を受ける国と協議のうえで、その害を除去しまたは軽減するために、および適切な場合には補償の問題を検討するためにすべての適切な措置をとることを定めている。「すべての適切な措置をとる」とは、「相当の注意」義務を意味する[29]。相当の注意義務は、重大な害を生じさせないことを保証する義務（結果の義務）ではなく、その発生を最小化するために可能なかぎり最善の努力を尽くす義務（行為の義務）である。相当の注意の基準はあらかじめ定められているわけではなく、地理的特徴や科学技術の進歩、さらには、途上国と先進国のように各国の経済的・技術的・財政的能力などに応じて異なる[30]。

　②　**衡平利用規則との関係**　　防止義務と衡平利用規則の関係をどのように捉えるべきかという問題は、国連水路条約の起草過程を中心に長年、激しい議論が交わされてきた難題である。両者の関係は、防止義務の適用にあたり、衡平利用規則を考慮すべきであるとする見解と、それを考慮すべきではないとする見解の対立として把握される。「害」は、「汚染」に関する害と転流や水の堰き止めといった水量の低下を引き起こす「取水」に関する害に区別されてきた[31]。今日、汚染については、環境保護の高まりと相まって、衡平利用規則を考慮すべきではないとする見解が妥当することではほ　致をみている[32]。これ

---

27)　1994 Draft Articles, *supra* note 11, p.94, para.15 of the commentary to Draft Art.3.

28)　*E.g.*, McCaffrey, *supra* note 6, p.416; O. McIntyre, *Environmental Protection of International Watercourses under International Law*（Ashgate, 2007）, pp.85-86.

29)　*E.g.*, A. Tanzi & M. Arcari, *The United Nations Convention on the Law of International Watercourses: A Framework for Sharing*（Kluwer Law International, 2001）, p.153; McCaffrey, *supra* note 6, pp.437-438; McIntyre, *supra* note 28, p.98.

30)　Tanzi & Arcari, *supra* note 29, pp.154-155; McCaffrey, *supra* note 6, pp.439-440.

に対して、取水については、衡平利用規則を考慮すべきか否か議論がある[33]。

　③　その他の諸義務・原則との関係　　防止義務は、国際水路の非航行的利用に関する他の諸義務・原則とどのような関係にあるか。環境影響評価実施義務、最低水量確保義務、無差別原則の順にみていく。環境影響評価とは、計画中の活動が環境に「重大な悪影響をもたらすおそれ」があると考えられる合理的な理由がある場合に、当該活動が環境に及ぼす潜在的な影響を計画実施前に評価する手続をいう。環境影響評価の実施は、防止義務としての「相当の注意」義務を履行したことの有力な証拠となる[34]。

　防止義務は、「最低限の水量を確保する義務」(duty to ensure a minimum flow)（以下「最低水量確保義務」）とも密接に関係する。最低水量確保義務は、国際水路の利用にあたり、無制限の水利用を禁止し、他の水路国に最低限度の水量を確保すべきであるとする義務である。同義務は、2013年のキシェンガンガ事件 PCA 中間判決で明確にその存在が認められた[35]。最低水量確保義務の不履行は、重大な害の発生および「相当の注意」義務の不履行の認定を受ける可能性がある[36]。

　防止義務が規制する「重大な害」を水路国が他国に引き起こした場合には、その害の救済方法が問われる。その際の基本原則として、国連水路条約は、無差別原則を置く。これは、原因国が重大な害への救済措置を検討する際に、司法機関や行政機関へのアクセス権や補償請求権等の行使について、自国民と、外国人または領域外の被害者とを、手続面（たとえば原告適格）で、等しく扱う

---

31)　月川倉夫「国際河川の水利用をめぐる問題」太寿堂鼎編『変動期の国際法（田畑茂二郎先生還暦記念）』（有信堂高文社，1973年）105頁 ; J. G. Lammers, *Pollution of International Watercourse* (Martinus Nijhoff, 1984), p.360.

32)　Lammers, *supra* note 31, pp.364, 367-368, 371; 繁田泰宏「『国際水路の衡平利用原則』と越境汚染損害防止義務との関係に関する一考察（一）（二・完）」『法学論叢』135巻6号（1994年）20-21頁，137巻3号（1995年）54-55頁 ; P. Birnie, A. Boyle & C. Redgwell, *International Law and the Environment*, 3rd ed. (Oxford University Press, 2009), p.552; 堀口・前掲注（18）173頁.

33)　鳥谷部壌『国際水路の非航行的利用に関する基本原則』（大阪大学出版会，2019年）37-38頁 ; S. C. McCaffrey, "The Customary Law of International Watercourses," *supra* note 23, p.163.

34)　*E.g.*, Pulp Mills Case, *supra* note 9, p.83, para.204.

35)　*In the Matter of the Indus Waters Kishenganga Arbitration* (*Pakistan v. India*), PCA, Partial Award of 18 February 2013, paras.445, 447, at http://www.worldcourts.com/pca/eng/decisions/2013.02.18_Pakistan_v_India.pdf (Last access 24 February 2019).

36)　鳥谷部・前掲注（33）187-209頁.

べきことを要求する原則である（32条）。無差別原則は、汚染防止のために必要な措置をとったり、汚染された環境を元に戻すための費用は、汚染物質を排出している者が負担すべきとする「汚染者負担原則」（polluter pays principle）の考え方とも整合する[37]。しかし、無差別原則は、自国に居所を有しない人々や自国民でない人々に対して、司法アクセス権等の行使を無制限に認めるわけではない。たとえば、訴訟開始の条件として、訴訟に係る費用の担保の提供を当人に要求することは、無差別原則に反するものではない[38]。また、この原則は、当人に代わって NGO に原告適格を認める趣旨ではない[39]。

3.　手続的義務

⑴　事前通報義務とそれに付随する環境影響評価実施義務

　国際水路に関係する計画活動が他の沿河国に悪影響を及ぼすおそれがある場合に事前に通報し協議を実施する義務は、多数の条約・判例・実行に裏づけられている。今日、少なくとも事前通報義務については、慣習国際法としての性格を否定する国はほぼ皆無である[40]。では、通報義務はどのような敷居に達したときに生じるか。通報義務は、他国に「重大な悪影響を与える可能性がある」（may have a significant adverse effect）場合に発生する（国連水路条約12条）。ここでいう「重大な悪影響」の敷居は、前述の防止義務が規制する「重大な害」よりも低い。つまり、通報義務は「重大な害」が発生していなくても生じる。しかし、「重大な悪影響」の有無は、条約等によって規定される場合を除き、計画国の裁量によらざるをえず、恣意的な判断の可能性が懸念される。

　なお、こうした懸念を拭い去るべく、⒜通報義務発生の敷居を「重大な悪影響」よりも下げる文書（世界銀行業務政策7.50など）、⒝計画措置を実施するため

37)　McIntyre, *supra* note 23, p.361.

38)　1994 Draft Articles, *supra* note 11, p.132, para.2 of the commentary to Draft Art.32.

39)　R. Greco, "Access to Procedures and the Principle of Non-Discrimination (Article 32)," in L. B. de Chazournes, M. M. Mbengue, M. Tignino & K. Sangbana (eds.), *The UN Convention on the Law of the Non-Navigational Uses of International Watercourses: A Commentary* (Oxford University Press, 2018), p.338.

40)　K. Sangbana, "Notification and Consultation Concerning Planned Measures (Articles 11-19)," *supra* note 39, p.188.

の条件として全締約国の同意を得ることを求める条約（2002年セネガル川水憲章24条など）、さらには、(c)通報国に対し、国際流域委員会を通して被通報国へと通報する仕組みを導入する条約（1975年ウルグアイ河規程 7 条、2003年タンガニーカ湖持続的管理条約14条など）がある。

　通報の内容に関し、国連水路条約は、通報に「環境影響評価の結果を含む利用可能な技術上のデータおよび情報」を添付することを要求している（12条）。注目すべきは、環境影響評価が含まれることを明記したことである。しかし、国連水路条約は環境影響評価書の添付を義務としたわけではない。このことは、国連水路条約のフランス語正文では、「環境影響評価の結果を含む」の前に「適切な場合には」（le cas échéant）の語が入れられていることにも表される。しかし、地域的条約レベルでは、通報時に環境影響評価書の添付を義務づける条約がみられる（2002年セネガル川水憲章24条、2008年ニジェール川流域の水憲章20条(1)、2012年チャド湖流域の水憲章54条など）。

　最近の判例は、環境影響評価実施義務を、通報義務とは別個独立した存在として、慣習国際法上の義務として同定する傾向にある。環境影響評価の実施義務は、2015年のサンファン川沿いのコスタリカでの道路建設事件および国境地域におけるニカラグアの活動事件 ICJ 判決によって、下記(ⅰ)から(ⅲ)へと時間的な流れをもつ義務として把握された[41]。すなわち、(ⅰ)環境影響評価を行うことが必要か否かを判断する危険確定義務（スクリーニング）、(ⅱ)環境影響評価の実施が必要であると計画国が判断した場合に、実際に環境影響評価書を準備し完成させる危険評価義務（スコーピング）、(ⅲ)危険の評価の結果、国境を越える重大な害の危険を生じさせる場合に、環境影響評価の結果を通報し必要に応じて協議する義務である[42]。

---

41)　*Certain Activities Carried Out By Nicaragua in the Border Area* (*Costa Rica v. Nicaragua*) and *Construction of a Road in Costa Rica along the San Juan River* (*Nicaragua v. Costa Rica*), Judgment of 16 December 2015, *ICJ Reports* 2015, pp.706-707, para.104, p.710, para.112, p.723, para.162. 以下も併せて参照。石橋可奈美「国際環境法における手続的義務の発展とそのインプリケーション」柳原正治編『変転する国際社会と国際法の機能（内田久司先生追悼）』（信山社、2018年）232頁；鳥谷部・前掲注（33）209-236頁.

42)　Certain Activities and San Juan River Case, *supra* note 41, pp.706-707, para.104.

(2)　事前協議義務および交渉義務

　事前協議義務および交渉義務は、被通報国が通報内容に異議を唱える場合に生じる。国連水路条約は、「協議」（consultation）と「交渉」（negotiation）を明確に区別し、協議義務を国家間の見解の相違を確認するための場として、また、交渉義務を事態の衡平な解決の場としてそれぞれ認識している（17条1）。こうした認識の差は、交渉よりも協議のほうが時間的に早い段階で発生することを示している。協議と交渉は、「各国が他国の権利および正当な利益に合理的な考慮を誠実に払わなければならないという原則」、つまり信義誠実の原則に基づいて行われなければならない（国連水路条約17条2）。

　協議および交渉期間中、通報国は別段の合意がないかぎり、合理的な期間が経過するまでは、計画措置の実施または実施の許可を差し控えなければならない（同17条3）。ただし、計画措置の実施が公衆衛生、公共の安全またはその他同等に重要な利益を保護するために緊急に必要である場合は、このかぎりでない（同19条1）。協議および交渉期間終了後は、議論があるものの基本的には、計画国は自らの責任において計画活動を再開できると解される[43]。

【問い】
1.　A国内にはC湖があり、C湖からはA国内を貫流しB国へと流れるD川がある。A国は、自国を流れるD川の水を、国内河川であるE川に転流し水力発電を行った後、その川の水をすべてA国内でD川に戻す計画を立てた。B国内ではD川の水の多くが灌漑用水として農業に利用されている。A国は、この計画を進めるにあたり、B国に対し、いかなる条件のもとで、いかなる義務を負うか。両国の間にはC湖およびD川の利用に関する条約は存在しないものとする。
2.　C川はA国からB国へと流れる国際河川である。A国は、自国内の深刻な電力不足を解消するため、A国内のX地点に水力発電用のXダムを建設し完成させた。ところが、B国は、折しもXダム建設と同時期に、B国内のY地点に水力発電用のYダムの建設を計画していた。そこで、B国は、A国がXを稼働させるとC川の水量が低下しYダムの発電量が激減するとして、A国のXダム稼働に強く反対した。A国は国際法上Xダムを稼働させることができるか。

---

43)　Pulp Mills Case, 2010, *supra* note 9, p.69, para.154; *In the Matter of the Indus Waters Kish-enganga Arbitration*（*Pakistan v. India*）, PCA, Order of 23 September 2011, para.143, at https://pcacases.com/web/sendAttach/1682（Last access 23 February 2019）.

コラム⑮　極域の環境保護

1　極域の自然環境的特徴

　国際法の観点から両極域の自然環境的特徴をあげると、第一にその気候が厳しく一般に気温が低いこと。第二に両極域の多くが氷に覆われていること。第三にその生態系は複雑で脆弱でありながら、実は多様性に富んでいること。両極域はまた、全地球気候システムの冷熱源であると同時に、地球規模の海洋循環の起点であるといわれる。オゾンホールが最初に南極で発見され、地球温暖化の影響である海洋酸性化や永久凍土の融解、残留性汚染物質（POPs）や短寿命汚染物質であるブラックカーボンの被害が北極圏でとくに顕著に現れるなど、両極域は地球環境問題のバロメーターであるともいわれる。

　これら共通の自然環境的特徴から、両極域に適用される国際環境法は、第一に科学調査の場とその対象たる環境の保全、第二に生物資源の保全と持続可能な利用、第三に環境被害への対応がその自然環境的特徴によりとくに困難であり、防止さらには予防に注力すべきという観点から発展してきたといえる。加えて、先住民を含む約400万人の生活を支える北極では、彼らの権利保護と伝統的ないし文化的生活の保全が、国際環境法の形成・適用の重要な要素となる。

2　極域の国際法上の位置づけ

　南極と北極の国際法上の位置づけは決定的に異なる。国際法上、南極とは南緯60度以南の地域を指し、これを南極条約地域という。南極大陸に対しては七つのクレイマント国（英国、ニュージーランド、オーストラリア、フランス、ノルウェー、チリ、アルゼンチン）が領土主権の主張をしているが、南極条約4条に基づきそれを認めない国（日本、米国、ロシアなどのノン・クレイマント）には対抗できない。そのため南極は、南極条約を中心とする南極条約体制により規律され、広く国際社会のためにその利用とアクセスが認められた国際化地域としての性格を有する。

　これに対し北極は、主に大陸に囲まれ多年性の海氷に覆われた海洋で構成される。北緯66度33分以北の北極圏に領土をもつ八つの国を北極圏国（カナダ、デンマーク〈グリーンランド〉、フィンランド、アイスランド、ノルウェー、ロシア、スウェーデン、米国）という。北極圏の陸地に対する領土主権はほぼ確定している。北極海については、いずれの北極沿岸国も、国連海洋法条約が適用されることを認めており、同条約に基づき延伸大陸棚の申請が行われている。「氷に覆われた水域」に関する同条約234条の解釈適用については、関係国間で見解の違いがある。極域海の船舶航行の安全と海洋環境保護を目的とした極海コード（Polar Code）が、2017年に発効している。

3　極域と国際環境法

（1）　南極環境の保護

　1959年成立の南極条約には、南極環境それ自体を保護するという発想はない。1964年に南極条約協議国会議（ATCM）が採択した「南極動植物相保全合意措置」は、南極動植物相の貴重さと脆弱性に触れ、自然の生態系を保護するための特別保護地区の制度を導入した。1970年代から1980年代には、アザラシ猟やオキアミを中心とする生物資源の開発、南極大陸および沿岸部での鉱物資源の開発可能性と妥当性が議論された。その結果、1972年アザラシ保存条約、1980年南極海洋生物資源保存条約が成立した。1988年に採択された南極鉱物資源活動規制条約は、厳しい環境規制のもとで限定的に鉱物資源開発を許すものであったが、必要な批准が得られず発効の見込みはない。替わって1991年に採択された南極環境保護議定書は、南極環境およびその生態系それ自体の価値を認め保護対象としている。

　議定書は、南極を「平和と科学に貢献する自然保護地域」に指定し（2条）、南極環境とこれに依存し関連する生態系、そして南極の原生地域としての価値を含む固有の価値を

も保護対象にするなど（3条）、国際環境条約のなかでも野心的である。鉱物資源に関するいかなる活動も科学的調査を除き禁止し（7条）、南極でのすべての活動は事前の環境影響評価の対象となり（8条）、とくに保護が必要な区域を特別保護地区として指定して立ち入りを事前の許可に服させることもできる（附属書Ⅴ）。なお、鉱物資源活動の禁止は、2048年以降再検討の余地が残されている。領土帰属が未確定な南極における環境保護は、主に属人主義を根拠として議定書の国内実施法で実現が図られている。日本では、「南極地域の環境保護に関する法律」が1997年に成立した。なお、南極海洋生物資源保存条約のもとでも海洋保護区を設定することができ、2016年に広大なロス海保護区が設置された。

　今後の課題としては、多様化する南極観光活動の環境影響とそれへの対応、南極微生物等の遺伝資源を商業利用しようとするバイオプロスペクティング活動とその規制の是非、基地の増設や航空アクセス網の整備など大型常設施設の整備および利用の態様と環境影響、南極鉱物資源活動の禁止を2048年以降も継続するかの是非などがあろう。

(2) 北極環境の保護

　領土帰属がほぼ確定している北極圏における環境保護・資源管理は、基本的には各国国内法と、パリ協定や生物多様性条約、国連海洋法条約などの一般条約、そして1973年のホッキョクグマ保存条約や2013年の北極海油濁対応協力条約、そして2018年に日本や中国、EUなども参加して採択された中央北極海における無規制公海漁業を防止するための協定などの地域条約による。北極圏の最大の環境的挑戦は地球温暖化であるが、北極では適応措置が中心となる。同時に北極圏国は、厳しく脆弱でいまだに知見が不十分な自然環境、インフラの未整備、先住民の生活と不可分の環境資源といった共通の課題を抱えており、冷戦後の1991年に採択された北極環境保護戦略、そして1996年に設立された北極評議会が中心となって、環境保護と持続可能な発展のための地域協力が進められている。

　北極評議会は、北極圏8カ国の非拘束的な宣言により設立された「高級レベルのフォーラム」であり、北極先住民団体に常時参加者の地位を付与し、また日本などの非北極国や関連国際団体にオブザーバー資格を与えて協議を行う。北極評議会は、海洋環境保護や動植物相保存を専門に扱う作業部会を常置しており、ここで蓄積された科学的知見を基に非拘束的指針を採択して、参加国の国内法政策を誘導する。たとえば、環境影響評価の分野では、1997年の北極環境影響評価指針がある。また、解氷を早めるブラックカーボンや二酸化炭素の25倍の温暖化効果があるとされるメタンにつき、それらの排出と移動を監視し削減に向けた契機を作り出す北極評議会枠組文書が2015年に採択された。この枠組みの実施を担う専門家会合には、日本や中国も参加している。

　残留性有機汚染物質（POPs）は、北極圏の先住民および地域住民に甚大な影響を与えるため、北極評議会は科学的情報を収集し、2000年のPOPs規制に関するストックホルム条約採択に多大な貢献をした。このように、地球温暖化問題も含めて、北極における現代的環境課題は、ますますグローバルな対応を要するようになっている。そうしたなかで、地域的な環境保護フォーラムである北極評議会の機能強化と、そこにおける日本を含む非北極国、すなわちオブザーバー国の参加と貢献の度合いの向上が、今後の課題となろう。

　より一般的には、中国などの新興勢力の台頭による国際政治状況の変化、経済的技術的発展を支える天然資源開発への欲求増大、地球温暖化による極域環境の変化とそれがもたらす人間活動への影響などが、両極域における国際環境法の役割に新たな挑戦を投げかけているといえる。

〈参考文献〉
柴田明穂「南極条約体制の基盤と展開」『ジュリスト』1409号（2010年）86-94頁。
稲垣治・柴田明穂『北極国際法秩序の展望：科学・環境・海洋』（東信堂、2018年）。

（柴田　明穂）

16章　宇　宙

青木　節子

1.　はじめに

　宇宙空間の環境問題は、現在大別して二つ存在する。第一に、衛星を中心とする宇宙機を地球周回軌道に運搬・配置する途上で分離され、軌道上を漂うロケットの軌道投入段（orbital stages）、使用済みの宇宙機自体、宇宙機の破砕により生じる破片、さらには破片同士の衝突が繰り返されて増加する微小で大量の破片などの宇宙ゴミ（以下「スペースデブリ」または「デブリ」）の問題である。第二に、「月その他の天体を含む宇宙空間の探査および利用」（宇宙条約〈後述〉の用語。以後主として「宇宙活動」と称する）の過程において地球から宇宙空間に導入される地球起源の微生物が誘発する宇宙空間の汚染、および地球外物質の導入から生じる地球の汚染の問題である。1960年代前半から半ばにかけて、国連で宇宙活動の基本原則を策定中に問題視されたのは後者だけであった。当時も米国は、スペースデブリ問題を把握していたが、これが各国の宇宙機関に共有されるのは1980年代後半であり、国際社会全般で問題視され始めたのは20世紀末以降のことである。しかし二つの問題のうち、深刻さと緊急性の点から、現在、圧倒的にデブリ問題が重要である。

　本章では、まず、宇宙秩序の根幹をなす宇宙条約（1967年発効）の環境保護規定を概観する。続いて、現在、喫緊の課題となったスペースデブリ問題を扱い、その後、探査に伴う宇宙空間の地球由来の汚染問題について記す。

2.　宇宙条約の環境保護規定

　国連総会の補助機関である国連宇宙空間平和利用委員会（COPUOS）で作成された宇宙条約は、宇宙環境保護規則を考える際の土台である。宇宙条約からは以下の原則や規則を読み取ることが可能である。宇宙条約の当事国は2019年4月現在109カ国であり[1]、たとえば気候変動枠組条約（197カ国〈EUを含む〉）等と比べ当事国はかなり少ない。しかし、衛星を所有・運用する国のほぼすべてが宇宙条約の当事国であること、また、非当事国も宇宙条約に従って宇宙活動を行っており、違反事例は報告されていないことから、宇宙条約のかなりの部分は慣習法化されたと考えられている。以下、宇宙条約に規定される環境保護規定を概観する。①から④は慣習法化されていると評価されることが多く、⑤から⑦については議論が分かれる。

①　国は、すべての国の利益のために宇宙活動を行わなければならない（1条1項）。

②　宇宙活動は、すべての国が自由に行うことができるものであり、全人類の活動分野といえる（1条2項）。①の共通利益原則と②の活動の自由を調整する原理は、国家が選択するさまざまな形態の国際協力であり、具体的な調整方法は、1996年に採択された国連総会決議に記述される[2]。

③　宇宙活動は、国際法に従って行わなければならない（3条）。したがって、現行国際環境法は、宇宙空間に適用可能なかぎり、宇宙活動を規律する。

④　宇宙条約の当事国は、他国の対応する利益に妥当な考慮を払って宇宙活動を行わなければならない（9条1文）。公海の利用についても類似の規定が置かれるが（国連海洋法条約87条2項）、公海の場合は具体的な利用項目が列挙されており（同条1項）、具体的な活動形態の言及なしに「月その他の天体を含む宇宙空間の探査及び利用」の原則を定める宇宙条約とは異なる。宇宙条約は、個々の活動とそれに対応する環境保護規則を導き出す力に乏しい。

⑤　宇宙条約の当事国は、宇宙空間の有害な汚染（harmful contamination）を回

1）　UN Doc. A/AC.105/C.2/2019/CRP.3, 2019.

2）　UN Doc. A/RES/51/122, 1996.

避するように宇宙活動を行わなければならず、必要な場合には適当な措置をとらなければならない（9条2文）。「有害な汚染」は地球生命体の宇宙空間への導入など生物的、化学的なものにとどまるのか、スペースデブリによるものを含むのかという議論がなされることもあり、1990年代にはデブリを含まないとする説が有力であった。しかし、今日では含むとする説が有力である。宇宙の原始状態を損ない宇宙の起源等の科学研究が不可能となるという意味では、固体ロケットからのスス、剥がれて漂う宇宙機の塗料などのデブリを地球の生命体と区別する利益は乏しいともいえ、デブリの放出も「有害な汚染」を構成すると考えるほうが合理的であろう。

⑥　宇宙条約の当事国は、自国や自国民が計画する実験などの宇宙活動が他の条約当事国の活動に潜在的に有害な干渉（harmful interference）を及ぼすおそれがあると信ずる理由があるときには、当該活動開始以前に適当な国際的協議を行う義務を有する（9条3文）。

⑦　宇宙条約の当事国は、他国の計画する実験などの宇宙活動が自国の宇宙活動に潜在的に有害な干渉を及ぼすおそれがあると信ずる理由があるときには、当該活動に関する協議を要請する権利を有する（9条4文）。

　「有害な干渉」は条約締結時には主として故意の電波干渉（ジャミング）や核実験による放射能障害その他の他国の活動の妨害となる軍事実験を意図していたが、今日ではデブリの放出も含み、かつ、協議要請の権利・義務は問題となる宇宙活動の計画時にとどまらず、実行開始以後も継続すると解されることが多い。宇宙条約9条から総合的に、自国の宇宙活動が、その内容、実施軌道、実施方法などのいずれかにより他国の宇宙活動にとって有害な干渉とならないように妥当な考慮を行う義務が存在する、と解釈するのが通説となりつつある。もっとも、協議義務を守らない場合の紛争解決手続を宇宙条約は規定していず、また、⑥・⑦は、有害な干渉を回避する義務を活動国またはその国民に直接に課すものではない。

　COPUOSでは宇宙環境保護を規定する条約として他に月協定（1984年発効）を採択したが、2019年4月現在当事国は18カ国にすぎず[3]、そのなかに主要な宇宙活動国は一国も含まれない。その点で重要性に乏しいため、環境保護に関

3）　*Supra* note 1, p. 10.

する注目すべき規定はあるものの、本章では扱わない。

　COPUOS で作成した国連総会決議のなかでは、条文がほとんどそのまま宇宙条約に摂取された宇宙探査利用に関する法原則宣言（1963年）[4] 以外では、宇宙空間における原子力電源（NPS）使用原則（1992年）[5] が、NPS からの放射性物質による宇宙空間の著しい汚染の防止を確保することを要請し（第3原則）、宇宙環境保護に関係する。COPUOS の科学技術小委員会（科技小委）および法律小委員会（法小委）ともに現在にいたるまで長く NPS を議題とし、惑星探査ミッションに有用な NPS の安全な利用確保を通じた宇宙環境の保護を図る。

3.　スペースデブリを規制する国際宇宙法

(1)　スペースデブリの実態

　米空軍による宇宙偵察ネットワークの観測によると、2018年10月4日現在、低軌道（LEO）とされる高度2,000キロメートル以下で、その軌道が確認されている物体—「カタログ化」された物体—は、1万9,173個である。そのうち1万4,357個は衛星の破片やロケットの軌道投入段など明らかにデブリであり、4,816個は外見からは完全な衛星であり機能しているものもすでに機能を不可逆的に停止し、デブリとなっているものもある[6]。現在、地上からの望遠鏡の精度では直径約10センチメートルより小さい物体の観測は不可能であるといわれるが、観測不可能な微小な破片も含めると、LEO に存在する人工物体のうち大体93％程度がデブリであると推定されている。観測可能な LEO の宇宙物体数は、2005年の9,233個、2010年の1万5,090個、2015年の1万7,063個と確実に増加している。とくに2007年から2008年には3,508個物体が増えているが、これは中国の衛星破壊実験が原因である。また、2009年から2010年にかけては、米ロの衛星衝突—ロシアの軍事衛星はすでにデブリ化していた—で多くのデブリが放出され、カタログ化された物体数が2,347個増加した[7]。広大な宇

4）　UN Doc. A/RES/1962（XVIII）, 1963.

5）　UN Doc. A/RES/47/68, 1992.

6）　NASA, *NASA Orbital Debris Quarterly News*, Vol.22, No.4, 2018, p.10.

宙空間とはいえ、地球観測、気象、移動体通信などに多用される600キロメートルから900キロメートルの太陽同期軌道は混み合っており、現在の速度でデブリが増加すると、遠くない将来のある時点以降、指数関数的にデブリ同士の衝突が増え、当該軌道の利用はほとんど不可能になってしまうという評価もある[8]。この問題に拍車をかけるのが、数百機から数千機の小型衛星を LEO に打ち上げ、全世界対応の高速インターネットやリモートセンシング網構築を試みる「メガコンステレーション」計画である。すでにいくつかの計画は米国法等の許可を得ており、また、打上げが開始されたものもある。1957年に初めて衛星が打ち上げられて以来、これまで60年かけて宇宙空間に導入された衛星数と同じ数の衛星が今後２～３年で打ち上げられる可能性もあり、実現すればデブリ問題の深刻さは現在の比ではなくなるだろう。

　また、地球の自転周期と同期する高度約３万5,800キロメートルの静止軌道（GEO）を周回する衛星は、地上からは、常に一点にとどまってみえるため、通信・放送に便利であり、国際電気通信連合（ITU）でその軌道位置と周波数を獲得する競争は熾烈なものがある。GEO で運用される衛星の正確な数値を計算することは困難だが、大手通信企業や専門家によると、1984年には約140機、2006年には約250機、2012年には約300機、2018年には約450機の衛星が運用されていたという[9]。電波干渉を考慮にいれると技術開発を進めても GEO に配置できる衛星の数は限られており、GEO は LEO に比べてさらに直接的な軌道の混雑という問題に直面しているともいえる。

(2)　技術的ガイドラインとその国内履行

　概観したように、宇宙条約の環境保護規定からは、デブリ低減の具体的規則を導き出すことはできない。それを補うのは、宇宙機関間デブリ調整委員会

---

7 ）　NASA の Orbital Debris Quarterly, COPUOS 科技小委の技術プレゼンテーション等の公開資料に基づく数値である.

8 ）　See e.g., Donald J. Kessler, et al, "The Kessler Syndrome: implications to future space operations", *American Astronautical Society*, 2016, at http://citeseerx.ist.psu.edu/viewdoc/download?doi=10.1.1.394.6767&rep=rep1&type=pdf

9 ）　小塚荘一郎・佐藤雅彦編著『宇宙ビジネスのための宇宙法入門（第 2 版）』（有斐閣，2018年）84頁．See also, Satellite Signals, List of satellites in Geostationary Orbit, at http://www.satsig.net/sslist.htm（as of 28 February 2019）.

(IADC)（1993年設置）で採択された「IADC スペースデブリ低減ガイドライン」（2002年採択、2007年改正）（以下、「IADC ガイドライン」）[10] や IADC に草案作成を依頼し、同ガイドラインに類似するものとして作成された「国連 COPUOS スペースデブリ低減ガイドライン」（2007年採択）（以下「COPUOS ガイドライン」）の行動基準である[11]。IADC は12カ国の宇宙機関と欧州宇宙機関（ESA）（欧州の22カ国が正式メンバー）からなる。COPUOS ガイドラインは、独立した国連総会決議ではないが、国連総会によりエンドースされており、国連加盟国すべてに向けた技術基準という意義を有する。

　COPUOS ガイドラインは七つのガイドラインからなる。

ガイドライン1　通常の運用中に放出されるデブリの制限

ガイドライン2　運用段階での破砕可能性の最小化

ガイドライン3　軌道上での偶発的衝突確率の制限

ガイドライン4　意図的な破壊およびその他の有害な活動の回避

ガイドライン5　残留エネルギーに起因するミッション終了後の破砕可能性の最小化

ガイドライン6　宇宙機およびロケット軌道投入段がミッション終了後に LEO に長期間滞留することの制限（大気圏内に再突入させる方式を推奨する。IADC ガイドラインでは、ミッション終了から25年以内の大気圏内再突入を標準とするが、COPUOS ガイドラインには期限の制限は明記されていない）

ガイドライン7　宇宙機およびロケット軌道投入段がミッション終了後に GEO に長期間滞留することの制限（ミッション終了後、さらに地球から一定距離以上離れた軌道に宇宙機を再配置することにより GEO の混雑を防ぐ方式を推奨する）

　COPUOS ガイドラインは、簡潔に行動基準を記載するのみであり、実際の運用には、IADC ガイドライン等のより詳細な行動基準を参照することが必要である。事実、COPUOS ガイドラインの末尾には、同ガイドラインの運用のために、IADC ガイドラインやその補助的文書を参照するようにと明記されている。

　ITU は、1986年に GEO の環境保護の研究を開始し、1993年に無線通信部門

---

10)　IADC-02-01, 2002; IADC-02-01, Rev.1, 2007.

11)　UN Doc. A/62/20, 2007, Annex（pp.47-50）.

（ITU-R）で GEO での衛星運用終了後にデブリ化した衛星の再配置の基準が採択された[12]。その後、技術革新に伴い IADC との調整も行いつつ、2004年、2010年に同基準を改正している[13]。地域機関としての ESA も独自のデブリ低減政策を2012年に採択した[14]。主要な宇宙活動国の宇宙機関は、IADC ガイドライン以前から宇宙機関としてのデブリ低減規則を採択していることもあり、日本の特殊法人宇宙開発事業団（NASDA）（現国立研究開発法人宇宙航空研究開発機構〈JAXA〉）も米国の国家航空宇宙局（NASA）に続いて世界で2番目にデブリ発生防止標準を採択した[15]。

　また、非政府間国際組織である国際標準化機講（ISO）の技術委員会（TC）20の小委員会（SC）14（TC 20/ SC 14）は宇宙システム・運用についての規格を作成する小委員会だが、同小委員会の作業部会（WG）3では衝突回避基準と LEO にあるデブリとなった衛星や軌道投入段の処理方式を[16]、WG 7 では、デブリ低減に資する宇宙機の設計基準を決定している[17]。これら政府機関、非政府機間のデブリ低減ガイドライン・基準は、IADC ガイドラインを前提とし、それぞれの機関の目的に応じて相互調整のもとに作成されている。

　これらの基準は法的拘束力をもたないが、日本法を含め、各国の宇宙活動法やそのもとにある規則のなかでロケット打上げや衛星運用許可付与の条件とされることが少なくない[18]。国内法を通じて、デブリ低減ガイドライン・基準は法的拘束力をもつものとなるといえる。打上げ射場を有する国の国内法がすべてのロケットおよび搭載宇宙機器に IADC ガイドライン並のデブリ低減基準を課せば、実質的にデブリ低減条約の代替物になるであろう。しかし、商用打上げにおいて、外国の衛星の構造や運用方法に厳しいデブリ低減基準を課しビジネスの機会を逃す危険をおかすことは回避する傾向もあり、また自国企業、外国企業を問わず、メガコンステレーション計画なども新しい宇宙ビジネスと

12）　ITU-R S.1003.0, 1993.

13）　ITU-R S. 1003.1, 2004; IRU-R S.1003.2, 2010.

14）　ESA, ECSS-U-AS-10C, 2012.

15）　NASA, NSS1740.14, 1995; NASDA-STD-18, 1996. 現行の JAXA 標準は JMR-003C, 2014.

16）　ISO16158, 16164, 16699, 23339, 26872, 27852, & 27875.

17）　ISO 24113を中心に，その他11277, 16126, 16127, 18146, 20590, 20893, 21095, 23312等.

18）　51 USC §60122(b)(4)（USA）; Outer Space Act, Sec. 5 2(e)(i)（UK）; 人工衛星等の打上げ及び人工衛星の管理に関する法律（宇宙活動法），22条1-4号，平成28（2016）年法律76号.

して許可を付与する動きもみられ、厳格な国内履行は容易ではないのが現状である。最近では、デブリが出にくい宇宙機の設計、運用やミッション終了後の軌道からの離脱促進だけでは不十分であるとして、ロケット軌道投入段や機能を終了した衛星を軌道から除去するという選択肢も検討されており、すでに積極的デブリ除去（ADR）実証実験の成功も報じられている[19]。将来は、ADRも含めたデブリ低減が必要となるであろうが、さまざまな技術的、法的、制度的課題が存在する。

4.　デブリ以外の宇宙汚染防止・低減措置

　地球起源の微生物に由来する宇宙空間の有害な汚染、および地球外物質の導入から生じる地球の環境の悪化を回避するための適当な措置（宇宙条約9条2文）を「惑星検疫方針」といい、国際科学会議（ICSU）で1958年に創設された宇宙空間研究委員会（COSPAR）において1964年以降定期的に決定されている。1998年には COSPAR 内に惑星検疫パネル（PPP）が設置され、2002年以降は PPP の「COSPAR 惑星検疫方針」（最新は2017年版）が国際標準として国連 COPUOS を含め宇宙活動を担う国際機関に周知され、各国宇宙機関がそれを基準とした検疫方針を策定して国内実施することが期待されている[20]。

　COSPAR 惑星検疫方針は、①有人探査か無人探査か、②惑星周回のみか着陸・現地探査を含むか、③探査機が地球に帰還するか否か、というミッション形態や、④月、火星、木星、小惑星等調査対象の環境脆弱性等により、検疫基準の厳しさや方法は五つに分類されている。宇宙機関のみが惑星や小惑星の探査を行う場合には、宇宙機関が策定する検疫方針で足りるであろうが、宇宙資源採取ビジネスの前提としての小惑星資源探査・開発など、私企業の参入が見込まれるなか、国内宇宙法の許可条件を定めておくことが重要となる。

---

19)　See, e.g., University of Surrey, *First Space Debris Removal Demonstration: A Success*, at http://spaceq.ca/first-space-debris-removal-demonstration-a-success/ (as of February 28, 2019).

20)　COSPAR/PPP, *Planetary Protection Policy*, at https://cosparhq.cnes.fr/sites/default/files/pppolicydecember_2017.pdf.

5.　おわりに

　以上、スペースデブリ低減も惑星検疫も、宇宙活動の原則を定める宇宙条約からは具体的かつ明確な行動基準を見出すことができず、技術的基準を規定する非拘束的文書により実施されていることがわかった。新たな条約作成ではなく、また、政治的規範としての意義をもつ国連総会決議ですらなく、技術的な行動基準の詳細を記すガイドライン等により宇宙環境保護が図られていることには懸念が表明されることもある。しかし、条約採択、さらに発効にいたるまでには長期間が必要であり、また、主要な活動国の批准の確保が必ずしも容易ではないことなどを考えると、科学技術の進展により改正が容易な技術ガイドラインが主要な活動国に共有され、活動国が可能なかぎり国際基準を国内法上の義務とすることにより、環境保護措置の実効性を担保することが、最善ではないとしても、現実には望ましいと考えられる。

〈参考文献〉
1．小塚荘一郎・佐藤雅彦編著『宇宙ビジネスのための宇宙法入門（第2版）』（有斐閣、2018年）。
　　宇宙環境保護の国際規則も含め、国際・国内宇宙法全般の理解に役立つ。
2．Office for Outer Space Affairs, *International Space Law: United Nations Instruments*, 2017, http://www.unoosa.org/res/oosadoc/data/documents/2017/stspace/stspace61rev_2_0_html/V1605998-ENGLISH.pdf
　　国連で採択した宇宙諸条約、総会決議、その他重要なガイドラインが掲載されている。
3．加藤明『スペースデブリ——宇宙活動の持続的発展をめざして』（地人書館、2015年）。
　　スペースデブリの実態、低減措置の方式、国際枠組等についての網羅的な解説書である。

【問い】
　　宇宙活動に参加する国家数の増加や民間企業の参入は宇宙の環境保全についてのルール形成にどのような影響を及ぼしたと考えるか。

コラム⑯　武力紛争における環境保護義務

　武力紛争が生ずれば、自然ないし文化環境に大規模な損害が生じうることは言を俟たない。本コラムでは、国際法上、武力紛争時において国家にどのような環境保護義務が課せられているのかを説明する。

　武力紛争は、(1)二以上の国の間で生じる「国際的武力紛争」と、(2)一国領域内に生ずる国際的性質を有しない「非国際的武力紛争」に二分され、それぞれ異なる条約上の規律が課されている。

　また武力紛争時に平時の条約の適用がどこまで認められるかには争いがあるが、武力紛争法と環境法を含む平時法が抵触した場合には原則として特別法である前者が優位する。

1　歴史的経緯

　第一次世界大戦における英国のルーマニアの大規模な油田攻撃や、1945年の広島と長崎における原爆投下など、武力紛争時における環境破壊は実際に生じていたが、それによって生じる害悪は長らく戦闘行為の付随的損害として捉えられており、武力紛争時における特別な環境保護義務は設けられなかった。

　このような状況が変化した契機がベトナム戦争(1955-75年)である。同戦争で、米国と南ベトナムは密林におけるゲリラ集団を攻撃するために、植生を重機で伐採したり枯葉剤を大規模な範囲において散布したりして環境それ自体を破壊する戦略をとった。これを受けて、1972年の国連人間環境会議で採択された人間環境宣言では、大規模な破壊を手段とする兵器の除去と破棄を進めることが勧告された(原則26)。そして、(1)1976年に環境改変技術の軍事的使用その他の敵対的使用の禁止に関する条約(ENMOD)が採択され、(2)1977年のジュネーブ条約第1追加議定書(API)でも、関連条項が採択された。

2　必要性・比例性原則

　武力紛争時には敵に対する攻撃を行うが、それは軍事的に必要な範囲においてのみ許容

される(軍事目標主義：1907年のハーグ第4条約・陸戦規則23条ｇ他；1949年の戦時における文民の保護に関するジュネーブ第4条約〈GCVI〉53条、147条)。軍事目標である物は、その性質、位置、用途から、敵の軍事活動に効果的に資するものであって、その破壊、奪取、または無効化がその時点における状況において明確な軍事的利益をもたらすものに限定される(API 52条)。

　そして国際司法裁判所(ICJ)は、核兵器使用に関する勧告的意見において、武力紛争時でもある措置の必要性原則および比例性原則の適合性を評価するうえでは環境に関する影響が考慮されなくてはならないと述べている([1996] ICJ Rep 242)。しかし、この規則は適用対象が敵の財産などに限定されており、環境それ自体を保護するものではないという限界を有している。

3　直接的な環境保護義務

　これに対して、前述のようにベトナム戦争後に環境破壊や周辺に影響をもたらす大規模な施設を破壊することを直接的に禁止する規則が条約に定められるようになった。

　第一に、国際的武力紛争において、自然環境に対して広範、長期的かつ深刻な損害を与えることを目的とする戦闘の方法および手段を用いることは禁止される(API 35条3項)。そして締約国は、そのような損害が生じないように注意を払い、そのような損害を生じさせることで住民の健康または生存を害することを目的とする戦闘の方法および手段を禁止しなくてはならない(API 55条2項)。

　また、予期される具体的かつ直接的な軍事的利益全体との比較において、攻撃が自然環境に対する広範、長期的かつ深刻な損害であって明らかに過度になりうるものを引き起こすことを認識しながら故意に攻撃することは、国際刑事裁判所(ICC)が管轄する戦争犯罪である(ICC規程8条2項(b)(iv))。

　第二に、危険な力を内蔵する工作物および

施設（ダム、堤防、原子力発電所）は、これらの物が軍事目標である場合であっても、これらを攻撃することが危険な力の放出を引き起こし、その結果、文民である住民の間に重大な損失をもたらすときには、攻撃の対象としてはならない（API 56条1項）。ただし、このような特別な保護は、(1) (a)ダムまたは堤防については、これらが通常の機能以外の機能のために、軍事行動に対し、常時の、重要なかつ直接の支援を行うために利用されており、(b)原子力発電所については、これが軍事行動に対し、常時の、重要なかつ直接の支援を行うために電力を供給しており、かつ、(2)これらに対する攻撃がそのような支援を終了させるための唯一の実行可能な方法である場合には消滅する（API 56条2項）。

　第三に、ENMOD の下で自然の作用を意図的に操作することにより地球（生物相、岩石圏、水圏、大気圏を含む）または宇宙空間の構造、組成、運動に変更を加える技術（環境改変技術。地震や津波を人工的に起こしたり台風の進路を変更したりする技術が含まれる）の軍事的または敵対的使用は禁止される。なお、同条約の適用は国際的武力紛争時に限定されておらず、非国際的武力紛争においても、また平時においても適用がある。

　本節で述べた以上の義務が慣習法上確立しているかには争いがあるが、それが不明である場合にも「人民及び交戦者は文明国の間に存立する慣習、人道の法則及び公共の良心の要求により生ずる国際法原則の保護と支配の下にある」（ハーグ陸戦規則前文）。

　このほか、化学兵器や核兵器などの、環境に影響を与える大量破壊兵器の使用の規制も、間接的に環境保護に資する。

4　武力紛争における文化財の保護

　武力紛争における文化財の保護は、紛争が終わった後に文化環境を保全し、文化遺産を次世代に引き継ぐために必要である。他方で、紛争時には、文化財はその財産的価値のため、あるいは、それが有する国や民族の象徴的意味のために、略奪や破壊の対象になりやすい。そこで、武力紛争の際の文化財の保護に関す

る条約（1954年）、第1追加議定書（1956年）、第2追加議定書（1999年：非国際的武力紛争においても適用）が締結されている。これらの条約は、軍事目標主義に沿う範囲で、文化財所在国に、文化財を軍事的な目的のために使用しないなどの保護義務を課しており、攻撃国には文化財を尊重する義務を課している。特に、第2追加議定書では軍事的必要性を理由とする条約適用除外についての実体的要件や事前警告などの手続的要件（6条）や攻撃の前に尽くすべき予防措置（7条）について指針を規定している。

5　実定法の限界とその克服の試み

　上記の条約の規律は、環境を保護するという観点からは、次の限界を有している。

　第一に、第2、3節で述べた GCVI と API の規律は非国際的武力紛争には及ばない。

　第二に、平時における環境法上の義務が、どこまで武力紛争時にも妥当するかには争いがある。ICJ の核兵器使用に関する勧告的意見は、この問題について直接的な見解を示さなかった。

　国際法委員会（ILC）の「武力紛争時における条約の適用」（2011年）では、国家管轄外の領域（公海、深海底、宇宙、南極）や国際公共財（気候、オゾン層、生物多様性）を保護する環境条約は、武力紛争時にも適用されるとされている。また、そこからすれば共有天然資源（国際水路、河川、湖）を保護する条約の適用も認められうる。

　また ILC「武力紛争に関連する環境の保護」（2016年）では、環境保護措置の強化、環境と文化的重要性が認められる保護地区の指定、先住民族の環境保護、軍隊の駐留や平和活動に際して環境保護を実施する義務などが取り入れられている。

　しかし実践において、武力紛争時における環境保護は、基本的には交戦国の軍事的必要性を害さない範囲で認められているのにすぎず、今後の発展を注視する必要がある。

（石井　由梨佳）

コラム⑰　外国軍隊の基地と環境問題

1　外国軍隊の地位

　外国軍隊の活動に伴う各種の実験と訓練などは環境に重大な影響を与える。しかし他国の領域内に軍事基地を設ける外国軍隊は、派遣国と受入国の管轄権が競合する複雑な法的状況のなかで活動するため、外国軍隊の駐留基地をめぐる環境問題の処理は容易ではない。

　外国軍隊の地位は、関係国の管轄権をいかに調整するかが争点であり、地位協定の締結で定まることが一般的である。政治・軍事状況に大きく左右されるため、カテゴリーの設定から内容までさまざまなレベルの地位協定が結ばれている。在日米軍は、「日米安全保障条約」（1960年）6条により、日本国内の施設・区域の使用を認められている。これに伴い締結された「日米地位協定」は、施設・区域の使用のあり方や在日米軍の地位を定めている。近年、軍事分野における環境保護の重要性に対する認識の高まりとともに、地位協定の法的仕組みにも変化が求められ、情報共有や立入調査の円滑化を図る「日米環境補足協定」（2015年）が締結されている。

2　在日米軍基地にかかわる環境問題の現状

　現在、日本の米軍専用施設の約70％が沖縄に存在しており、米軍再編による施設返還が終了した後も基地の沖縄集中という状況は変わらない。在日米軍の活動にかかわる環境問題は、土壌汚染、水質汚濁、騒音、原子力潜水艦の寄港による問題、赤土流出、有害物質の流出などがあげられる。基地内の埋蔵文化財の保護も危惧されている。1996年、基地「ホワイト・ビーチ地区」内でのレーダー建設工事中に平敷屋原遺跡の縄文時代の埋蔵物が破損する事故が発生し、基地内遺跡問題に関心が高まった。また、ポリ塩化ビフェニル（PCB）や水銀などの有害物質による跡地の汚染、有害化学物質の流出、普天間飛行場の辺野古移設による自然環境への影響など、基地移設や返還に伴う環境問題は喫緊の課題である。

　在日米軍施設・区域において環境問題が発生した場合、日米合同委員会またはその下部機関である環境分科委員会の協議により対処が行われる。しかし在日米軍の活動に伴う基地内外の環境汚染については、次のような地位協定上の限界から汚染実態の把握や規制の実施がきわめて困難な状況が続いている。

3　在日米軍基地の環境管理と日米地位協定

　第一に、あらかじめ特段の合意がある場合を除き、米国側の個別の同意なくして日本側が施設・区域の立入調査を行うことはできない。日米地位協定は施設・区域に対する排他的使用権を米軍側に与えているからである（3条1項）。第二に、施設・区域を返還する際に、米国側は原状回復義務や回復に代わる補償義務を負わない（4条1項）。そのため、汚染除去に関する膨大な費用は日本側が負担することになる。第三に、在日米軍施設・区域に対する国内環境法の適用が問題となる。日本政府は、外国軍隊およびその構成員等の公務執行中の行為には、派遣国と受入国の間で個別の取決めがないかぎり、受入国の法令は適用されないが、受入国法令の尊重義務は負う（16条）、という基本的見解を示している。しかし、一般的に地位協定は、領域主権の原則に基づき、施設・区域および軍隊に原則として受入国の国内法が適用されることを前提とする。地位協定や個別の法令の明文または解釈により、その一部の適用が除外されるのである（1960年3月25日衆議院日米安全保障条約等特別委員会）。

　NATO軍地位協定では、協定全体にわたる基本的原則として受入国法令を尊重する義務が定められているが、基地の提供、使用、演習・訓練などについてドイツ駐留NATO軍地位補足協定（ボン補足協定）においてドイツ法の適用が規定されている。他方、日米地位協定には国内法令の適用に関する直接の規定は存在しない。在日米軍施設・区域には、原則的に日本の国内環境法が適用されると解すべきであるが、その執行は制限されている

のが現状である。このような限界を克服するために、両国政府は日米合同委員会の合意や「環境補足協定」などの取組みを通して環境問題への対応の強化を図っている。

　なお、米国では、1970年代後半まで軍事活動は国内環境法の適用対象から除外されていたが、1978年大統領命令12088号に基づき、国内軍事施設に米国の国内環境法の適用が義務づけられた。他方、域外の軍事施設に適用されるのは、国家環境政策法（NEPA）などの主要環境法ではなく、域外環境基準指針文書、受入国の環境基準、および地位協定などを考慮して各国ごとに作成される最終管理基準である。NEPAに比べると内容や手続が緩和されているため、米国の環境団体は域外軍事活動に対する管理基準のレベルを問題視している。在日米軍施設・区域においては、「日本環境管理基準」（JEGS: Japan Environmental Governing Standards）が適用されており、日米の関連法令のうちより環境保護に配慮した基準を選択することが合意されている。

4　「環境補足協定」の成立と課題

　1990年代に入り基地汚染の深刻さが顕在化し、地位協定の規定や仕組みが不十分であるとの問題意識に基づき、環境管理のあり方を根本的に見直すことが主張された。

　日米合同委員会は、在日米軍に起因する環境汚染が発生した場合の日本側の調査、視察およびサンプル入手の要請（1973年）、立入許可手続（1996年）、環境被害の事案を含む、在日米軍に係る事件・事故発生時における通報手続（1997年）について、いくつかの合意を出している。日米安全保障協議委員会による「環境原則に関する共同発表」（2000年）では、地域住民ならびに在日米軍関係者の健康および安全を確保することを目的として、①管理基準、②情報交換および立入り、③環境汚染への対応、④協議が定められた。

　2013年普天間飛行場の移設をめぐって、沖縄県は在日米軍施設・区域内への立入調査を可能とするために地位協定の改定を含む、基地負担軽減の実施を政府に要請した。これを受けて締結された「日米環境補足協定」は、

施設・区域の環境管理分野における日米両国間の協力促進を示している。第一に、情報共有について、両国は入手可能かつ適当な情報を相互に提供する（2条）。第二に、環境基準について、米国側はJEGSを発出・維持すること、JEGSは漏出への対応・予防に関する規定を含み、両国または国際約束の基準のうち、最も保護的なものを一般的に採用する（3条）。第三に、日本当局は、環境に影響を及ぼす事故の発生、施設・区域の返還に伴う現地調査を行う場合、米軍施設・区域への適切な立入りを行えるよう手続を作成・維持する（4条）。第四に、環境補足協定の実施に関するいかなる事項についても、一方からの要請により日米合同委員会での協議を開始する（5条）。

　「日米環境補足協定」は、日米地位協定を補足する初めての協定として環境管理の法的枠組みを設けたことに意義があるが、実効性の確保は依然として課題である。環境事故が発生した際、日本側の立入申請を受け入れるか否かは米国側の裁量であり、いかに米軍側の協力を導き出すかの問題は残る。最近、嘉手納、普天間の飛行場周辺や米軍の貯油施設から有機フッ素化合物を含む高濃度の有害化学物質が検出される事案が相次いで発覚した。汚染の実態を調べるために基地内の立ち入り調査が一部許可されたが、十分かつ速やかな調査実施体制の構築には至っていない。また、基地返還の際に米国側は原状回復義務や回復に代わる補償義務を負わないなど、日米地位協定の枠組みと連動する構造的問題は維持されている。2000年代に多くの米軍基地が返還された韓国では、跡地の汚染除去費用をめぐって汚染者負担原則を主張する韓国側と原状回復義務を否定する米国側の対立が続いている。日米地位協定においても、ボン補足協定のように予防義務、原状回復義務の条項を設けるなど、さらなる取組みの強化が必要である。住民や自治体の意向を十分に尊重しつつ、同等な主権間の協力関係を前提に環境補足協定の実効性を担保し、その運用について適切な見直しを行うことが求められる。

（権　南希）

国際環境法

基本判例・事件

国際環境法　基本判例・事件①　ラヌー湖事件

フランス対スペイン　仲裁　判断
　（1957年11月16日）
Reports of International Arbitral Awards,
　Vol.12, pp.281-317
http://legal.un.org/riaa/

1　事実

　ラヌー湖は、その水源も含めフランス領域内にある。ピレネー山脈の南側に位置するこの湖から流れ出た水はカロル川となり、25キロメートルほど流れスペイン領に入り、最終的に地中海に流れ込む。カロル川の水は、スペイン域内で、灌漑用水として約1.8万人が利用していた。

　フランス政府はラヌー湖の水をアリエージュ川に転流することで水力発電に利用する計画を立てていたところ、スペイン政府が懸念を表明したため（アリエージュ川はピレネー山脈の北斜面を流れて大西洋に至るため、スペイン領を通らない）、両国間での外交協議が1917年から重ねられてきた。第二次世界大戦で中断した後、1949年に混合技術者委員会が設置され、ラヌー湖水の利用に関する調査が行われることになったが、両国が合意するまで現状を維持することが確認された。

　このようななか、1950年、フランス電力会社は、32.6万人の人口をもつ街に電力を安定供給する能力を持つ水力発電所を建設する目的で、次のような事業計画を立て、フランス政府に許可を申請した。それは、ラヌー湖の出口に高さ45メートルの堰堤を建設し、湖の総貯水量を約1,700万立方メートルから約7,000万立方メートルまで引き上げたうえで、湖水の一部（約25％）をアリエージュ川に転流し、780メートルほどの落差を利用して水力発電を行うというものであった。もっとも、スペインに配慮し、アリエージュ川の上流の水をカロル川に還流することも計画に含まれていた。

　フランス政府は、スペイン政府に本事業計画を通告し、上記混合技術者委員会とその後設置された特別混合委員会で協議されたが、結局スペイン政府から同意を得られなかった。そのため、フランス政府は、1929年に両国間で結ばれていた仲裁条約に基づき、仲裁廷に紛争を付託することとした。付託合意書（コンプロミ）で、仲裁廷は、1866年のバイヨンヌ条約と同年の追加議定書に照らして本事業計画が合法であるか否かに関して判断するよう請求された。なお、当条約は、フランスとスペインの国境画定のために調印された一連の条約の一つであり、その追加議定書には、「両国間での共有利用のための水の管理規則および使用権」に関する規定（8条〜19条）が置かれている。

2　仲裁判断

　本件の紛争は、二つの問いに還元できる（以下のⅠとⅡ）。
Ⅰ．フランスの事業計画に示されるラヌー湖水の利用は、バイヨンヌ条約と追加議定書上のスペインの権利を侵害することになるか。

　追加議定書9条と10条は、両締約国が領域内で公益目的の水関連事業を行う権利を認めており、上流国が下流国の水利用を奪うことが明らかである場合には補償することを求めている。しかし、フランスの事業で講じられ

アリエージュ川　（ガロンヌ川に合流し、大西洋へ）
還流（トンネル）　転流（トンネル）
アンドラ　堰堤　ラヌー湖
国境　カロル川　フランス
スペイン
（セグレ川、後にエブロ川に合流し、地中海へ）
（作成：平野）

る還流のおかげで、スペイン領域内での水の利用者は誰も損害を受けることにはならない。というのも、渇水期にカロル川で利用できる水量は、国境を通過する地点で、常に減ることがないためである。むしろ、フランスが最小水量を保証しアリエージュ川から水を確保することでカロル川の水量が増すことにもなりうる。これに対し、スペインは、当事業によってカロル川の水質が汚染される、あるいは還流される水の化学成分、温度、その他の特性によって自国の諸利益が害されうると反論しえたが、そうした主張はなされなかった。また、水量の測定や設備などの不備によって適切に還流されない、あるいは過大なリスクがあるといった点について、フランスの技術的な保証は満足のゆくものである。仮に、予防措置が講じられたにもかかわらず還流が偶発的事故に見舞われたとしても、追加議定書の違反とはならない。

　スペインは、二つ別の論拠を提示した。第一に、他方締約国の同意なく、異なる流域の間で水を返還することは、たとえ転流と還流の水量が同じであったとしても認められないと主張する。仲裁廷は、流域が、物理地理学的に一つの単位であるという現実を認識している。しかし、法的平面において、流域の一体性は、人間的現実（réalités humaines―訳注：人のさまざまな活動の実態）に応じて認められるにすぎない。水は、本来的に代替可能な動産であるので、人間のニーズの観点からは質を変えないかぎり、返還しうる対象である。実際、フランスの事業計画で予定されている還流を伴う転流によって、社会生活上の必要に応じて整備されている物事に変更をきたさない。さらに、現代の技術水準では、発電目的で利用される水が本来の河川に戻されないことも認められるようになっている。よってスペインの主張は認められない。

　第二に、スペインによれば、国家間の平等の原則に基づき、フランスは、ラヌー湖から流れ出る水とアリエージュ川から還流する水をスペインから取り上げることを物理的に可能にする立場に自らを置く権利を有さない。仲裁廷は、スペインが不安を表明するに至っ

た動機や経験則について見解を表明することはしない。フランス政府はスペイン政府に対し、いかなる場合も合意された河状を害しないとの保証を与えている。悪意は推定されないという法の一般原則が確立している以上、スペインが十分な保証を得ていないという主張は成り立たない。国家が自らの正当な利益を確保するために行動する場合に、国際約束に違反することによって隣国に重大な損害をも与えうるような状態に自らを置く事実行為自体を禁止する規則は、バイヨンヌ条約や追加議定書上も慣習国際法上も存在しない。

　よって、仲裁廷はⅠの問いに対し、否定の回答を与える。

Ⅱ．（Ⅰが否定された場合）フランスによる当事業の実施は、バイヨンヌ条約および追加議定書の違反を構成することになるか。

　仲裁廷は、スペインの主張を検討する前に、フランス政府に対して援用された義務の性質について、一般的な見解を示すことが有意義であろうと考える。ある事項に対する管轄権行使が、２カ国間で合意した条件もしくは手段によらなければ認められないとすれば、一国の主権に対し本質的な制約を課すことになるため、そうした制約は明確で説得的な証拠がないかぎりは認められない。だからこそ、国際的な慣行では、自国の権行使を協定の締結に従属させることなく、あくまで先決的に交渉によって、そうした合意の範囲を模索することを諸国に義務づけるにとどめるという、より極端でない解決策に頼ることが好まれている。こうした義務（ときに、正確な表現ではないが「合意交渉義務」と呼ばれる）の存在について異議が唱えられているとは思われず、たとえば正当化されない対話の中断、異常な遅延、既定の手続の無視、相手方の提案や利益への配慮の頑なな拒否、より一般的には信義則に反する場合に違反が認められよう。

　A)　事前の合意の必要性

　スペインによれば、実定国際法上、フランスの事業の実施はスペイン政府の事前の合意に基づかなければならない。仮に、上流国が自然の状態において下流国に重大な損害を与

えるように河川の水を変化させることを禁止する規則の存在を認めるとしても、すでに確認したようにフランスの事業はカロル川の水量を変更しないため、本件では適用されない。実際、諸国は今日、国際河川を自らの利益のために工業用水として利用する際、対立しうる利益の重要性に鑑み、相互に譲歩することで諸利益を調整する必要性を熟知している。こうした妥協にたどり着く唯一の道は、徐々に包括的な内容の諸合意を取り付けてゆくことだけである。国際的な慣行は、こうした諸合意の締結のために努力しなければならないという確信を反映している。そのため、広範な利益の比較および相互の善良な意思によって諸国に合意締結のため最良の条件を整えうる、すべての対話と連絡を信義則に従って受容する義務が存在する。しかしながら、利害関係国間の事前の合意を前提としなければ国家は国際河川の水力を利用できないという規則は、慣習法としても、法の一般原則としてはなお一層、確立していない。

追加議定書11条は事前の通報について定めているが、スペインが主張するようにそこから事前の合意の必要を導くことはできない。通報義務の目的は、被通報国が拒否権を行使することを認めるためではなく、被通報国の側で、まず適時に沿岸住民が補償を受ける権利を、そして可能な範囲で一般的な利益を守ることにある。もし締約国が事前の合意の必要を定めたければ、11条に通報のみを規定しなかったであろう。また、バイヨンヌ条約や追加議定書の他の規定、1949年の確認合意に、事前の合意を求める根拠は見出されない。

B）　追加議定書11条から導かれるその他の義務

第一は、事前通報義務である。隣国が行う活動の影響を被るおそれに晒される国は、自国の利益の唯一の判定者であり、その隣国が自発的に通報しないならば、事業の対象である活動や許可について通報を求める権利を否定されない。いずれにせよ、フランスが通報を行ったことは争われていない。

第二は、補償制度の設立および関連するすべての利益を保護する義務である。仲裁廷は、11条を広く解釈し、その性質にかかわらず事業の実施によって影響を受けるおそれがあるすべての利益が、たとえ権利に相当せずとも、考慮されなければならないと考える。こうした解決のみが、追加議定書16条の文言やバイヨンヌ条約を含むピレネー諸条約の精神、そして水力電源開発の分野における国際的な慣行に表れている傾向に適合する。次に、こうした利益を保護する方法について、仲裁廷の考えでは、上流国は、信義則により、存在するさまざまな利益を考慮する義務を負い、それによって自らの利益を追求することと他の沿岸国の諸利益とを両立して満たすよう模索し、そして、他国の利益を両立させるよう実際に配慮したことを示さなければならない。本件において、フランスがスペインの利益を考慮したか検討するにあたり、交渉で相手国の利益を考慮する義務と、解決策で相手国の利益に合理的な地位を与える義務との密接な関係について強調すべきである。関連利益の考慮がどのように事業計画の決定に取り込まれたかを判断するうえでは、交渉が展開された様態、提示された諸利益の一覧、諸利益を保護するために各締約国が支払う用意のある費用、これらすべてが本事業を追加議定書11条に照らして評価するために必要不可欠な要素である。以上について、フランスに違反はない。

3　解説
(1)　裁判手続は国際河川をめぐる紛争の解決に資するか？

国際河川をめぐる紛争は、一般的に上流国が下流国に対して水資源を先に利用できる分、優位な立場にあることによって生じる（他方で下流国も、船舶の航行や産卵のために川を上る遡河魚の漁業などで優位に立ちうる）。また、水は産業の根幹で利用され、代用物がない。下流国が飲用水や灌漑用水を一定量確保したいにもかかわらず、上流国が水を堰き止めたり、汚染したりした場合、たとえ損害の一部を金銭補償するとしても下流国は満足しないであろう。

いったん紛争が生じた場合、その解決方法

としてまず初めに交渉がなされなければなら
ず、その重要性は判断中でも述べられている。
交渉で解決されない場合、独立の第三者とし
て国際法に基づいて判断する司法機関や仲裁
に付託することが考えられる。本件は、こう
した裁判手続が機能した事例である。具体的
にみると、フランスは、地方での電力需要増
加を満たす目的で水力発電を実施したいがた
めに、再三にわたって譲歩してきた。当初の
計画では、還流措置を講じることでスペイン
の灌漑に必要な水量を確保することが提案さ
れた。それでも納得しないスペインに対して、
還流量を転流量に合わせると確約し、最後に
は、年間で一定の最低水量を提示するにい
たった（渇水期にはカロル川の水量を増やし
えた）。重ねてフランスは、還流する水量を
スペインの在仏領事が確認することを認め、
客観性を確保しようとした。それにも同意し
ないスペインにしびれを切らし、仲裁に訴え
た結果、仲裁判断で事業を実施する権利の存
在を確認できたのである。他方、スペインに
とっても、仲裁にいたる前の交渉でフランス
から数々の譲歩を引き出せたうえに、万が一
フランスが還流する水の量を減じるなどした
場合には国際法違反となることも確認でき
た。また、仲裁判断が出たことで、スペイン
政府が国内で利害関係を持つ農業用水利用者
に対し、フランスの事業を認めざるをえな
かったことの説明が示しやすくなったとも考
えられる。

ただし、裁判手続が効果的に機能するかど
うかはケースバイケースであり、国際河川に
ついてだけでもガブチコヴォ＝ナジマロ
シュ・プロジェクト事件やインダス川事件な
どのように、判断後も紛争当事国間で外交交
渉が続くこともある。本紛争では、フランス
とスペインの間に仲裁条約が存在したが、裁
判手続に付託する管轄権の根拠が存在しない
ため解決にいたらない紛争も少なくない。

(2)　本仲裁判断の先例的意義

仲裁廷は、あくまでバイヨンヌ条約とその
追加議定書の解釈と適用を行う管轄権しか有
していない。とはいえ、仲裁廷は、解釈に際
して一般国際法の規則を考慮する柔軟な姿勢

をとり、損害防止原則および衡平利用原則と
称されるようになる実体的規則や、手続的規
則である通報および協議の義務が検討されて
いる。当時、類似の国際裁判例がなかったこ
とから、当判断で言及された法の一般的内容
は、条約の起草や判例、そして学説で頻繁に
引用され、1990年代以降の国際水路法や国際
環境法の飛躍的発展に貢献した。今なおも、
フランスがスペインの利益に配慮するなかで
講じた方策は、適法で望ましい国家間協力の
具体例として参照される意義がある。

(3)　ラヌー湖事件における環境への配慮

60年以上前の本件で、環境への考慮は限定
的である。そもそも本件は、上流での電力利
用と、下流での灌漑利用のための水の配分に
関する紛争であった。それでも、判断中（Ⅰ）
で水質に関する問題が生じうることに仲裁廷
が言及したことは注目に値する。仲裁廷は、
水の性格について、あくまで人間が利用する
対象物と認識している。それに対し現在は、
「地理的、水路的、水文的、気候的、生態的、
そのほかの自然的性質を有する要素」も衡平
利用の判断の際に考慮することとされており
（国際水路の非航行的利用に関する条約6条
(a)）、自然環境の保護、保全および管理に関
する意識が高まっている（同第Ⅳ部）。仮に今、
ラヌー湖事件の判断が出されるとすれば、水
環境への悪影響についても論点になりえよ
う。しかし、環境それ自体の法益を紛争当事
国は必要十分な形で主張できるのであろう
か。実践的には、環境影響評価の適切な実施
が問題となろう。仲裁手続では、NGOなど
が第三者（アミカスキュリエ）として参加を
要請する可能性もあり、その場合、当事国の
意向を踏まえ、仲裁廷が容認するか判断する
ことになる。

〈参考文献〉
一之瀬高博『国際環境法における通報協議義
　務』（国際書院、2008年）1章、4章。
松井芳郎『国際環境法の基本原則』（東信堂、
　2010年）81-101頁。

（平野　実晴）

国際環境法　基本判例・事件②　ガブチコヴォ＝ナジマロシュ・プロジェクト事件

ハンガリー／スロヴァキア　国際司法裁判所
　判決（1997年9月25日）
Gabčíkovo-Nagymaros Project
I.C.J. Reports 1997, p. 7
https://www.icj-cij.org/en/case/92/
judgments

1　事実

　ダニューブ（ドナウ）川はヨーロッパで第2の長さを誇る河川で、9カ国（現：10カ国）を流れ、黒海に注ぐ。同河川は、灌漑をはじめ水資源としての利用はもちろん、船舶航行によって国際的な交通を支えてきた。1950年代以降、上流のチェコスロヴァキア［現：スロヴァキア］と下流のハンガリーは、両国の首都（プラチスラヴァとブダペスト）の間の200キロメートルほどの区間で、ダニューブ川を開発するための交渉を重ねてきた。当初は船舶航行の改善と洪水対策が企図されていたが、70年代以降は水力発電も目的に加えられた。両国は1977年に、一連の閘門を含む水利施設からなるシステムの建設・運用に関する条約（以下、「1977年条約」）に署名し、同条約は翌年に発効した。

　1977年条約において、一連の事業は「共同投資」として行われ、「単一かつ不可分」であると規定され、次の二つのプロジェクトから成り立つ。①ダニューブ川が両国の国境となっているドゥナキリティ付近に分水ダムを建設し、チェコスロヴァキア領内をバイパスする運河に水を流す。また、同運河の中ほどのガブチコヴォ近郊に多目的ダムを建設し、運用する。②ハンガリーの領域内のナジマロシュ付近に、別のダムを建設し、運用する。

　1989年、チェコスロヴァキアのガブチコヴォ・ダムは完成を目前に控えていた。しかし、ハンガリーでは、国内でプロジェクトに対する批判が高まり、ナジマロシュ・ダムの工事の一切を中断した後に放棄し、ドゥナキリティの分水ダムの工事も中断した。両国の外交交渉が失敗した後、チェコスロヴァキアは、ガブチコヴォ・ダムを稼働できるよう複数の代替策を検討しC案（いわゆる「ヴァリアントC」）を「暫定的解決策」として選定した。これは、ドゥナキリティから10キロメートルほど上流にあるチュノヴォ付近（チェコスロヴァキア領域内）で、代わりの分水ダムを建設するというものであった。チェコスロヴァキアは、1991年11月、ヴァリアントCに着手し、翌年10月に運河への分水を開始した。これに対し、ハンガリーは1992年5月に、1977条約の終了を通告した。

　その後、両国は欧州共同体の仲介を受けて、本紛争を国際司法裁判所（ICJ）に付託することに合意した。

（出典：判決中の地図に基づき、平野が作成）

2　判旨

　両国が結んだ特別合意における請求主題に従って、ICJは以下の判決を下した。

　（1-a）ハンガリーは、プロジェクトを中断・放棄する権利を有していたか

　ハンガリーは、ドゥナキリティの分水ダムとナジマロシュ・ダムの工事を中断・放棄したが、1977年条約自体の適用は停止していないことは認めた上で、自国の行動を正当化するため「生態系上の緊急事態（a state of ecological necessity）」に依拠した。

　裁判所は、緊急事態［現在は「緊急避難

（necessity）」と呼ばれる]が慣習国際法上確立した違法性阻却事由であることを確認した上で、この例外が認められるための五つの要件をあげ、うち四つを検討した。

　まず、「自国の不可欠の利益」の要件に、ハンガリーが懸念する自然環境への影響は、確かに関連する。国連国際法委員会（ILC）も1980年の年報で、「特にこの20年で、生態系のバランスを保護することが、すべての国家の『不可欠の利益』と考えられるようになった」と述べている。また、裁判所が既に次の言葉で述べたように、環境の尊重は、各国家のみならず全人類にとって重大である。「環境は、抽象的なものではなく、生活空間、生活の質、将来世代を含む人間の健康そのものである。自国の管轄・管理下の活動が、他国または国家の管理外の区域の環境を尊重することを確保する国家の一般的な義務の存在は、今や環境に関する国際法の総体の一部である。」（核兵器利用・威嚇の合法性勧告的意見、1996年）

　次に、「重大で切迫した危険」の要件は、危険が長期にわたり顕在化する場合であっても、そうした危険の発現が確実で不可避であると立証されるならば認められる。他方、単なる危険の懸念では不十分である。ハンガリーの主張では、ナジマロシュ・ダムの建設により、上流部では堆積物による水質悪化や水量変動による生態系への影響が、下流部では河川の浸食により浄化作用が低下しブダペストへ供給される生活用水に影響が生じる。また、ドゥナキリティからの分水によってダニューブ川本流の水量が大きく低下することで、表水および地下水の水質が悪化し、沖積湿地帯の植物相と動物相に影響が出る。しかし、提出された科学的資料によれば、こうした懸念は長期的に生じるもので、不確実性が伴うことを示している。ゆえに、この要件は満たされていない。

　いずれにせよ、ハンガリーの行動は、自らの利益を保護するための「唯一の手段」ではなかった。さらに、ハンガリーは、自らこの事態の「発生に寄与」しているため、緊急避難を援用できない。

よって、ハンガリーは、プロジェクトを中断・放棄する権利を有していなかった。

　（1-b）チェコスロヴァキアは、「暫定的解決策」であるヴァリアントCに着手し、稼働させる権利を有していたか

　スロヴァキアは、ハンガリーが違法にドゥナキリティでの工事を中断したことで当初の事業を進められなくなったが、すでに莫大な投資を行っている以上、ヴァリアントCへの着手とその稼働は、1977年条約上許容されると主張した（条約の近似的適用の原則を援用）。しかし、裁判所の見解では、ハンガリーが1977年条約で認めたのは「単一かつ不可分」であるガブチコヴォ＝ナジマロシュ・プロジェクトが「共同投資」として実施される場合である。しかも、チェコスロヴァキアは、ヴァリアントCの運用を開始することで、ダニューブ川本流から80％から90％もの水量を専用している。ハンガリーは、1977年条約の義務に違反したからといって、国際水路がもたらす資源を衡平かつ合理的範囲で利用する基本的権利を奪われるわけではない。

　スロヴァキアは、仮に「暫定的解決」の実施が違法である場合でも、対抗措置によって正当化されると主張した。裁判所は、要件の一つとして、対抗措置の効果が、問題となっている権利に照らして被った被害と均衡していなければならないと考える。常設国際司法裁判所が述べたように、「航行可能な河川における利益共同（community of interest）は共同の法的権利の基礎となる。その本質的特徴として、河川の全水路の利用においてすべての沿河国は完全に平等であり、どの沿河国も他の沿河国に対する関係においていっさいの優先的特権が排除される。」（オーデル川国際委員会事件）この原則は、国連水路条約の採択に示される現代の国際法の発展によって、国際水路の非航行的利用においても強固なものとなった。チェコスロヴァキアは、一方的に共有資源に対する支配を及ぼし、ハンガリーから自然資源を利用する権利を奪ったため（併せて生態系に継続的影響を与えた）、均衡性の要件を満たしていない。

　以上から、チェコスロヴァキアは、ヴァリ

アント C に着手することは認められるが、稼働させる権利は有していなかった。

(1-c) ハンガリーによる1977年条約の終了通告の法的効果はどのようなものか

ハンガリーは、条約の終了通告が合法に行われ、効果を生じさせているとして、緊急避難、後発的履行不能、事情の根本的変化、チェコスロヴァキアによる1977年条約の重大な違反を主張したが、裁判所はいずれも退けた。

さらに、ハンガリーは、国際環境法の新たな規範の発展によって、1977年条約の履行が不可能になったと主張した。裁判所は、国際環境法の新たに発展した規範は、むしろ同条約の実施において関連しており、15条（水質保全）や19条（自然保護）の適用を通じて組み込むことが可能であったと指摘する。これら条文は特定履行義務を定めたものではないが、義務を実行に移す上で、合弁契約計画（Joint Contractual Plan）で特定される手段について合意する際に新たな環境規範を考慮することを要請している。このような進化する（evolving）条項を同条約に挿入することで、当事国はプロジェクトを適応させる潜在的な必要性を承認していた。これは、共同責任であり、義務の実施には、現行および潜在的なリスクを誠実に話し合う互いの意欲が必要である。環境が脆弱であるという意識と環境リスクが継続的に評価されなければならないという認識は、1977年条約締結後に一層高まっている。両当事国は環境に対する懸念を深刻に受け止め、必要な予防的措置を講じることに同意しているが、このことが共同プロジェクトに対して持つ帰結について根本的に対立している。このような場合、第三者の関与は解決策をみつける役立つ助けとなりうるが、それは各当事国が自らの立場について柔軟であるかぎりにおいてである。

国家間で効力を有する条約について、当事国が何年にもわたり相当程度まで、しかも巨額を投じて実施してきたのに、相互的な不履行を理由に一方的に破棄しうると認めることは、条約関係や *pacta sunt servanda* 規則の一体性に動揺をもたらす先例を作ることになってしまう。

ゆえに、ハンガリーによる1977年条約の終了通告は、法的効果を伴わない。

(2) 判決の法的効果はどのようなものか

裁判所が、1977年条約が今も効力を有し、その結果、両当事国の関係を規律し続けていると判断したことはきわめて重要である。1977年条約は、エネルギー生産のための共同投資プロジェクトだけでなく、ダニューブ川の航行改善、洪水管理や氷流出規制、そして自然環境保護といった他の目的も追求するよう設計されている。両当事国は、特別合意5条により行われる交渉において、同条約の目的をすべて達成すべきことに留意しながら、いかなる方法がその多様な目的に最善の方法で資するかを検討する法的義務を有する。

両当事国から裁判所に提出された数多くの科学的報告書が示すように、プロジェクトの環境への影響は相当なものである。環境へのリスクを評価するにあたっては、現在の基準が考慮されなければならない。環境保護の分野では、環境への損害が往々にして不可逆的であり、この種の損害に対する賠償のメカニズムに内在する限界ゆえに、警戒と防止が求められる。

「長年にわたり、人類は経済的および他の理由で絶えず自然に干渉してきた。過去には、こうした干渉は環境への影響を考慮することなく行われることも多かった。このような干渉の続行を軽率にこのままのペースで維持することが現在および将来世代の人類にもたらすリスクについて、新たな科学的知見が得られ、また関心も高まったことにより、新たな規範や基準が発展し、この20年の間に数多くの文書に定められてきた。国家は、新しく活動を計画する時だけでなく、過去に開始された活動を継続する際にも、こうした新たな規範を考慮し、基準に適切な重みを与えなければならない。持続可能な発展の概念は、このように経済発展を環境保護と調和させる必要性を的確に表現している。」

このことは本件において、両当事国がともにガプチコヴォ発電所の運転が環境に与える影響を見直すべきことを意味する。こうした交渉の最終的な結果を判断するのは裁判所で

はなく、当事国自身である。

　賠償について、ハンガリーとスロヴァキアは相互に金銭賠償を行う義務、そして金銭賠償を受け取る権利を有する。本件では、違法行為が交差しているため、各当事国がすべての金銭的請求および反対請求を放棄または撤回すれば、全体的な処理の枠組みにおいて満足に解決しうる。

3　解説

(1)　本判決が注目された諸要因

　本件は、環境保護にかかわる主題が初めてICJに持ち込まれた事件である。1992年にリオ宣言の採択をみたICJは、1993年に環境にかかわる事項を処理する裁判部（7名の裁判官からなる小法廷）を設置していたが、利用はされなかった。裁判手続では、ICJが初めて現地視察を行ったことが注目される。これはスロヴァキアが裁判所に提案したもので、すでに多額の費用を投じて建設していたガブチコヴォ・ダムを裁判官にみてもらうことで、判決がもつことになる影響を意識してもらおうとする戦略があった。

　本判決でICJは、利益共同の原則に従って沿河国が完全に平等な関係にあり、同年に国連総会で採択されていた「国際水路の非航行的利用の法に関する条約」を参照しながら、国際水路の資源を衡平かつ合理的な範囲で利用する権利があることを確認した。また、国家は、個別条約の実現過程で環境保護を考慮し、影響を継続的に評価する義務があることを示した。

(2)　紛争解決に果たした限定的な役割

　本判決でICJは、国際水路法や国際環境法に加え、国家責任法上の緊急避難や対抗措置、条約の終了原因など、国際裁判で適用例の少ない規則について判断を下した。もっとも、裁判所による一般国際法に関する言及がのちの国際法の発展に大きな影響をもったこととは裏腹に、本判決が両当事国間の紛争解決に果たした役割は限定的である。

　紛争構造は、すでに建設したダムを用いて水力発電を行いたいスロヴァキア（チェコスロヴァキア）と、環境へのリスクを盾に事業

の停止を求めるハンガリーとの間の対立として捉えれば単純である。しかし、両ダムをめぐる紛争は各国の国内政治において共産主義時代との決別と結びつけられており、スロヴァキアでは独立した経済発展の、ハンガリーでは環境保全の象徴となってきた。それゆえ、両当事国の立場が、硬直化してしまっているのである。その結果、両当事国の交渉は頓挫し、第三者による紛争解決に委ねられた。

　それでもICJは、二国間条約である1977年条約を生存させ、協調的な紛争解決の道を残した。しかし、裁判所が期待する、1977年条約に適合するヴァリアントCの運用様態とはどのようなものなのだろうか。確かに、ICJは、本件で争点になったような科学的知見に支えられた解決策を具体的に提示するのに適当な機関ではない。また、さまざまな政策的目的を調整し、利益を衡量する作業も、司法判断になじまない。とはいえ、具体的な解決策に至る手順を示すことなく、両国に立場の軟化と歩み寄りを求める判断に対しては、いささか消極的にすぎたとの批判もある。

　判決後の交渉は不調に終わり、1998年にスロヴァキアが追加的判決を請求したが、2017年に取り下げられた。2022年3月現在、いまだ継続中の事件として、ICJの訴訟事件一覧表に掲載されている（ウェブサイト参照）。

〈参考文献〉
繁田泰宏「ガブチコヴォ・ナジマロシュ事件」繁田泰宏・佐古田彰（編代）『ケースブック国際環境法』（東信堂、2020年）11-16頁。
臼杵知史「国際環境紛争の司法的解決―ガブチコヴォ・ナジマロシュ計画事件判決・再考」『同志社法学』第58巻2号（2006年）77-110頁。
酒井啓亘「判例研究・国際司法裁判所　ガブチーコヴォ・ナジマロシュ計画事件」『国際法外交雑誌』99巻1号（2000年）57-95頁。

　　　　　　　　　　　　（平野　実晴）

国際環境法　基本判例・事件③　ウルグアイ河パルプ工場事件

アルゼンチン対ウルグアイ　国際司法裁判所
　判決　（2010年4月20日）
I.C.J. Reports 2010, p.14
https://www.icj-cij.org/files/case-related/135/135-20100420-JUD-01-00-EN.pdf

1　事実

　アルゼンチンとウルグアイは、1961年に締結した二国間条約において、ウルグアイ河を両国の国境として画定した。この1961年条約7条に基づき、1975年、ウルグアイ河の最適かつ合理的利用を目的とするウルグアイ河規程（以下「75年規程」）が締結され、そのための共同機構としてウルグアイ河管理委員会（以下「CARU」）を設立した。
　アルゼンチンは、ウルグアイがウルグアイ河沿岸にCMB工場およびオリオン工場という二つのパルプ工場の建設に係る許認可を付与し、このうちオリオン工場について操業を開始した。2006年5月、アルゼンチンは、75年規程の定める、CARUおよびアルゼンチンへの事前通報義務や、環境影響評価実施義務および水環境を保全し汚染を防止するためにすべての必要な措置をとる義務等にウルグアイが違反したとして、75年規程60条1項の裁判条項に基づき、国際司法裁判所（ICJ）に紛争を付託した。二つの工場のうち、

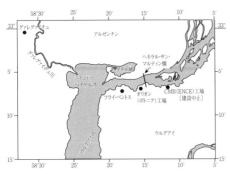

（出典：*I.C.J. Reports* 2010, p.35 Sketch-map No.2）

CMB工場は2006年9月に建設が中止されたが、オリオン工場は2007年11月に操業を開始した。
　なお、アルゼンチンは、付託と同日、仮保全措置命令をICJに要請し、また、ウルグアイも、同年11月に仮保全措置命令をICJに要請したが、ICJは、いずれも仮保全措置を指示する権限の行使を必要とする状況ではないと判断した。

2　判旨

　75年規程には、手続的義務と実体的義務との関係について、手続的義務の履行によってのみ実体的義務が達成される、あるいは、手続的義務の違反が自動的に実体的義務の違反を引き起こすことを示唆する規定はない（para.78）。
　まず裁判所は、手続的義務について次のように判示した。締約国は75年規程7条1文に基づくCARUへの通報は、計画が他の当事国に「重大な損害」（significant damage）を引き起こすおそれがあるかどうかを、迅速かつ予備的な基礎に立って決定できるものでなければならない（para.104）。同条同文のもとで、活動を計画する当事国は、事業計画が他の当事国に「重大な損害」（significant damage）を引き起こすおそれがあるかどうかにつき、CARUが予備的な評価をできるほどに十分に進展した計画を保有した場合には、直ちにCARUに通報することが要求される（para.105）。この段階でなされる通報は、しばしばさらなる時間と資源を必要とするような、事業の完全な環境影響評価を構成する必要はない（para.105）。CARUに通報する義務は、関係当局が、先行的環境許可を得るために、当該事業をCARUに照会した段階で、かつ、その許可の付与前に生じる（para.105）。
　75年規程7条の通報義務の目的は、当事国が、最善の情報を基礎に計画の河川への影響を評価し、および、必要な場合には、生じる

おそれのある潜在的な損害を回避するために必要とされる調整のための交渉を可能にする、当事国間の協力の条件を生み出すことにある（para.113）。

また、他の国に重大な越境被害を引き起こすおそれのあるすべての計画について決定を行う際に必要とされる環境影響評価が、75年規程7条2文および3文に従い、関係当事国により、CARUを通じて、他の当事国に対して通報されなければならない（para.119）。この通報は、評価が完全であることを確保する過程に、通報を受ける国が参加できるようにすることを意図している（para.119）。そのため、通報は、提出される環境影響評価を適切に考慮するために、関係国が計画の環境上の実行可能性について決定を行う前になされなければならない（para.120）。本件において、二つの工場に関する環境影響評価のアルゼンチンへの通報は、CARUを通じてなされず、また、二つの工場に対し先行的環境許可を付与した後で、影響評価をアルゼンチンに送付したにすぎない（para.121）。

以上から、ウルグアイは、75年規程7条2文および3文に基づく、CARUを通じてアルゼンチンに計画を通報する義務を履行しなかった（para.122）。この違反に対しては、裁判所による当該違反の宣言が適切な精神的満足を構成する（13対1）（para.282(1)）。

次に裁判所は、実体的義務について次のように判示した。75年規程41条の「水環境を保全し、また、とりわけ、適切な規則および措置を定めることにより汚染を防止する」義務は、各当事国の管轄下および管理下でなされるすべての活動に関して、相当の注意を払って行動する義務である（para.197）。当事国は、国境を越える被害を引き起こすおそれのある活動に関して水環境を保護し保全するという目的から、環境影響評価を実施しなければならない（para.204）。75年規程41条に基づく保護し保全する義務は、計画された産業活動が、とりわけ共有天然資源に対し、国境を越えて重大な悪影響を及ぼすような危険（risk）が存在する場合には、環境影響評価を実施することが一般国際法の要請であると

いう、近年諸国に広く受け入れられている実行に従って解釈されなければならない（para.204）。事業計画国が事業の潜在的な影響について環境影響評価を実施しなければ、相当の注意、および、それが含意する警戒と防止の義務が果たされたとみなすことはできない（para.204）。もっとも、環境影響評価の範囲および内容については、75年規程も一般国際法も特定していない（para.205）。また両当事国は越境環境影響評価に関するエスポ条約の締約国でもない。したがって、各国は、個別の事案において要求される環境影響評価の具体的な内容を、各国の国内法または当該事業の許認可手続によって決定すべきである（para.205）。また、環境影響評価は事業の実施前に行われなければならず、いったん操業が開始されれば、必要な場合には、その事業全体を通じて、環境に対する影響の継続的な監視が実施されなければならない（para.205）。

ウルグアイの環境影響評価の実施の方法について、工場の立地に関し最終用地が決定される前に可能性のある複数の用地の評価が実施されなかったとのアルゼンチンの主張には納得できない（para.210）。また、ウルグアイは影響を受ける住民との協議を実際に行った（para.219）。

オリオン工場からの排水に関し、両当事国間で争いとなった要因および物質は、溶存酸素、全リン（およびリン酸塩を原因とする関連する富栄養化問題）、フェノール性物質、ノニルフェノールおよびノニルフェノールエトキシレート、ならびに、ダイオキシンおよびフランであるが、これらの要因および物質の検出とオリオン工場との明確な因果関係は立証されていない（paras.238-259）。生物多様性および大気汚染についても同様である（paras.260-264）。

以上の理由により、ウルグアイは、75年規程41条の実体的義務に違反していない（11対3）（para.282(2)）。

3 解説

(1) 実体的義務と手続的義務の機能的な連関の意味—触媒としての協力義務

本判決は、損害の防止に関し、実体的義務と手続的義務の「機能的な連関」（a functional link）に言及した。ここにいう実体的義務とは、75年規程36条の「生態学的な均衡の変化を回避するための措置を調整する義務」（以下「生態系保全義務」）および41条の定める「汚染を防止し水環境を保全する義務」（以下「汚染防止義務」）を、また、手続的義務とは、本判決によれば、75年規程7条から12条の「事前通報義務」を指す（para.75）。

では、機能的な連関とは具体的に何を意味するか。これに関し、本判決の次のような判示が注目に値する。「関係国は、まさに協力することによって、損害を防止するために、一方の当事国が開始した計画からもたらされる環境への損害の危険（risks）を共同で管理することができる」（para.77）。さらに、協力による共同管理を実現するための手段として、本判決は、75年規程が創設した包括的な制度であるCARUという「共同機構」（joint machinery）の役割を高く評価した（paras.75、78、84-93、281）。

以上から、機能的な連関とは、次の2点を意味すると考えられる。第一は、手続的義務たる事前通報義務の履行は、生態系保全義務・汚染防止義務の不履行の可能性を減少させることに明らかであるように、実体的義務と手続的義務は相互補完関係にあることである。第二は、実体的義務と手続的義務の履行を促進するためには、地域的条約によって創設される国際流域委員会を通じた協力が鍵となることである。つまり、実体的義務と手続的義務の履行を効果的に確保すべく、関係国が協力義務に基づいて行動することの重要性を認識したところに意義がある。要するに、本判決から、機能的な連関とは、（国際流域委員会を中心的な構成要素とする）流域国間の協力義務を触媒とした実体的義務および手続的義務の履行促進をいうものと理解できる。こうした理解は、国際水路分野の普遍的条約である1997年採択の「国際水路の非航行的利用の法に関する条約」や（8条2項を参照）、同年のガブチコボ・ナジマロシュ計画事件ICJ判決（para.147および150を参照）にも裏打ちされる。

(2) 環境影響評価実施義務の一般国際法化

本判決の最大の特徴は、環境影響評価の実施を一般国際法上の義務と認めた点にある。環境影響評価とは、計画中の活動が環境に重大な悪影響を及ぼすおそれがある場合に、当該活動が環境に及ぼす潜在的な影響を評価する手続を指す。本判決は、一般国際法化の範囲を、「産業活動」が「共有天然資源」に対して国境を越えて重大な悪影響を及ぼす危険がある場合に限定していることに注意が必要である（para.204）。これに関し、2015年のサンフアン川沿いのコスタリカでの道路建設事件および国境地域におけるニカラグアの活動事件ICJ判決は、産業活動の限定を取り払った（para.104を参照）。

もっとも、本判決は、環境影響評価の実施それ自体を一般国際法上の義務であると認めたが、その実施の具体的内容については、各国の国内法または当該事業の許認可手続による決定に委ねた（para.205）。このことは、各国の法制度に従っているかぎり、一般国際法としての環境影響評価実施義務の違反が問われることはないことを意味する。

ただし、環境影響評価の範囲および内容について、計画国は、各国の法制度によるとしても、国際法が要求する次の三つの要請を無視することは許されない。①計画中の開発の性質と規模および環境への悪影響の可能性、ならびに、そのような評価の実施に際して相当の注意を尽くす必要性を考慮すること、②環境影響評価を事業の実施前に行うこと、③いったん操業が開始されたならば、必要に応じて、事業の存続期間全体にわたり環境に対する継続的なモニタリングを実施すること（para.205）。

環境影響評価に関するパルプ工場事件判決のもう一つの特徴は、環境影響評価の実施を実体的義務として把握した点である（paras.203-219）。環境影響評価は、環境に悪影響を及ぼすおそれのある事業活動についての

意思決定過程での一定の手続の実施を要求する義務であることから、手続的義務に分類されてきた。もっとも、本件では、環境影響評価の実施主体が政府当局ではなく、非政府組織である国際金融公社（IFC）やIFCの委託を受けたNPOであった。このような場合には、政府当局は環境影響評価の適切な実施を確保するためにすべての必要かつ適当な措置をとる義務、すなわち、相当の注意義務を履行しなければならない。かかる相当の注意義務は実体的義務である。そのように考えれば、本判決が環境影響評価の実施を実体的義務として扱うことは不思議なことではない。

(3)　防止義務の法的性質

防止義務とは、他国に重大な害（harm）を生じさせないようにすべての適当な措置をとる（＝「相当の注意」を払う）ことを活動（を計画する）国に要求する性質の義務である。では、本判決は防止義務をどのような性質の義務と認識したか。それは本判決の次の一文に示されている。「慣習法規則としての損害の防止の原則は、国家が自国領域内で要求される相当の注意にその起源を有する。……したがって国家は、自国領域内または自国の管轄下の地域で行われる活動が、他国の環境に重大な損害（significant damage）を引き起こすことを避けるために、その利用に供するすべての手段をとるよう義務づけられる」（para.101）。

以上の判示から、防止義務の三つの性質が導かれる。すなわち、①慣習国際上の規則であること、②重大な損害の絶対的な禁止を意味するのではなく、自国領域内において要求される「相当の注意」（due diligence）義務であること、③規制対象を財産や人身から（トレイル熔鉱所事件参照）、他国への「環境」損害へと拡大したこと、である。

また、本判決は、環境影響評価実施義務との関係にも言及した点でも注目される。つまり、環境影響評価の未実施が「相当の注意」義務の不履行を生じさせる可能性を示唆した（para.204）。環境影響評価の実施または未実施は、防止義務たる「相当の注意」義務の違反を認定するための重要な要素となる。ただ

し、注意を要することは、環境影響評価の未実施によって「相当の注意」義務の不履行が認定されたとしても、そのことが自動的に防止義務の違反を引き起こすわけではないという点である。なぜなら、本判決が示唆するように、環境影響評価が要求される「重大な悪影響をもたらすおそれ」の敷居と、防止義務の「重大な損害」の敷居とを比べれば、後者よりも前者のほうが損害のレベルが低い段階で生じるものであるからである（see, paras.119, 205）。

(4)　事前通報・協議期間中の計画活動の一時停止義務

本判決が提起した手続的義務に関する重要な論点は、事前通報・協議が要求する合理的な期間中、当該計画国が計画活動の進行を一時的に停止する義務が慣習国際法上存在するか否かである。この点、本判決は、事前通報および協議を定める75年規程7条ないし12条の規定の解釈・適用に終始し、慣習国際法の生成の有無については判断しなかった。このため、現段階では、通報・協議期間中、計画活動を一時的に停止する義務は、慣習国際法化するにはいたっておらず、条約等で当事国を拘束する場合にのみ履行が要求されるものと解される。

〈参考文献〉
岡松暁子「79環境影響評価—パルプミル事件」『判例百選〔第2版〕』（有斐閣、2011年）162-163頁。
鳥谷部壌「国際司法裁判所ウルグアイ河パルプ工場事件（判決2010年4月20日）」『阪大法学』61巻2号（2011年）297-325頁。
高村ゆかり「37パルプ工場事件」杉原高嶺・酒井啓亘編『国際法基本判例50〔第2版〕』（三省堂、2014年）146-149頁。
一之瀬高博「第6節　ウルグアイ川パルプ工場事件」横田洋三・廣部和也・山村恒雄編『国際司法裁判所判決と意見〈第4巻〉』（国際書院、2016年）98-172頁。
繁田泰宏・佐古田彰編『ケースブック国際環境法』（東信堂、2020年）34-38頁。

（鳥谷部　壌）

国際環境法　基本判例・事件④　「鉄のライン」鉄道事件

ベルギー対オランダ　常設仲裁裁判所　判決
　（2005年5月24日）
Reports of International Arbitral Awards,
　Vol.27, pp.35-125
http://legal.un.org/docs/?path=../riaa/
cases/vol_XXVII/35-125.pdf&lang=O

1　事実

　本件はベルギーとオランダの間で、オランダ領域にある「鉄のライン」鉄道の再稼働にかかわる両国の権限、費用負担が争いとなった事件である。同鉄道が1839年の条約で規定されたベルギーの通行権（交通網建設の自由）にかかわること、そして再稼働に伴いオランダの環境保護規制が問題となったことなどから、本件は締結から長期間を経た条約についてその後の事実的・法的発展（鉄道技術の発展や環境法を含む国際法体系の発展）に照らしてどのように解釈するかという問題にかかわる。

　ベルギーがオランダから独立することを認めた1839年の分離条約は12条においてベルギーによるオランダ領域内を通過する（ドイツへの通行のための）道路または運河の建設の自由を認めており、1873年鉄のライン条約に基づき鉄道敷設が開始され、1879年に完了した。オランダを経由してベルギー・ドイツを結ぶ当初の形で運用されたのは第一次世界大戦までで、その後は部分的な運用にとどまっていたため、1987年以降ベルギーとオランダは鉄道の再稼働（運用、修復、改造、最新化）について検討を行っていた。両国は再稼働による環境への影響調査と新たな運用計画を内容とする覚書を2000年に結び、2001年に環境への影響調査を終えた。しかし暫定的な運用に伴う条件と、長期の運用に耐えうる鉄道敷設に必要な費用割当てに関して両国間で不一致が生じ、2003年に本件を仲裁付託することに合意した。ただし、暫定的な運用は請求項目にないため、裁判所は判断していない。

　付託合意における請求項目は概して再稼働に伴う両国の権限と費用負担に関するものであった。両国ともに2度の書面提出の後、裁判所は口頭手続を経ずに2005年に判決を下した。そのなかで裁判所はオランダの権限について、本件再稼働にオランダ国内法が適用可能であるとしつつ、ベルギーの通行権の実現を妨げるものであってはならないとした。また裁判所はベルギーの権限について、再稼働に関する計画立案の権利を認めつつ、オランダ領域内での作業にあたってはオランダの同意を求めることとした。最後に費用負担について、ベルギーの出資義務は既存路線が機能するのに必要な範囲に限られず、また基本的に既存路線の全区間の再稼働に及ぶとしつつ、オランダに対しても複数の事項（再稼働により得る利益の程度、迂回路敷設、特定地区のトンネル建設）に照らして一定の費用負担を命じた。

2　判旨

　両国は次の3点につき、裁判所に判断を求めた。

　(1)　オランダの権限

　鉄道の再稼働に関するオランダ国内法（およびそれに基づく決定権限）は、オランダ領域内のライン鉄道の既存路線の再稼働に対してどの程度同じように適用可能か。

　(2)　ベルギーの権限・再稼働作業の区別・
　　　付随的工事に関するオランダの権限

　ベルギーはオランダ領域内のライン鉄道の既存路線の再稼働に関して作業を行うまたは依頼する権利をどの程度有するか、またベルギー国内法（およびそれに基づく決定権限）に従って同作業に関する計画・仕様書・手続を立案する権利をどの程度有するか。鉄道設備自体の機能性に関する手続（要件・基準・計画・仕様書）と、土地利用計画や鉄道設備の統一に関する手続は、区別されるべきか。またその場合、区別は何を意味するか。オランダは建築および安全基準に加えて、トンネ

ルや迂回路等の建設を一方的に課することができるか。

（3）　費用負担・ベルギーの出資義務の範囲

（1）および（2）への回答に照らし、オランダ領域内のライン鉄道の既存路線の再稼働に伴う費用および資金リスクを、どの程度ベルギーまたはオランダが負担するべきか。ベルギーは既存路線を機能させるのに必要な程度以上に出資する義務があるか。

以上3点に関する、裁判所の判断は次の通りである。

（1）　オランダ国内法はほかの鉄道の再稼働に対してと同じように本件再稼働に適用可能であるが、ベルギーの条約上の権利、両国の一般国際法上の権利義務、EU法上の制限に抵触してはならない。したがってオランダ国内法の適用の結果としてベルギーの通行権を否定してはならず、既存路線の変更・差別的な法適用・過大な通行料設定等をしてはならない。

（2）　ベルギーはオランダ領域内の路線にかかわる計画立案の権利を有するものの、オランダ領域内での作業は同国の同意を必要とする。オランダはベルギーのあらゆる提案に対しても同意を差し控えることでベルギーの通行権を否定してはならない。またオランダは既存路線の迂回を一方的に課することはできない。他方、オランダは既存路線を保護区に設定することが可能であり、ベルギーとの事前協議の法的義務はない。最後に、オランダは原則としてトンネル建設を一方的に課することが可能であるが、これらの措置を通じてベルギーの通行権を否定してはならない。

（3）　裁判所は請求文後半のベルギーの出資義務を先に扱う。（i）ベルギーの義務は鉄道の機能以外に、環境損害の防止および軽減の必要性からも生ずる。したがってベルギーの出資義務は既存路線が機能するのに必要な範囲に限られない。（ii）裁判所は既存路線の再稼働に伴う費用および資金リスクについて、区間ごとに次のように示した。A1区間はベルギーが負担しなければならない。A2区間およびB区間はベルギーに負担義務があるが、再稼働がなされなくとも必要な鉄道の維持費

用、そして再稼働によってオランダが得る一定の利益、それぞれによって当該義務は軽減される。C区間もベルギーが負担義務を有するが、迂回路についてオランダが負担義務を有する。D区間は、ベルギー・ドイツ間の接続のためにのみ用いられる路線について住宅付近に建設する遮音壁や補償的保全措置も含めてベルギーが負担義務を有するが、国立公園または騒音禁止地区に建設されるトンネルの費用は両国が等しく負担する。

以上の判断を示すにあたって裁判所は、(i)適用法規、(ii)解釈原則、(iii)分離条約12条の解釈、(iv)EC法の役割、(v)オランダの要請する措置、(vi)費用の割当てについて検討する。

（i）　適用法規

仲裁付託合意は裁判所に対し「EC条約292条（現：EU運営条約344条）の義務を考慮に入れ、必要な場合EC法（European Law）を含め、国際法に基づき」判断することを求めている。本件において重要なのは1839年分離条約（同条約にかかわって1842年国境条約や1873年鉄のライン条約も取り上げる）である。同条約はベルギーおよびオランダの領域、中立、債務を扱ったほか、ベルギーの通行権を複数の条項で規定したが、本件当事国が書面手続において最も問題としたのが12条である。同条は、ベルギーがオランダを通過しドイツにいたる新たな道路または運河を建設する場合に、(a)オランダがベルギーの計画に従ってオランダ領域内への延伸を認めること、(b)ベルギーがその費用のすべてを負担すること、(c)商業交通（commercial communication）にのみ運用可能であること、(d)オランダの選択する技術者および作業員により建設すること、(e)道路または運河が通過する領域に対する排他的な主権を害しないこと、(f)道路または運河に課す税および通行料の金額および徴収方法を両国の合意により定めること、を規定する。

（ii）　解釈原則

1969年条約法条約31条および32条は、同条約成立以前から存在する慣習国際法を反映するため、その発効前の条約にも適用可能である。ベルギーおよびオランダは分離条約締結

以前の外交交渉を取り上げたが、それらは条約法条約32条に規定される「準備作業」としての性質を有せず、また分離条約12条の意味に関する共通の理解を示すものでもない。分離条約12条の文言に内在するバランスには、多くの要素が寄与する。裁判所は条約法条約32条が求める「締結時の際の事情」や、31条1項の要素かつ国際法の一般原則である信義誠実（good faith）を考慮に入れる。また解釈の過程に関連する他の確立した原則、とりわけ条約の「趣旨および目的」に関連する実効性の原則に従う。ただ同原則は条約の改正（revise）を可能にするものではない。制限的解釈については条約法条約で言及がなく、当事国の意思を考慮に入れた条約の趣旨および目的が解釈の優越的要素である。ラヌー湖事件と同様に、本件でも領域主権と条約上の権利の対立という構図があるが、いずれの権利も絶対的なものではない。

最後に本件においてとくに重要な、条約解釈における時際性の問題がある。条約法条約31条3項cは「当事国の間の関係において適用される国際法の関連規則」を規定しており、裁判所はEC法、一般国際法、国際環境法を検討する。リオ宣言第4原則に表されるように、現代の国際法およびEC法はともに、適切な環境措置を経済開発活動の計画および実施において統合するよう要請している。経済開発が環境に重大な損害を及ぼしうる場合、この損害を防止または軽減する義務があり、当該義務は今日、一般国際法の原則である。ガブチコヴォ・ナジマロシュ計画事件では「経済開発と環境保護の調和の要請は、持続可能な開発概念に適切に表されている」と指摘され、また「国家が新たな活動を計画する場合のみならず、過去に開始した活動が継続している場合でも、新たな規範が考慮されなければならず、また…新たな基準が適切に重視されなければならない」ことが明らかにされており、本件でもこの指摘は同様にあてはまる。

(iii)　分離条約12条の解釈

本件紛争の焦点は、路線をそれ以前の能力を超えて改修および修復するベルギーの要請が分離条約12条の意味での「延伸」にあたるかであり、具体的には、オランダ国内法の要請する環境保護措置を含む最終的に合意した計画に必要な範囲までベルギーが負担する費用となるかである。オランダは本件再稼働が12条の「ベルギーがその費用のすべてを負担する」ものにあたると主張し、ベルギーは再稼働が「延伸」でないため12条にあたらないと主張する。裁判所の見解では、12条はメンテナンスや改造・最新化の問題に言及していない。オランダはライン鉄道について、それが継続的に運用されていた1991年の設備の状態までメンテナンスする義務を負っている。ただ、こうした義務はベルギーの要請する再稼働の莫大な費用までも含めるものではない。そして、本件再稼働に12条が適用可能であるかについては文言の明白な意味に加え他の解釈原則が考慮されなければならない。

時際法は条約法条約31条3項cの「関連規則」の一つである。それによれば、分離条約が締結された1839年当時の法的事実を考慮するが、同時に、条約の実効的な適用を確保するための後の事実や法的発展の考慮を妨げない。条約の概念的または一般的用語（conceptual or generic terms）の理解は「本質的に相対的な問題であり、国際関係の発展に依存する」（1923年チュニス・モロッコ国籍法事件）ことが確立している。本件で問題となっているのは、概念的または一般的用語ではなく、鉄道の運用および能力の新たな技術的発展である。本件では趣旨および目的に照らして実効的な条約の適用を確保しうる発展的解釈が好ましい。ガブチコヴォ・ナジマロシュ計画事件で裁判所は、近年の環境法規範に照らした過去の条約の解釈について「条約は静的ではなく、確立しつつある国際法規範への適合に開かれている」ことに肯定的であった。分離条約12条の趣旨および目的はベルギーからドイツへの輸送路を提供することにあり、この趣旨は一定期間に限られず、目的は「商業交通」にあった。したがって、特定的な文言がなくとも、同条の作業は路線が機能するための修復にとどまらない。12条全体は、当事国間の権利義務の慎重なバランス

を保ちつつ、ベルギーが要請する改造や最新化に原則として適用可能である。

分離条約12条の「（オランダの）領域に対する排他的な主権」を、条約法条約31条１項に従い、「文脈に」照らして解釈すると、オランダは路線の敷設と商業交通の運用のために必要なかぎりでのみ主権を制限されるのであり、路線のある領域での警察権、公衆衛生や安全の確保権限、環境基準の設定権限は失わない。したがって、オランダはベルギーの権利または他の国際義務と合致しない方法で主権を行使した場合にのみ12条に違反する。それではオランダの主権行使の様態として、既定路線の敷かれている領域を自然保護区として指定する前に、ベルギーと協議する必要があったか。この点、指定前の協議が望ましかったとはいえるが、ベルギーによる同地域の路線運用が頻繁ではなかったことから、オランダにベルギーと協議する法的義務まではなかった。

(iv)　EC 法の役割

EC 条約292条は、加盟国が同条約の解釈または適用に関する紛争を同条約外の解決手続に訴えてはならない旨を規定する。同条を同条約227条や239条と併せ読むに、欧州司法裁判所への付託義務と抵触するかという問題がある。しかし欧州横断ネットワークや EC 環境立法を検討した結果、本件において EC 法の解釈の必要を認めないため、292条の問題にはならない。

(v)　オランダの要請する措置

分離条約12条および一般に確立している信義誠実原則、合理性原則から、オランダによるライン鉄道再稼働に関するあらゆる措置はベルギーの通行権を否定したり、その行使を不合理に困難にするものであってはならない。本件に関連しうる立法等として、鉄道、騒音軽減、動植物保護、環境管理、EIA（環境影響評価）、公園設置等の関連法、行政法の一般規則があげられる。ここで、ベルギーの要請する路線規模に基づきオランダが作成した計画手続命令の暫定案を検討する。同命令案ではライン鉄道の路線がある領域を四つの区間に分け、それぞれの区間に対する騒音軽減および自然保護のためのさまざまな措置（一部路線の地下化、遮音壁・動物用橋梁・迂回路の設置、補償措置）を定めるが、これらの措置について二国間の見解が分かれている。12条はライン鉄道に対するオランダ国内法の適用について、ほかの鉄道よりも有利な形を求めるものではない。加えて、それらの措置がベルギーの通行権を否定したり、その行使を不合理に困難にするものとはいえない。

(vi)　費用の割当て

裁判所はこれまでの検討に基づき、(a)オランダの主権、(b)再稼働における環境保護措置の必要性、(c)ベルギーの通行権を考慮するに、本件の費用（資金リスクを含む）はいずれかの国にのみ負担させるべきではない。本件において、ベルギーの要請する再稼働が分離条約12条の適用を受けるのは、それが「延伸」に相当するからではなく、同条約の趣旨および目的が路線運用に関連する新たな要請や発展も条約に内在するバランスに含むという解釈を示すからである。したがって過去に開始した活動を現在拡大または改修する際にも新たな規範を考慮し、経済開発と環境保護の調和を図らなければならない。今日の国際環境法は、環境損害の防止義務を強調し、一国の領域内の活動が他国の領域に及ぼす影響に言及する形で、その多くを形成してきた。本件は一国の他国領域における条約上の権利行使が当該領域国に影響を与える場合であるが、類推により、環境損害防止義務が適用される。

ライン鉄道を1991年の状態まで戻す費用はオランダが負担すべきである。ベルギーの通行権行使と一体になっているために再稼働における環境的要素の費用はベルギーが負担すべきであるが、その一部は当該措置による一定の利益に応じてオランダも負担すべきである。

〈参考文献〉
岩石順子「判例研究『鉄のライン川』鉄道事件（ベルギー／オランダ）」『上智法学論集』57巻４号（2014年）379-394頁。

（岡田　淳）

国際環境法　基本判例・事件⑤　みなみまぐろ事件

オーストラリア対日本、ニュージーランド対日本
国際海洋法裁判所　暫定措置命令
　（1999年8月27日）
ITLOS Reports 1999, pp.280-301

https://www.itlos.org/fileadmin/itlos/
　documents/cases/case_no_3_4/
　published/C34-O-27_aug_99.pdf
仲裁裁判所　管轄権および受理可能性判決
　（2000年8月4日）
Reports of International Arbitral Awards,
　Vol.23, pp.1-57

http://legal.un.org/docs/?path=../riaa/
　cases/vol_XXIII/1-57.pdf&lang=O

1　背景・事実

　みなみまぐろは、主に南半球の中緯度海域
を広範に回遊する高度回遊性魚種である。
1970年代には、日本、オーストラリア（以下、
豪）による漁獲高が急増したため、みなみま
ぐろの漁獲量制限が必要とされた。このため、
日本、豪とニュージーランド（以下、NZ）
の間で資源保存のための協議が開始され、
1993年5月10日には、3カ国間によるみなみ
まぐろ保存条約（以下、CCSBT）締結に至っ
た。CCSBTは、国連海洋法条約の118条の
規定を受けて、みなみまぐろの保全と最適利
用の確保を目的として、各国の漁業割当量等
の管理措置を決定するみなみまぐろ保存委員
会を設置する。またCCSBT 16条は、同条
約の解釈や実施に関する紛争が生じた場合、
平和的手段による解決のために協議し、解決
されない場合、紛争当事国間の合意により
ICJまたは仲裁に付託する旨を定める。

　1998年7月、日本は豪、NZの同意を得ず
に約1,400トンの調査漁獲（以下、EFP）の
実施を決定した。日本は、このEFPが上記
3カ国の総漁獲可能量（以下、TAC）と国
別割当を決定するために必要であると主張し
た。こうした日本による一方的なEFP実施
の背景には、資源量は回復傾向にあるとして
TACの増大および資源状況を確認するため

の調査が必要とする日本と、それに反対する
豪およびNZが対立したため、みなみまぐろ
保存委員会が機能不全に陥ったこと等があ
る。豪とNZは、CCSBT 16条に基づく協議
を要請するとともに、日本の一方的なEFP
実施がCCSBT、国連海洋法条約、予防原則
を含む国際慣習法等に違反すると主張した。
99年5月、日本は98年に続きEFPの実施を
決定した。豪、NZは99年7月16日、日本に
よるEFPの実施にかかわる紛争の解決を、
国連海洋法条約附属書Ⅶのもとでの仲裁に付
託した。続いて、7月30日、同条約290条5
項に基づき、国際海洋法裁判所（以下、IT-
LOS）に日本によるEFPの即時中止を求め
る暫定措置を要請した。ITLOSは、仲裁裁
判による終局的な判断が出るまでの間、各国
の権利を侵害しうるような行動を紛争当事国
がとらないこと、調査漁獲量が年間の国家割
当量に計算されない限りEFPを慎むこと等
の暫定措置を決定した。その後の仲裁裁判で
は、裁判所は本案を審理する管轄権を欠くと
判断し、これらの暫定措置命令を取り消した。

　当事国は、訴訟と並行して、みなみまぐろ
保存委員会の機能不全を改善すべく協議を進
めていた。仲裁裁判所が管轄権なしと判断し
た後、関係国は外部の独立した科学者から構
成される「諮問委員会」の設置等の制度改革
を進め、みなみまぐろ保存委員会はみなみま
ぐろ資源の保存管理措置を決定できるように
なった。

2　命令・判決の概要

（1）　暫定措置命令（ITLOS）

　本件の紛争は消滅していない。EFPの内
容および過去のTACを超えた漁獲について
当事国間の見解の相違が存在する。裁判所の
見解では、この相違は法的問題に関するもの
である。豪およびNZは、日本が単独で
EFPを計画し、実施したことが国連海洋法
条約、CCSBTおよび関連する国際慣習法の
諸規則に違反すると主張している。他方、日

本は、本件紛争が CCSBT の解釈適用のみにかかわり、国連海洋法条約に関するものではないこと、また、豪および NZ が主張するような日本による国連海洋法条約の義務違反はないことを主張する。この点、国連海洋法条約64条および116条ないし119条を併せ読めば、当事国は直接に、または適切な国際機関を通じて協力する義務を負う。CCSBT により設立されたみなみまぐろ保存委員会における加盟国の行動等は、当事国の行動が国連海洋法条約上の義務を遵守しているか否かを評価する際に重要（relevant）である。

本件紛争がもっぱら CCSBT の解釈適用にのみかかわるものであるという日本の主張について、当事国間に CCSBT が適用されるという事実は、みなみまぐろの保全および管理に関する国連海洋法条約の規定を援用する当事国間の権利を排除しない。豪および NZ が援用する国連海洋法条約の規定は、仲裁裁判所が依拠する管轄権の基礎を与える。同様に、CCSBT が適用されるという事実は、当事国が国連海洋法条約第15部第2節の手続に訴えることを排除しない。さらに、本件では、国連海洋法条約第15部第2節のもとでの手続に必要な条件が満たされている。これらから ITLOS は、本件について仲裁裁判所が一応の（*prima facie*）管轄権を有するものと判断する。

「海洋における生物資源の保存は、海洋環境の保護および保全における一つの要素（an element）である」。みなみまぐろ資源が深刻に枯渇し、歴史上最低の水準にあること、およびそれが深刻な生態学上の懸念となっていることに当事国間の意見の不一致はない。みなみまぐろの商業漁業が1999年以降も継続しており、1996年以降は CCSBT 非締約国の漁獲が相当程度増加しているという状況の中では、当事国は、みなみまぐろ資源に深刻な損害を生じさせることを防止するために実効的な保全措置がとられるよう確保するため、慎慮をもって（with prudence and caution）行動すべきである。

みなみまぐろ資源の保全のためにとられるべき措置に関する科学的不確実性があり、また、これまでの保全措置が同資源を増加させているかについて当事国間で合意はない。当事国が提示する科学的証拠を ITLOS は確定的に評価することはできないが、当事国の権利の保全とみなみまぐろ資源のさらなる悪化を防止するために、緊急の問題として措置がとられるべきと考える。

(2) 仲裁判決（仲裁裁判所）

本件における当事国間の紛争の中核は TAC の水準および日本による一方的な EFP の作成・実施に関するものである。本件が CCSBT の解釈適用に関する紛争であることに当事国間で争いはない。本質的な問題は、紛争が CCSBT のみにかかわるのか、それとも国連海洋法条約にもかかわる紛争でもあるのかである。国際法において、特定の国家のある行動が複数の条約の義務違反を生じさせることはままある。条約の実体的内容もそのもとで生じる紛争解決の規定もしばしば複数の条約が並存すること（parallelism of treaties）がある。実施条約の締結は、その枠組条約により締約国に課される義務を必ずしも免除しない。いくつかの点で、国連海洋法条約は CCSBT の範囲を越えるものと考えることもできる。さらに、CCSBT が国連海洋法条約の定めた包括的な原則を実施するために作られたという理由のみにより、CCSBT の解釈適用に関する紛争が国連海洋法条約の紛争と完全に切り離されるというものでもない。これらの理由から、紛争は CCSBT を中心としつつも、同時に国連海洋法条約のもとでも生じる。この結論は、国連海洋法条約311条2項および同5項、条約法条約30条3項に合致する。

国連海洋法条約281条1項によれば、当該締約国が選択する平和的手段によって紛争の解決を求めることに合意した場合、第15部の手続は、当事国が選択する平和的手段によって解決が得られず、当事国間の当該合意が「他の手続の可能性を排除」していないときに限り適用される。CCSBT 16条は、紛争当事国が選択する平和的手段による紛争の解決を求める当事国の合意である。CCSBT 16条は、明示的には、国連海洋法条約第15部第2節の

手続を含むいかなる手続の適用可能性も排除していない。しかし CCSBT 16条 1 項、2 項の条文の文言の通常の意味からは、紛争が、すべての紛争当事国の同意なしには ICJ（あるいは ITLOS）または仲裁に付託されえないことは明らかである。また、CCSBT 16条 1 項の定める手段による紛争の解決を引き続き努力する旨を定める16条 2 第 2 文の明白な義務も、また16条 3 項も、すべての当事国が合意していない紛争解決手続への付託を排除するという意図を一層明確にしている。こうした理由から、裁判所は、CCSBT 16条は、国連海洋法条約281条 1 項の意図する意味で「他の手続の可能性を排除」するものと判断する。

この結論はさらに二つの考慮に基づいている。第一は、国連海洋法条約の第15部で定めている拘束力を有する義務的手続の射程にかかわる。国連海洋法条約は拘束力を有する決定を伴う義務的管轄権の真に包括的な制度の設置には至っていない。281条が、紛争当事国が第15部第 2 節の義務的手続に紛争を付託することに同意した事案にのみ当該手続の適用可能性を限定することも、この結論を支持している。第二は、国連海洋法条約採択後に発効した海洋に関する相当数の国際条約が、義務的な司法的解決または仲裁手続に紛争を一方的に付託することを排除しているという事実である。こうした条約実行の存在は、国連海洋法条約の締約国が合意により、281条 1 項に従って第 2 節の手続に紛争を付託することを排除しうるという結論を確認するものである。CCSBT といった実施協定とその枠組条約である国連海洋法条約の双方のもとでの紛争でもある紛争が国連海洋法条約第15部第 2 節の適用対象とならなければならないとすることは、締約国が選択する手段による紛争の解決を定める実施協定の紛争解決規定の実質的な効果を事実上失わせることになろう。裁判所は、締約国の行動が、極端に悪質なもので、そのような重大な結果を知ったうえで行うような場合、国連海洋法条約300条を特別に考慮して、国連海洋法条約の義務が管轄権の基礎となると裁判所が判断しうる可

能性を排除しない。しかし、本件では、豪、NZ ともに、日本が誠実に行動する300条の義務を個別に違反したことは明らかにしていない。

以上から、裁判所は、本件の本案を検討する管轄権がないと判断する。国連海洋法条約290条 5 項に照らして、暫定措置命令は、この判決署名の日に効力を失う。

3　解説—国際環境法に関する論点を中心に
(1)　海洋法条約上の保存措置概念の性質—環境問題としての漁業

本件の暫定措置命令で ITLOS の「海洋における生物資源の保存は海洋環境の保護および保全における一つの要素である」という判示は、本件のような漁業資源をめぐる紛争を、ITLOS は海洋生物資源の保存、ひいては海洋環境の保護および保全の問題と捉えた点で注目される。

国連海洋法条約118条は「いずれの国も、公海における生物資源の保存及び管理について相互に協力」し、さらに「適当な場合には、小地域的または地域的な漁業機関の設立のために協力する」ことを定めている。この規定に基づき設立されたみなみまぐろ保存条約をはじめとする各種の地域的漁業機関は、公海での生物資源の保存および管理を任務として設立されており、国連海洋法条約を補完・発展させる役割を担う。加盟国が地域的漁業機関と協力してなすべき保存・管理措置の内容について、国連海洋法条約119条 1 項は、最大持続生産量（Maximum Sustainable Yield: MSY）という概念を採用して、「関係国が入手できる最良の科学的証拠に基づく措置であって、環境上及び経済上の関連要因」を考慮して、「最大持続生産量を実現することのできる水準に漁獲される種の資源量を維持し又は回復することのできるよう」（同項(a)）、また、「漁獲される種に関連しまたは依存する種」に及ぼす影響（同項(b)）をも考慮して保存管理措置をとる義務を課している。

国連海洋法条約が「環境上及び経済上の関連要因を勘案」すること、また漁獲対象種のみならずそれに「関連しまたは依存する種」、

すなわち資源間の相互依存関係を明記したことは、後年、海洋全体の生態系に十分な配慮を求める「生態系アプローチ」が海洋法においても妥当すると主張される要因になった。生態系アプローチは、生物の相互依存関係を考慮したうえで、生態系全体の維持管理を行うというものである（生物多様性条約8条等参照）。国連海洋法条約がこのアプローチを採用しているか否かは議論があるが、1995年の国連公海漁業実施協定は、5条において予防的アプローチ（後述）および生態系アプローチを明示的に採用した。

(2) 予防原則・予防的アプローチ

予防原則とは、環境に対する深刻で不可逆的な損害が発生するおそれがある行動は、その発生可能性および損害の性質等について科学的不確実性がある場合であっても、避けられなければならない、という考え方である（予防的アプローチとも呼ばれる）。

暫定措置の要否を判断する際に国際裁判所が予防的アプローチに依拠できるか、という問題は、今日なお議論がある。本件で豪およびNZは、科学的な不確実性のもとで行われた日本による一方的なEFPはみなみまぐろ資源に深刻で不可逆的な損害を与えるおそれがあるために、暫定措置が必要であると主張した。他方、日本は、ICJ等の先例よりITLOSが暫定措置を発出しうるのは「回復不可能性」が立証されるときに限定されるべきであり、本件では回復不能性がない、また、予防原則は国連海洋法条約のなかに取り入れられておらず、かつ、海洋生物資源保存の文脈で慣習化したとはいえないという立場をとった。ITLOSは、予防原則・予防的アプローチへの明示的な言及を避けてはいるが、当事国間で科学的証拠の評価について見解の相違があり、かつ、ITLOSはこの問題に確定的な判断を下すことはできないとだけ述べ、暫定措置の必要性を認めた。個別意見や学説には、この判断が予防原則を根拠になさ

れたとの理解もある一方で、他方には、この判断の一般化可能性に疑義を呈する見解もある。ITLOSでは、その後も一方当事国が予防原則を根拠として暫定措置を求める事例が係属している。これらのなかには、予防という言葉は避けつつも、科学的不確実性がある状況において暫定措置を認める事例が散見される（MOXプラント事件〈2001年〉、ジョホール海峡埋立事件〈2003年〉）。

海洋生物資源の保存管理との関係では、予防的アプローチは、1995年に採択された公海漁業実施協定で採用された。同協定は、排他的経済水域（以下、EEZ）の内外に分布する魚類資源（たら、かれい等）および高度回遊性魚類資源（まぐろ、かつお等）の保存、利用のための保存管理措置において「予防的取組み」を適用することを求める（6条、7条）。2015年のITLOS大法廷の勧告的意見では、西アフリカ諸国のEEZにおける資源管理措置に関する沿岸国の権利義務が問題となった。ITLOSは、いわゆる違法・無報告・無規制漁業（IUU漁業）の防止との関係で沿岸国に対して予防的アプローチの採用を義務づけた。公海とEEZを出入りする漁業資源の保存管理のために、海域を越えた一貫した措置を予防的アプローチに依拠して求める判断として注目される。ただし、この際、ITLOSは予防的アプローチを明示する「MCA条約（西アフリカ諸国が締結した地域的条約）に従って（括弧内は筆者）」と限定を付しており、その国際慣習法上の位置づけ等については評価を避けた。

なお、海洋生物資源の文脈とは異なるが、ITLOSの海底裁判部の勧告的意見（2011年）では、「予防的アプローチは、国際条約およびその他の文書で採用されることが非常に増えており」「予防的アプローチが慣習国際法の一部となる傾向を見せている」と踏み込んだ言及がなされた。

　　　　　　　　　　　　　（佐俣　紀仁）

国際環境法　基本判例・事件⑥　MOX 工場事件

アイルランド対イギリス　国際海洋法裁判所
　暫定措置命令　（2001年12月3日）
ITLOS Reports 2001, pp.95-112
https://www.itlos.org/fileadmin/itlos/
　documents/cases/case_no_10/pub
　lished/C10-O-3_dec_01.pdf

1　仲裁手続への付託

　イギリス、カンブリア州のアイリッシュ海
に面する西海岸、セラフィールドにある
MOX 工場は、使用済み核燃料を二酸化プル
トニウムと二酸化ウランの混合物からなる新
しい混合酸化物燃料（mixed oxide fuel:
MOX）に再加工するための工場である。再
加工される使用済み核燃料は、同じくセラ
フィールドにある THORP（the Thermal
Oxide Reprocessing Plant）から供給され
る。MOX 工場と THORP の施設はイギリス
政府の許可のもと、同政府所有の法人である
イギリス核燃料会社（British Nuclear Fu-
els plc: BNFL）によって操業される。

　MOX 工場の操業について異議を唱えてい
たアイルランドは2001年6月15日に、北東大
西洋の海洋環境の保護に関する条約（Con-
vention for the Protection of the Marine
Environment of the North-East Atlantic:
OSPAR 条約）32条に基づいて仲裁裁判所の
設置を求めた。アイルランドが主張したのは、
イギリスによる同条約9条の情報提供義務違
反である。これについて2003年7月2日に、
アイルランドの主張する「情報」が9条の定
める「情報」の範囲外であるため、その情報
開示請求を認めないとする判決が下された。

　さらに2001年10月3日に操業が許可された
後の同年10月25日、アイルランドはイギリス
に対して、国連海洋法条約に基づき MOX 工
場に関する紛争を仲裁手続に付することを通
告した。アイルランドが仲裁裁判所に求めた
のは、イギリスが MOX 工場の操業許可に関
して同条約に違反したことを認定し、条約上
の義務が履行されるまで、つまり海洋環境に

対する影響が評価され、かつ放射性物質の排
出の防止が確保されるまで、MOX 工場の操
業や操業に関連する放射性物質の国際移動を
許可しない、あるいはそのような活動を実施
させないことをイギリスに命じる判決であ
る。条約違反の認定については、① MOX 工
場および関連する国際輸送による放射性物質
の排出によって生じる海洋環境の汚染を防止
するために必要な措置をとらなかったこと等
による、192・193・194・207・211・213条違反、
②情報共有の拒否等による、123・197条違反、
③ MOX 工場と放射性物質の国際移動による
海洋環境への影響を適切に評価しなかったこ
とによる、206条違反、が根拠とされた。

　またアイルランドはイギリスに対して、仲
裁裁判所が構成されるまでの暫定措置の要請
も通告した。暫定措置の要請が行われた日か
ら2週間以内に、措置を定める裁判所につい
て紛争当事者が合意しない場合には、海洋法
裁判所が暫定措置を定めることができる（海
洋法条約290条5項）。同項に従ってアイルラ
ンドは、イギリスに対する通告から2週間の
期間が満了した後の2001年11月9日、海洋法
裁判所に暫定措置を要請した。

　アイルランドが要請した暫定措置は、イギ
リスが、①2001年10月3日の操業許可を停止
すること、代替的に、操業の影響を防止する
ためのその他の措置をとること、②工場の操
業に関連する放射性物質を、その領海または
主権的権利を行使する水域に出入りさせない
こと、③紛争の解決を困難にするような行動
をとらないこと、④仲裁裁判所が下す可能性
のある決定の実施に関するアイルランドの権
利を侵害するような行動をとらないこと、で
ある。

2　暫定措置命令

　アイルランドの要請に対して海洋法裁判所
は、以下のような検討に基づき2001年12月3
日に暫定措置命令を出した。暫定措置につい
て規定する290条5項は「構成される仲裁裁

判所が紛争について管轄権を有すると推定し、かつ、事態の緊急性により必要と認める場合」に暫定措置を定めることができるとしている。これに従い裁判所による検討は第一に管轄権について、第二に事態の緊急性について行われた。

第一の要件についてイギリスは、本紛争の主題には OSPAR 条約や EC 条約の義務的な紛争解決手続が適用されるとし、他の条約に基づく義務的な手続がある場合には当該手続が国連海洋法条約に基づく手続の代わりに適用されるとした同条約282条を根拠として、管轄権を否定した。裁判所は、この主張を次のような理由で却下した。

それらの条約の紛争解決手続は、当該条約の解釈適用に関する紛争を扱うものであり国連海洋法条約に関する紛争を扱うわけではない。仮にそれらの条約が海洋法条約と類似または同一の権利義務を定めているとしても、それらは海洋法条約が規定する権利義務とは別個の存在である。条約解釈に関する国際法の規則に従えば、異なる条約における同一または類似の規定は、それぞれの文脈や趣旨目的等が異なるために同一の解釈がなされるとは限らない。そして本件は海洋法条約の解釈適用にかかわるものであるから、海洋法条約の紛争解決手続のみが本件に適切なものである。よって282条は適用されない。

イギリスは加えて紛争の平和的解決に関する意見交換の義務を定めた283条に依拠したが、裁判所は、一方の締約国が合意に到達する可能性がなくなったという結論を出す場合には、当該締約国は意見交換を継続する義務を負わないとした。以上の検討を踏まえ裁判所は、アイルランドが援用する条約規定が仲裁裁判所の管轄権の基礎を提供すると思われるため、仲裁裁判所は紛争に対する管轄権を有すると推定するとした。

第二の要件について裁判所は、本案を扱う裁判所が暫定措置を定める場合を規定した290条1項の「紛争当事者のそれぞれの権利を保全し又は海洋環境に対して生ずる重大な害を防止するため」という要件に言及したうえで、5項にいう「事態の緊急性により必要

と認める場合」とは、いずれかの紛争当事者の権利を害するまたは海洋環境に対する重大な害を引き起こす行動が、仲裁裁判所が構成されるまでに行われるおそれがあるという意味においてであるとして、この点を検討する。

アイルランドは、イギリスが国連海洋法条約における義務を履行しないまま工場の操業が開始された場合には、123・192・193・194・197・206・207・211・213条に基づく権利が回復し難く侵害されること、また操業が開始された場合、海洋環境への排出が回復し難い結果をもたらすことを主張した。さらに予防原則によってイギリスは操業によっていかなる損害も生じないことを証明する責任を負うとし、同原則は緊急性の評価において考慮されうるとした。

これに対してイギリスは、操業による汚染のリスクは微小であるという証拠を提示したこと、アイルランドはその権利に対する回復不能な損害や海洋環境に対する重大損害の可能性を立証していないこと、本件の事実に対して予防原則は適用されないことを主張した。

裁判所は、イギリスによる言明、すなわち「工場が操業を開始しても、追加的な放射性物質の海上輸送はない」「2002年の10月まで工場から MOX 燃料が輸出されることはない」「同じく使用済み核燃料の THORP 工場への輸入もない」という言明によってイギリスが与えた保証を記録にとどめたうえで、仲裁裁判所が構成されるまでの短期間において、アイルランドが要請した暫定措置を必要とするような事態の緊急性は存在しないとし、その要請を却下した。他方で裁判所は次のように、アイルランドが要請した暫定措置とは異なる暫定措置を命じた。

協力義務は、国連海洋法条約第12部と一般国際法に基づく海洋環境の汚染防止における基本原則であり、290条のもとで保全することが適切であると考えうる権利がそこから発生する。裁判所規則89条5項に基づき、裁判所は要請された措置とは全体的にまたは部分的に異なる措置を命ずることができる。慎慮（prudence and caution）の要請により両当事者は、工場の操業によるリスクまたは影

響に関する情報交換および適切な場合にはそれらに対処する方法の考案について協力しなければならない。以上により仲裁裁判所による決定までの間、アイルランドとイギリスは協力し、以下の目的のための協議を直ちに開始しなければならない。協議の目的は、①MOX工場の操業開始から生じうるアイリッシュ海への影響に関するさらなる情報の交換、②アイリッシュ海に対してMOX工場の操業がもたらすリスクまたは影響の監視、③適切な場合にはMOX工場の操業から生じうる海洋環境の汚染を防止する措置の考案、である。

3　仲裁手続の終了

　2002年2月に仲裁裁判所が設置され審理が開始されたが、2003年6月16日にアイルランドはさらなる暫定措置を仲裁裁判所に要請した。すなわち、①廃棄物の排出の防止、②情報提供等の協力、③206条の影響評価の効果を排除するような行動の禁止を、イギリスに対して命じる暫定措置である。仲裁裁判所はこの要請に対して、2003年6月24日に以下のような命令を出した。

　まず管轄権の存在を推定したうえで裁判所は、「現在のところ、THORPにおける再加工に関する新たな契約、もしくは追加的に再加工するための既存の契約の変更に関する提案はない」「現状以上に再加工を行うことを許可する決定は、アイルランドも参加する協議を行うことなしにはなされない」といった一連のイギリスの発言を記録にとどめた。

　そのうえで、暫定措置の目的となる権利の保全と海洋環境に対する損害の防止について後者から検討し、「海洋環境に対する重大な害」に関して、アイルランドは「重大性」という基準を満たす損害の可能性を立証することができなかったとして、その主張を退けた。次に権利の保全については緊急性と回復不可能性が必要であるとし、①排出については先に記録にとどめたイギリスの言明に依拠すると、さらなる排出が生じるとは考えられないので緊急性と回復不可能性という基準が満たされない、②協力についてはすでに海洋法裁判所による暫定措置命令がある、③206条に

関する要請は最終的な決定までにイギリスにいかなる行動を要求しているのか不明である、とした。以上の検討に基づき仲裁裁判所は、海洋法裁判所が定めた暫定措置を維持したうえで、さらなる暫定措置の要請については却下した。

　以上のようにアイルランドによる要請を却下した命令において裁判所は、本件に関連して欧州委員会が欧州司法裁判所に訴訟を提起することを検討していることが明らかとなったとして、司法機関の間に存在すべき相互の尊重と礼譲（respect and comity）を考慮して、また同一の問題に対する二つの矛盾する決定をもたらしうる手続は紛争の解決に貢献しないということも踏まえて、2003年12月1日まで手続を延期することを決定した。その後2003年10月15日に欧州委員会が実際にアイルランドを欧州司法裁判所に提訴することを決定したことを受けて、仲裁裁判所は2003年11月14日に、欧州司法裁判所の判決が出るまで手続をさらに延期することを決定した。

　欧州委員会がアイルランドを提訴した根拠は、アイルランドがMOX工場に関する紛争を国連海洋法条約の紛争解決手続に訴えたことが、EC条約292条等の違反にあたるというものである。292条はEC条約の解釈適用に関する紛争を、EC条約に定める以外の解決方法に訴えないことを義務づけている（現在のEU運営条約344条に引き継がれている）。すなわちMOX工場に関する紛争はEC条約に関係しており、EC条約に定める以外の解決方法に訴えたことによって、アイルランドが同条に違反したという主張である。欧州司法裁判所は2006年5月30日に、委員会の主張を認めアイルランドのEC条約違反を認める判決を出した（Case C-459/03）。

　この判決が出された後の2007年2月15日に、アイルランドは正式に仲裁手続への付託を取り下げ、これを受けて2008年6月6日に仲裁裁判所は手続の終了を決定した。

4　解説
(1)　手続的義務

　アイルランドは、国連海洋法条約の義務違

反を三つに分類して主張している。第一に汚染防止義務について、一般的な海洋環境保護義務（192条）、環境保護義務に従い天然資源を開発する主権的権利（193条）、海洋環境の汚染防止義務（194条）、陸にある発生源からの汚染防止義務（207条、213条）、船舶からの汚染防止義務（211条）を援用した。第二に協力義務については、閉鎖海または半閉鎖海に面した国家の協力義務（123条）、海洋環境保護に関する協力義務（197条）を、第三に影響評価義務については206条を援用した。このような分類は国際環境上の実体的義務と手続的義務の分類に従ったものである。本件ではこれらの義務違反に関する実質的な判断は下されなかったが、ICJ では実体的義務の違反は認めないが手続的義務の違反は認定するという判決が出されている（たとえば、ウルグアイ河パルプ工場事件）。ただしその分類の基準や両者の関係は必ずしも明確になっていない。またアイルランドの請求は、一般的には手続的義務に分類される影響評価義務が適切に履行されるまで差止めを求める内容となっている。それぞれの義務がもつ訴訟上の意義、とくに当該義務違反は差止請求の根拠となるのか否かは、損害発生後の救済の確保が困難な環境紛争においては重要な論点となる。

(2)　協力義務

　この点協力義務は実体的義務と手続的義務のいずれに該当するのか明らかではなく、その具体的な内容や性質（訴訟上の意義）も明確ではない。加えて本件においては、アイルランドが国連海洋法条約の具体的な条文に基づき協力義務を主張したのに対して、裁判所が認定したのは「基本原則」に基づく協力義務である。第12部とは「海洋環境の保護及び保全」と題する部であり、アイルランドが援用した条文のほとんどはこの部の規定である。「基本原則」とは、これらの条文や一般国際法に共通する基本原則を意味するのか。そうであればその法源としての性質、また裁判規範性の根拠が問題となる。

(3)　予防原則

　国際環境法では「原則」の機能は重要とな

るが、本件では予防原則も論点となった。アイルランドは立証責任の転換を要請するものとして予防原則の適用を主張したが、この内容については争いがある。イギリスは本件に関する適用そのものを否定したため、その立場は必ずしも明らかではない。この点裁判所は予防原則に関する主張を検討しなかったが、暫定措置を命じる際には協力義務だけではなく「慎慮」の要請を根拠とした。この用語は同じく予防原則が論点となったみなみまぐろ事件の暫定措置命令でも使用されており、裁判所が予防原則あるいは予防的アプローチを考慮した可能性が指摘されている。

(4)　暫定措置の要件

　以上の論点は暫定措置の要件の解釈に影響する。暫定措置は権利保全のために定められるが、アイルランドが主張した義務違反によっていかなる権利が侵害されるのか、とくに実体的義務違反による権利侵害と手続的義務違反による権利侵害は異なるのか、さらに裁判所が認めた協力義務から発生する権利とは何か、といった点が問題となる。また予防原則は「事態の緊急性」要件に影響するというアイルランドの主張を裁判所が認めたといえるのか。関連して「権利保全」の場合と「海洋環境保護」の場合とでは緊急性その他の要件が変わりうるのか。本案に関する議論を踏まえつつ暫定措置の要件の整理が必要となる。

(5)　環境紛争に関する紛争解決手続

　暫定措置の目的として権利保全に加えて海洋環境保護を規定している点は、国連海洋法条約の紛争解決手続に特徴的なものである。本件では、複数の手続間の関係も問題となった。OSPAR 条約の手続との関係は海洋法条約の手続の排除に結びつかなかったが、結局欧州司法裁判所との関係で手続が終了した。環境紛争は、海洋法条約の紛争解決手続や ICJ のみならず WTO 紛争解決手続や人権裁判所などでも扱われている。いわゆる国際法の断片化は国際法一般の課題となっているが、国際環境法の観点からも検討がなされる必要がある。

（南　諭子）

国際環境法　基本判例・事件⑦　「南極海における捕鯨」事件

豪州対日本、ニュージーランド参加　国際司
法裁判所判決（2014年3月31日）
*Whaling in the Antarctic（Australia v.
Japan: New Zealand Intervening），
Judgment,* 31 March 2014.
I.C.J. Reports 2014
https://www.icj-cij.org/en/case/148/
judgments

1　事件の概要

　国際捕鯨取締条約（ICRW）（1946年署名、
48年発効）は、鯨類資源の保全および捕鯨を
含む持続可能な利用を目的とする多数国間条
約である。この条約に基づき国際捕鯨委員会
（IWC）が設置され、その下に科学委員会（SC）
がある。鯨類の捕獲時期や捕獲頭数の制限な
どの具体的な規則は、条約の附表に定められ、
附表はIWC総会で4分の3の多数決で修正
される。また、IWCはこの条約に関する勧
告を採択できる。なお、加盟国は附表の規則
とは別に「科学的研究のための」捕鯨を許可
することができる（8条1項）。

　現在、附表10項(e)（商業捕鯨モラトリアム）
に基づき、すべての締約国（異議を申し立て
たノルウェーと留保を付したアイスランドを
除く）は商業捕鯨をできない。そのなかで日
本は、8条1項を根拠に南極海鯨類捕獲調査
（JARPA）に続く第2期南極海鯨類捕獲調
査（JARPAⅡ）に特別許可を出し、同計画
は2005年に開始された。その研究目標は四つ
―①鯨類を中心とする南極海生態系のモニタ
リング、②鯨種間競合モデルと将来の管理目
標の設定、③系群構造の時空間的変動の解明、
④クロミンククジラ資源の管理方式の改善―
あり、捕獲目標のサンプル数は、クロミンク
クジラ850頭±10％、ザトウクジラ50頭、ナ
ガスクジラ50頭であった。

　IWCでは、JARPAⅡはJARPAと同じく
論争の的となった。SCではその研究目標に
照らした手段の合理性を批判する声も強く、
IWC総会では停止を求める勧告決議が頻繁

に採択された。その背後には、ICRW 8条
1項の解釈をめぐる加盟国間の対立があり、
とくに日本と豪州は激しく争っていた。

　IWCではとくに1990年代より、ICRWの
趣旨・目的や管轄鯨種の範囲という根本的な
事項について締約国間で対立が激しくなり、
円滑な合意形成が難しい。SCは予防的な科
学的管理方法―改訂管理方式（RMP）―を
開発したが、IWC総会はその実施のための
改訂管理制度を採択せず、商業捕鯨モラトリ
アムは見直されない。過去の包括的な政治的
妥協の試みもすべて失敗し、対立する締約国
間で重要な事項につき建設的な対話は進まな
い。そのなかで日本の調査捕鯨の当否は、
IWCにおける論争の中心にあった。

　ICRW 8条1項に基づく科学的研究に関
しては、SCはコンセンサスでレビュー・ガ
イドライン（現在は附属書P）を採択してい
た。そこでは、鯨類の調査方法について、非
致死的方法と致死的方法を比較して研究目標
の達成のために適切な方法を選択すべきとさ
れる。また、IWC総会もコンセンサスで、
致死的方法の使用は研究目標のため最小限度
で許される旨、勧告決議を採択していた。

　そのなかで2010年5月31日、豪州はICJ
規程36条2項に基づき、JARPAⅡに対する
日本政府の許可発給はICRW違反であると
し、その許可の取消しと将来にわたる
JARPAⅡへの不許可などを求めてICJに提
訴した。ニュージーランドはICJ規程63条
2項に基づき訴訟参加を宣言し、ICJはこれ
を認めた（2013年2月6日命令）。

　豪州の主張は以下の通り―ICRWの趣旨・
目的は、勧告決議の採択などを含むIWCの
活動の蓄積により、鯨類の保全を重視する方
向に転換した。ゆえに、「科学的研究のため」
の捕鯨に対する許可の発給を締約国に認める
8条1項は、制限的に解釈される。つまり、
この規定は「科学的研究のため」の捕鯨を例
外的に認めるもので、ある捕鯨が「科学的研
究のため」のものかは厳格に審査される。こ

の点で JARPA II は「科学的研究」としての
客観的基準を充足せず、また、JARPA II の
真の目的は鯨肉の販売と在庫調整であり科学
的研究「のため」の捕鯨ともいえず、「科学
的研究のため」の捕鯨に該当しない。ゆえに、
JARPA II に対する日本政府の許可は、附表
10項(e)、同(d)（母船式操業の部分的停止）お
よび７項(b)（南大洋保護区）に違反する。ま
た日本は、JARPA II を許可した際に条約の
求める手続をとっていないので、附表30項（科
学的研究に対する許可計画の提供）にも違反
する。

　これに対して日本は、先決的抗弁を行わず、
豪州が受諾宣言に付した留保(b)を援用し、本
案と併合して裁判所の管轄権を争った。また、
本案に関しては次のように反論した―ICRW
の趣旨・目的は、捕鯨産業の秩序ある発展の
ために鯨類資源の適切な保存を図ることであ
り、これは IWC の活動の蓄積によっても変
化していない。８条１項は国家が本来有する
権利を確認するもので、「科学的研究のため」
の捕鯨を例外的に認めているのではない。本
条項によれば、各締約国は「科学的研究のた
め」の捕鯨の許可に際してその実施条件を自
由に決定でき、ICJ がそれを審査できる範囲
は限られる。JARPA II はその内実から「科
学的研究のため」のプログラムであり、鯨肉
の販売も８条２項に従い合法である。IWC
の勧告は締約国を法的に拘束せず、日本はそ
れを守る義務を負わないが、日本は JARPA
II の許可に際して、致死的調査を最小限にす
べきとの IWC の勧告決議を誠実に考慮し、
条約に従い必要な手続もとった。ゆえに、日
本は ICRW に違反していない。

2　判決の概要
(1)　管轄権
　裁判所は、豪州が強制管轄権受諾の際に留
保を付した意図を重視し、留保(b)（「海域（領
海、EEZ および大陸棚を含む）の境界画定
に関する紛争、または、境界画定が未解決の
これらの海域にあるまたはそれに隣接する紛
争区域の開発から生じる紛争もしくは当該開
発に関連する紛争」）の前半と後半は一体の

ものとして読まれるべきとしたうえで、全員
一致で裁判所の管轄権を認めた。
(2)　本案判決
　裁判所は、附表30項に基づく義務を日本が
遵守したという認定（賛成13、反対３）を除
いて、12対４の多数意見で豪州の請求を全面
的に認めた。すなわち、JARPA II は ICRW
８条１項のもとで認められる捕鯨ではなく、
それへの許可発給は附表10項(e)、同(d)および
７項(b)のもとで締約国が負う義務に適合しな
いとし、日本に対して JARPA II の許可を取
り消し、今後も同活動を許可しないよう求め
た。さらに、８条１項の下で許可を発給する
際には、本判決に含まれる推論と結論を考慮
するよう期待するとした。

　以上の結論を、ICJ は以下のように導いた。
すなわち、ICRW の趣旨・目的は、前文にあ
るように鯨類資源の保全と捕鯨を含む持続可
能な利用であり、IWC の活動の蓄積により
変化していない。ただし、この条約は IWC
の活動を通じて「進化する（evolving）文書」
なので、条約と一体の８条１項は、この条約
の趣旨・目的に照らし、また附表を含む他の
規定を考慮して解釈される。ゆえに、この規
定のもとで締約国は調査捕鯨の実施条件など
を決めることができるが、その捕鯨が「科学
的研究のため」の捕鯨に当たるか否かは、許
可国の認識だけによらず客観的に判断され
る。この判断はその捕鯨が、第一に「科学的
研究」か、第二に科学的研究「のため」のも
の―研究の方法が設定された研究目標を達成
するために合理的―か、による。

　そして、裁判所は JARPA II について次の
ようにいう。上記第一の点に関して、司法機
関である裁判所は科学の問題には立ち入らな
いが、JARPA II の研究目標は、SC が作成
した８条２項に基づく特別許可のレビュー・
ガイドライン（附属書 P）に含まれるので、
JARPA II は広い意味で「科学的研究」であ
る。しかし、第二の点については、充足すべ
きと裁判所が考えた七つの要素から成る基準
（合理性の審査基準）を満たさないので、
JARPA II における致死的方法の利用はその
研究目標を達成するために合理的なものとは

いえない。なぜなら、まず、この計画では、非致死的方法で致死的方法を代替できるか否かが適切に評価されたとは思われない。このような評価の実施義務は、IWCがコンセンサスで採択した勧告決議およびSCがコンセンサスで採択した調査捕鯨のレビュー・ガイドライン（附属書P）が非致死的方法による研究目標の達成可能性の検討を求めていること、国際法上国家は自ら加盟する国際機関に協力する義務に基づきコンセンサスで採択された決定を考慮する義務を負うこと、日本は科学政策として自ら必要以上に致死的方法を用いていないと述べていること、また過去20年間で非致死的な研究技術の進歩は著しいことから導かれるところ、日本はそのような評価を実施したことを十分説明できなかったからである。次に、JARPAIIで予定された捕獲サンプル数について、日本は科学的に合理的な根拠を示すことができず、その算出の手続も不透明である。そして、JARPAIIにおいて実際に捕獲されたサンプル数は計画における予定数よりもはるかに少なく、そのままでは研究目標は達成できないはずなのに、計画は見直されていない。また、JARPAIIには研究期間の定めがなく、JARPAIIの成果に基づく査読付論文もわずかで科学的成果に乏しく、JARPAIIには他の関連研究との連携もない。ゆえに、JARPAIIにおける致死的方法の利用は「科学的研究のため」とはいえず、日本による許可発給はICRW 8条1項の下で正当化されない。

3　解説
(1)　本判決の特徴

　本判決の特徴は以下の通りである。第一に、裁判所は豪州の原告適格を否定せず、「ベルギー・セネガル事件」ICJ判決に続き、条約遵守による締約国の集団的利益の実現をめざす訴訟を認めた。第二に、裁判所は、ICRWの趣旨・目的を鯨類資源の保全と持続可能な資源の利用と明示するとともに、ICRWをIWCの活動を通じて進化する文書とし、ICRWの柔軟な解釈を導いた。第三に、裁判所は8条1項の解釈において合理性の審査基

準を採用した。これにより、8条解釈の諸論点（ICRWで8条は例外か、同条が発給国に認める裁量の幅など）を回避した。第四に、ICJは合理性の基準に、コンセンサスで採択された法的拘束力のないIWCの二次的文書（致死的方法の使用は研究目標達成のため必要最小限度で許されるとするIWCの勧告決議と、SCのガイドライン〈附属書P〉）の内容を反映させ、一般国際法上国家が負う協力義務を根拠に、締約国はこれらコンセンサスで採択された文書を考慮しなくてはならないとした。こうして、8条1項の解釈に条約採択後のIWCの実行を一定程度組み込んだ。第五に、裁判所は司法機関として科学の問題には立ち入らないとしつつも、合理性の審査基準をJARPAIIに適用する際に、実質的に科学の問題に踏み込んだ。研究目標の内容評価を伴わない手続的局面に限ったが、研究目標を解釈し、それと手段・方法、実施の実態および研究成果との整合性・一貫性を判断した点で、科学の問題に踏み込んでいる。

　最後に、JARPAIIは科学的研究「のため」のものでないとの結論に至る際に、ICJは、研究目標との関連で二つの局面—1)非致死的方法の利用可能性の検討の有無、2)研究目標に照らした設定サンプル数、調査計画のタイムフレームや他の調査機関との連携関係などの合理性—において、日本による説明の欠如または説明における一貫性の欠如に依拠した。これは、JARPAIIの合理性につき日本に「説明責任」を課したかのようである。この点については、伝統的な立証責任の原則に反し立証責任を転換したとの批判がある。ただし、少なくとも上記2)については、豪州は裁判の過程で裁判所が設けた審査基準の諸要素にかかる合理性の欠如について「一応の」推定を確立することに成功し、日本はそれを覆せなかったという理解も可能である。他方で上記1)については、豪州は検討の欠如の推定根拠を示しておらず、ICJの法的推論を合理的に理解することは難しい。この点について、裁判所の真意は不明である。

　判決の法的推論における以上の不明瞭さ、伝統的な法解釈論からの逸脱を、いかに捉え

るか。これについては、捕鯨事件をめぐる特異な事情（IWCの「機能不全」状況、ICRW締結時以降の科学をめぐる大きな変化〈科学研究の一般認識、研究技術の水準〉、JARPAに続くJARPAⅡの特異性）を考慮したうえでの多数意見の政策的配慮を想定すれば、多少はその「謎」も解けるのではないか。

ここにいう政策的配慮とは、①IWCの機能不全の中心にはICRWの解釈問題（ICRWの趣旨・目的、8条1項の解釈、IWCの二次的文書の法的地位など）があり、JARPAⅡの論争はこれに関わる問題なので、ICJは法の支配を支える機関としてICRWのあるべき法解釈の基準を示すべきこと、②ICRWのもとで鯨類の致死的な科学的利用は、現代科学の一般認識と技術水準に従いかつ透明性の高い（アカウンタビリティを重視した）かたちで実施されるべきこと、である。今日、動物の科学研究では一般に、非致死的な研究技術の飛躍的な進歩を受け、致死的方法の最低限の使用とそのための非致死的方法の利用可能性に関する評価の実施は、倫理的のみならず科学的見地からも求められ、サンプル数が多ければより厳密な評価が必要とされる。また、附属書Pの内容の多くも、今日の科学的研究の一般的要素とされる。ゆえに、20世紀半ば当時の科学を前提とする8条1項の文字通りの文理解釈は、現代の科学の文脈に適合しない結果を招きかねない。また、混沌としたIWCで条文改正規定のないICRWを改正するのは容易でない。本判決は、このような「古い」条約をいかにして21世紀の科学の文脈に適合させ解釈・適用するかという難題に、ICJが直面した結果ともいえよう。

(2)　**国際環境法の文脈での本判決の意義**

国際環境法の文脈では、本判決は多数国間環境条約の執行に関して主に以下の意義をもつ。第一に、本判決によれば、条約の不遵守問題について、ICJ規程の選択条項に基づき原告適格が広く認められることになる。これは、条約義務の遵守確保に資する一方で、不遵守手続を導入している条約の下では、それと紛争解決手続の区別は前提としつつも、事実上複雑な事態を招来しうる。

第二に、本判決は、コンセンサスで採択された条約機関の決定を締約国が適切に考慮すべき要請と、考慮の有無につき争いが生じた場合に考慮したと主張する側の負う説明責任を認めた。これは、条約機関が重要な役割を担う環境条約のもとで、その決定内容を実質化し条約の目的実現に資する一方で、決定の採択につき締約国を慎重にさせうるだろう。

第三に、本判決は、条約の執行過程においてアカウンタビリティと透明性を重視している。その基本的発想は近年の環境条約の一般的傾向に適うため、抽象的にはこの方向性を正当化し、個別の文脈ではその具体化のための合意作成の推進を事実上勢いづけよう。

第四に、本判決は条約の「発展的」解釈により、科学技術の進歩を含む社会の変化に条約を適応させうる方法を示唆する。条約機関の活動に支えられた環境条約は、本判決にいう進化する条約に当たるだろう。ゆえに、一般国際法上の国家の協力義務に基づく条約機関の二次的文書の考慮義務を介した柔軟な条約解釈により、条約締結後の科学技術を含む関連要因の変化に適応していくことができる。

第五に、本判決では、生物資源の保全に関する条約のもとで、致死的方法を伴う生物資源の科学的利用について、条約規定や二次的文書のあり方次第ではあるものの、一定の方向性が示された。今日の科学の一般認識と技術水準の考慮、具体的には研究目標に照らした手段・方法等の合理性や最低限の致死的手法の使用と、そのための非致死的手法の利用可能性評価の必要性である。

最後に、本判決は、科学的要因の検討における「手続的」アプローチの意義を示した。条約規定に照らした当該行為の当否にかかる判断において、合理性の審査基準を採用し、目的に照らした手段・方法の合理性、実施の実態および研究成果の整合性・一貫性を判断するという科学の問題へのアプローチは、既にWTO紛争解決の先例で見られる。科学の内容評価には踏み込まず論理一貫性・整合性の視点から科学の問題を扱う方法は、科学技術の要因が重要な環境分野において意味をもつだろう。

（児矢野　マリ）

国際環境法　基本判例・事件⑧　持続可能な漁業と旗国および沿岸国の義務事件

国際海洋法裁判所　勧告的意見
　（2015年 4 月 2 日）
ITLOS Reports 2015, pp. 4 -70
https://www.itlos.org/fileadmin/itlos/
documents/cases/case_no.21/adviso
ry_opinion_published/2015_21-advop-
E.pdf

1　背景・事実

　本件は、小地域漁業委員会（以下、SRFC）という国際機構が、その加盟国の排他的経済水域(以下、EEZ)内における違法・無報告・無規制（Illegal, Unreported, and Unregulated）漁業（以下、IUU 漁業）をめぐる法的問題について国際海洋法裁判所（以下、ITLOS）の勧告的意見を求めた事例である。SRFC は、1985年 3 月29日に設立された地域漁業機関であり、七つの西アフリカ諸国の領海および EEZ におけるすべての生物資源の保存・管理を任務とする。これら諸国の沿岸水域は、大規模かつ組織化されたIUU 漁業が横行していることで知られていた。1993年、SRFC 加盟国は、国連海洋法条約を実施するための地域的条約として、SRFC 加盟国の水域に対する第三国のアクセスを規制する「管轄水域における漁業資源への最小限のアクセスと同資源の開発の定義に関する条約」（以下、MCA 条約）を締結した。2012年には、IUU 漁業対策を強化するため、SRFC は MCA 条約を改正している（以下、改正 MCA 条約）。

　SRFC は、改正 MCA 条約33条を根拠に四つの質問を ITLOS に諮問した。第一に「IUU 漁業活動が第三国の EEZ において行われる場合に、その旗国の義務は何か」、第二に「自国を旗国とする船舶が行う IUU 漁業活動について、旗国はどの程度責任を負う（liable）とされるのか」、第三に「旗国または国際機構との間で締結した国際協定の枠内で船舶に操業許可が与えられた場合、その旗国または国際機構は当該船舶による沿岸国漁業法の違反について責任を負う（liable）とされるのか」、そして第四に「共有資源および共有の利益を有する資源（とくに小さな外洋種とマグロ）の持続的管理を確保するにあたり、沿岸国の権利と義務は何か」。

2　勧告的意見の概要

（1）管轄権―ITLOS 大法廷の勧告的意見付与の権限

　裁判所の管轄権を定める ITLOS 規程21条と国連海洋法条約288条は、同一の地位を有する。ITLOS 規程21条によれば、裁判所の管轄権は「裁判所に管轄権を与える他の取決めに特定されるすべての事項」を含む。それゆえ「他の取決め」が裁判所に勧告的管轄権を与える時には、裁判所にはこの取決めが特定する「すべての事項」について管轄権を行使する権限が与えられる。裁判所が勧告的管轄権を行使するにあたり、付託された質問は法律問題である必要がある。この点、今回諮問された四つの質問は、法的観点から構成され、裁判所に諸条約の解釈と関連規則の明確化を求めるものであるという意味で、法的な性質を有する。また、勧告的意見の要請は「決定的理由」（compelling reasons）がある場合の例外を除き原則として拒否すべきでない、ということは十分に確立している。勧告的意見は「抽象的であるかどうかにかかわらず、すべての法律問題に関して」与えることができる。本件勧告的意見は、自国がとるべき行動を明確にするために、勧告的意見を必要とした SRFC に対して与えられるものである。裁判所は、付託された質問に答えることにより、裁判所が SRFC の活動を援助し、海洋法条約の実施に貢献することに留意する。ここで述べたことから、本件では勧告的意見を与えないとする決定的理由はない。

（2）質問 1―漁船の旗国が自国船舶による IUU 漁業について負う義務

　国連海洋法条約56条 1 項、61条 1 項、同 2 項、62条 2 項、同 4 項、および73条 1 項に定

められるような「海洋法条約に基づき EEZ において沿岸国に与えられた特別の権利および責任を考慮すると、IUU 漁業を防止し、抑制しそして廃絶するために必要な措置をとる主要な責任は沿岸国にある」。しかし、同時に「旗国もまた、自国を旗国とする船舶が SRFC 加盟国の EEZ において IUU 漁業活動を行わないよう確保する責任を有する」。このような旗国の確保する責任は、結果の義務ではなく、行動の義務である。換言すれば「旗国は、遵守を確保するために必要なすべての措置をとり自国を旗国とする漁船による IUU 漁業を防止すべき『相当の注意』義務のもとに置かれる」。本件ではこの義務の遵守を確保するために旗国がとるべき措置の内容について、国連海洋法条約が指針を提供する。旗国は、1) SRFC 加盟国の EEZ 内の海洋生物資源の保存と管理のために制定された同加盟国の法令を、自国船舶が遵守することを確保するために必要な措置（執行措置を含む）をとる義務（国連海洋法条約58条 3 項、62条 4 項）、2) SRFC 加盟国の EEZ 内で改正 MCA 条約が定義する IUU 漁業を自国船舶が行わないことを確保するために必要な措置をとる義務（同58条 3 項、62条 4 項および192条）、3)海洋環境の保護と保全および海洋環境の不可欠の要素である海洋生物資源の保存のための国連海洋法条約192条の規定に基づく旗国の責任を損なうような活動を自国船舶が SRFC 加盟国の EEZ 内で行わないよう確保するため、必要な行政上の措置をとる義務（同94条）を負う。また旗国と SRFC 加盟国は、4)当該旗国の船舶が SRFC 加盟国の EEZ 内で IUU 漁業を行う事案において協力する義務を負う。さらに、旗国は、自国を旗国とする船舶がその SRFC 加盟国の EEZ 内で IUU 漁業を行っている旨の通報を SRFC 加盟国から受領したときは、5)その問題を調査し、適当な場合には、事態を是正するために必要な措置をとる義務、また、6)その措置について当該 SRFC 加盟国に通報する義務を有する。

(3)　質問 2 ―漁船の旗国が自国船舶による IUU 漁業について負う責任

自国を旗国とする船舶が行う IUU 漁業について、旗国は、「相当の注意」義務の違反によって責任を負う。旗国による当該義務違反が生じるのは、質問 1 について述べたように、自国の船舶が SRFC 加盟国の EEZ で IUU 漁業活動を行わないように確保すべき旗国の義務を履行するためのすべての必要かつ適当な措置をとらなかった場合である。

(4)　質問 3 ―操業許可を与えた旗国および国際機構が負う責任

本件勧告的意見に関する管轄権を考慮すると、本質問の射程は MCA 条約の当事国との間で漁業条約を締結した旗国または国際機構の責任に限定される。この点、前者の旗国の責任については、第二の質問についての結論が妥当する。また、後者の国際機構の責任については、国際機構一般ではなく、欧州連合（EU）の責任のみを取り扱う。この理由は、本質問で取り扱う国際機構が、国連海洋法条約305条 1 項と同306条および附属書Ⅸが関係する、構成国である海洋法条約締結国が海洋法条約によって規律される事項（本件では漁業資源の保存および管理）に関する権限を移譲した国際機構であり、これは現時点では EU に限られるためである。

国連海洋法条約附属書Ⅸ 6 条 1 項により、同附属書 5 条の規定に基づいて権限を有する当事者は、海洋法条約の義務の不履行その他いかなる違反について責任を負う。「この規定から、自己の権限に関する事項において義務を負う国際機構は、その義務の遵守が構成国の行動に依存するようなものであるとき、構成国がこの義務を遵守せずかつその国際機構が『相当の注意』義務を履行しなかった場合には責任を負うことがある」。「その国際機構は、SRFC 加盟国と漁業協定を締結した唯一の当事者として、その国際機構の構成国を旗国とする船舶が SRFC 加盟国の漁業法令を遵守することおよびその排他的経済水域内で IUU 漁業活動を行わないことを、確保しなければならない」。

(5)　質問 4 ―共有資源の持続的管理を確保するための沿岸国の権利と義務

国連海洋法条約は、沿岸国の義務の観点から生物資源の保存と管理の問題を扱う。これ

らの義務には対応する権利が伴う。まず沿岸
国の権利とは、国連海洋法条約63条1項の定
める資源について、その資源の保存および開
発を調整し確保するために必要な措置につい
て、直接または適当な小地域的もしくは地域
的機構を通じて、資源がEEZ内に存在する
他のSRFC加盟国との間で、合意するよう
努めることができるという権利である。

　他方で、SRFC加盟国は、自国EEZ内に
存在する共有資源の持続的管理を確保する義
務を負う。これらの義務は、1)権限ある地域
的機関と協力する義務（国連海洋法条約61条
2項）、2)当該資源の保存および開発を調整
しおよび確保するために必要な措置について
合意するよう努める義務（同63条1項）、3)
マグロ種について、魚種の保存を確保し、最
適利用の目的を促進するために、直接にまた
はSRFCを通じて協力する義務（64条1項）
を含む。

　これらの義務を遵守するため、SRFC加
盟国は、国連海洋法条約、とくに61条と62条
に従って次のことを確保しなければならな
い。(i)保存措置および管理措置を通じて、共
有資源の維持が過度の開発によって脅かされ
ないようにすること、(ii)保存措置および管理
措置はSRFC加盟国が入手することのでき
る最良の科学的証拠に基づいて行われるこ
と、また、その科学的証拠が不十分であると
きには、SRFC加盟国は改正MCA条約2条
2項に従い予防的アプローチを適用しなけれ
ばならないこと、(iii)保存措置および管理措置
は、環境上および経済上の関連要因（沿岸漁
業社会の経済上のニーズとSRFC加盟国の
特別のニーズを含む）を勘案し、かつ漁獲態
様、資源間の相互依存関係および一般的に勧
告された国際的な最低基準を考慮して、最大
持続生産量を実現することのできる水準に当
該資源を維持し、または回復することのでき
るようなものとすること。

　これらの措置をとるにあたり、沿岸国は次
のことを行わなければならない。(i)当該種の
資源量の水準を維持、回復するために、当該
種および依存する種に及ぼす影響を考慮する
こと。(ii)入手することのできる科学的情報、

漁獲量等そのほか他魚類の保存に関連する
データを権限のある国際機構を通じて定期的
に交換すること。

　国連海洋法条約63条1項の「合意するよう
努める」義務と、同64条1項の協力義務は、
同300条に従い誠実に協議すべき「相当の注
意」義務である。SRFC加盟国は、EEZに
おいて共有資源を漁獲する場合、その資源の
保存と開発を調整し確保するために管理措置
をとるに際して、協議を行わなければならな
い。

3　解説
(1)　ITLOSの勧告的意見に関する管轄権および本件の射程

　本件は、ITLOSが大法廷で勧告的意見要
請に応じた初めての事例である。国連海洋法
条約159条10項および191条にはITLOSの海
底紛争裁判部の勧告的意見について定めがあ
る。だが、大法廷の勧告的意見については関
連条約には明示規定がない。この点、本件で
ITLOS大法廷は、ITLOS規程21条を根拠に
して自らの管轄権を認めた。さらに、国際司
法裁判所（以下、ICJ）の「核兵器の合法性
事件」にならって、「決定的理由」がないか
ぎり勧告的意見の要請を拒否せず、また、同
じくICJの「国連加盟承認事件」にならい、
諮問事項は抽象的な問題であっても、それが
法的問題であるかぎり勧告的意見を下すこと
ができるとも明言した。この判旨は、勧告的
意見を通じて、ITLOSが海洋法に関する法
律問題にその判断を示す可能性を広げるもの
として注目される。

　また本件は、EEZにおける漁業資源の持
続可能な管理に関する沿岸国および旗国の権
利義務についてITLOSが網羅的な分析を
行った事例である点で注目を集めた。ただし、
裁判所は、検討の射程を「SRFC加盟国の
EEZ」における「改正MCA条約で定義され
るIUU漁業」に注意深く限定していること
には留意する必要がある（ただし、後述の通
り、214項以降では、一般論として海洋にお
ける共有資源の保存と管理のあり方について
踏み込んで付言している）。

(2) EEZ における旗国の義務とその帰結

裁判所によれば、旗国は「IUU 遵守を確保するために必要なすべての措置をとり自国を旗国とする漁船による IUU 漁業を防止すべき『相当の注意』義務を負う」（勧告的意見129項）。「相当の注意」義務は、近年では ICJ のパルプ工場事件（2010年）および ITLOS の「深海底の活動に関する保証国の責任と義務についての勧告的意見」（2011年）で環境保護に関する文脈で用いられた。本件で「相当の注意」義務を導出する基礎となったのは、① EEZ を含むすべての海域で共通する一般的な義務に関する条文（国連海洋法条約91条、92条、94条、192条、および193条）と、② EEZ でのみ適用される義務に関する条文（同58条3項、62条4項）である（勧告的意見111項）。この義務を果たすためにとるべき措置として、ITLOS は、具体例を行政的規制や執行措置を含め詳細に示している。これらの措置をとらない場合には「相当の注意」義務の違反が生じ、責任を負う（liable）、と ITLOS はいう。ただ、多数意見は、この責任の具体的な内容や解除の方法について記述を避けた。この点 Wolfrum 判事は、国家責任法に依拠してさらに具体的に踏み込むべきだったという趣旨の宣言を付している。こうしたある意味で抑制的な多数意見の判断が旗国による IUU 漁業防止策にどの程度効果をもつか、今後の展開が注目されよう。

(3) EEZ 沿岸国の権利と義務

国連海洋法条約によれば、沿岸国は、EEZ において生物資源の探査開発等のための主権的権利を有する一方、生物資源の保存および最適利用に関して義務を負う。本件は、こうした EEZ 制度の本旨に沿い、資源利用の側面のみならず、保存および管理の具体的な内容を沿岸国の義務という観点から詳細に検討した。とりわけ、以下2点は注目に値する。第一に、保存措置および管理措置の決定・実施を SRFC 加盟国が入手することのできる最良の科学的証拠に基づいて行うことに加え、改正 MCA 条約に従い、科学的証拠が不十分な場合には予防的アプローチの適用を義務づけた点。第二に、最大持続生産量（MSY）の設定に際して、資源間の相互依存関係や漁獲対象種に関連または依存する種への影響への考慮を求めた点である。

第二の点には、いわゆる生態系アプローチの発想が見て取れる（勧告的意見208項および209項）。生態系アプローチのもとでは、海洋法において人為的に引かれた領海、排他的経済水域、公海といった区分を越えて、生態系を中心に据えた一貫した観点からの資源の保存管理措置が求められる。ITLOS は、管轄権の限定に配慮しながらも、SRFC 加盟国は「当該資源の地理的分布と回遊にかかるすべての海域において、この資源の保存と持続的管理を確保する目的で同一の資源を共有する回遊ルート沿いの非加盟国との協力に努めることができる」し、また、国連海洋法条約は関係するすべての締約国に協力義務を課していると述べた（勧告的意見215項、下線は筆者）。こうした言及の背景には、国連公海漁業協定（5条(d)−(g)）をはじめとする生態系アプローチに関する海洋法の発展があるものと考えられる。

加えて ITLOS は、権限のある国際機関を通じた情報交換を通じて保存・管理措置を策定することを求めた。さらに、生物資源の保存・管理のために国際機関を通じて協力する諸国の一般的な協力義務（国連海洋法条約63条1項、64条1項）が「相当の注意」義務であるとも判断した。これにより ITLOS は、加盟諸国に実効的な対応を促しているものと考えられる。だが、協力義務に由来する「相当の注意」義務の違反がいかなる法的帰結をもたらすのか（沿岸国の義務違反と同様に責任を生じさせるのか、それは誰に対する責任なのか等）といった問題には、ITLOS は一切触れていない。

（佐俣　紀仁）

国際環境法　基本判例・事件⑨　チャゴス諸島海洋保護区事件

モーリシャス対英国　仲裁裁判　判断
（2015年3月18日）
Reports of International Arbitral Awards,
　Vol.31, pp.359-606
http://legal.un.org/riaa/cases/vol_
XXXI/359-606.pdf

1　事件の概要

　モーリシャスは、インド洋の南西に位置する島嶼国であり、モーリシャス島、ロドリゲス島、アガレガ島からなる。チャゴス諸島は、インド洋の中ほどに位置し、サンゴ礁から構成される。同諸島内で最大の島は、ディエゴ・ガルシエ島である。同諸島およびモーリシャスは、英国の植民地として支配されていたが、第二次世界大戦後、モーリシャスでは自治権拡大を求める動きが強まり、1968年に独立が達成された。

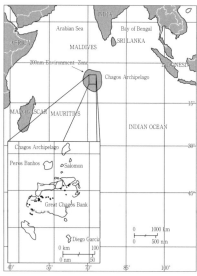

図　チャゴス諸島（出典：Dunne, R. P., and others (2014). The Creation of the Chagos Marine Protected Area. Marine Managed Areas and Fisheries, p.83.）

　この独立に向けた動きと並行する形で、英国はチャゴス諸島をモーリシャスから分離させる手続を進めた。モーリシャスによれば、チャゴス諸島が米国の国防上の理由から必要であったために、このような手続がとられたとのことである。実際、1964年には、英国と米国との間で英国がチャゴス諸島をモーリシャスより分離し、米国が軍事利用するために同諸島を提供することについての合意が結ばれ、そのような利用は現在まで続いている。このような状態においてモーリシャスは、チャゴス諸島における自国・自国民の権益を得るために英国と交渉し、1965年9月にランカスターハウスの約束（以下、約束）を締結した。同約束は、英国は、①モーリシャスの漁業権が可能なかぎり維持されるように周旋を行うこと、②施設の利用が必要なくなった場合には、諸島をモーリシャスへと返還すること、③諸島およびその周辺の鉱物・石油資源から得られる利益はモーリシャスのものとすること、の三つを含むものである。

　そして、約束締結から2カ月後の11月には、チャゴス諸島はモーリシャスから分離され、英国インド洋領土に組み込まれた。その際、チャゴス諸島住民は強制的に退去させられ、諸島への立入りが禁止された。この退去に関しては、1972年には、総額65万ポンドの補償が行われるなどしたが、その後も、英国国内において複数の訴訟が行われている。とくに、1998年に開始された訴訟により、ディエゴ・ガルシア島を除く区域については、チャゴス人の入域が認められるようになった。

　1968年から1980年の間、モーリシャスはチャゴス諸島の問題を、外交の場において提起することはなかった。しかし、1982年の政権交代を機に、モーリシャスはチャゴス諸島に対する主権を継続的に主張するようになった。その結果、チャゴス諸島の周辺水域については、モーリシャスと英国の立法とが重複することとなった。島の領域主権に対して争いがある場合、このような重複は発生するの

が一般的である。他方で英国は、約束で規定されるモーリシャスの漁業権、とくに伝統的漁業に対しては、1984年に免許制を導入した後であっても一貫して認めてきた。

しかしながら、この伝統的漁業も、2010年4月1日に、英国がチャゴス諸島周辺の領海およびEEZに設置した海洋保護区（MPA）により禁止されることとなった。このMPA内ではあらゆる天然資源の取得が禁止され、その設置以降、一切の漁業許可は更新されなくなった。このMPAの設置については、2009年2月にインデペンデント紙がその計画を報じて以降、モーリシャスは強い反発を示していた。そのため、設置前には、両国の間では複数回に及ぶ交渉が行われ、モーリシャスは漁業が禁止されることにより元住民の帰還が困難となるといった懸念などを表明した。しかしながら最終的には、モーリシャスの意向を無視する形で、英国によるMPAの設置が強行された。実のところ、モーリシャスの懸念は、ウィキリークスにより漏洩された在ロンドンの米国大使館からの外交電報において、英国の担当官が、MPAの設置により元住民の帰還申請の継続が困難になる、と述べていたことなどにも裏づけされ、そもそものMPAの設置目的が海洋環境の保護・保全であったのかについても疑義が呈されるようになった。

このような文脈において、モーリシャスは国連海洋法条約の附属書Ⅶに基づく仲裁裁判手続を開始した。モーリシャスは、その最終申し立てにおいて、以下の4点を主張した。①英国は国連海洋法条約に規定される沿岸国としての地位を有さず、それゆえ、MPA等を設置する権限を有さないこと、②モーリシャスが沿岸国であることから、英国はMPAを一方的に設置する権限を有さないこと、③英国は、大陸棚限界委員会がモーリシャスに対して行う勧告を妨げてはならないこと、④英国が設計するMPAは、国連海洋法条約および公海漁業実施協定に基づき英国が負う実体的・手続的義務と合致しないこと、の4点である。これに対し英国は、仲裁裁判所は管轄権を有さず、また、仮に有したとし

ても、モーリシャスの請求は認められないと主張した。

2　管轄権

上述の通り、英国は、四つの申立てすべてに対し、仲裁裁判所の管轄権についても抗弁を行ったため、本件では管轄権についても多数の判断がなされた。ここでは、そのなかで紛争の主題と密接に係る紛争の性質と、環境規制と関連する国連海洋法条約297条の判断について焦点をあてる。

(1)　紛争の性質

国連海洋法条約第15部の強制紛争解決手続を適用することができるのは、国連海洋法条約の解釈・適用に関する紛争のみである。とくに、司法手続については、288条1項で、そのような紛争の管轄権を規定している。そのため英国は、モーリシャスの申立て①②については、実質的には領域主権の紛争であるものを、「沿岸国」という文言にひっかけることにより、第15部の手続を用いようとしているにすぎず、仲裁裁判所は管轄権を行使できないとした。

仲裁裁判所はこの点、歴史的に存在が確認される領域主権についての紛争と、MPAの設置に関する紛争は別個の紛争として存在しうることを確認した。また、沿岸国に該当するか否かという点については、国連海洋法条約の解釈・適用の問題についてとみることも可能であることから、裁判所が管轄権を有するか否かは、紛争の比重がいずれにあるかを検討しなければならないとした。そして、申立て①・②については、領域主権としての紛争のほうにより大きな比重があるとした。さらに、仲裁裁判所は、領域主権に関する些細な紛争が、国連海洋法条約の解釈・適用に付随する可能性を否定はしないものの、本件においては、そのような場合にあてはまらないとした。

(2)　第297条

モーリシャスは、第四の申立てについては、288条とは別に、297条1項(c)をその根拠とした。同項は、海洋環境の保護および保全のための国際基準について、裁判所が管轄権を有

すると規定したものである。英国は、この文脈の国際基準とは、汚染防止規制を意味し、MPA に関して同様の基準は存在しないと主張した。また、297条 3 項(a)は、EEZ に対する沿岸国の主権的権利の問題については、裁判所の強制管轄権から除外することができるとしている。英国は、自らの設置した MPA は漁業措置と性格づけられることから、同項に基づく例外に該当するとも主張した。

これらの点について仲裁裁判所は、まず、原則として、288条に基づき裁判所は管轄権を有するとした。同時に、英国の設置する MPA は、海洋環境の保護および保全に関するものであり、297条 1 項(c)も、裁判所の管轄権を基礎づけるとした。さらに、汚染規制は、海洋環境保護の文脈において重要ではあるが、297条上の国際基準とは、汚染以外の規制を含む広範なものであるとした。また、3 項(a)の例外について仲裁裁判所は、英国が MPA を単なる漁業措置としてだけでなく、環境の保全に資するものであると自ら説明している、として英国の主張を退けた。このような判断の帰結として、モーリシャスの申立て④については、仲裁裁判所は管轄権を有するとなった。申立て③については、モーリシャスと英国の間に紛争がないとして管轄権が否定されたため、四つの申立てのうち、本案に進んだのはこの申立て④のみである。

3　本案

本案では、申立て④について判断するにあたり、第一に、英国の MPA 設置により、モーリシャスが侵害される権利を有するか否かを、そして第二に、英国はそのような権利を実際に侵害したか否かを判断した。

(1)　モーリシャスの権利

モーリシャスが、チャゴス諸島およびその周辺についていかなる権利を有しているかの判断に際し、仲裁裁判所はまず、約束の法的性質について検討した。モーリシャスが同約束を条約のように見立て、国際法上の法的拘束力があると主張したのに対し、英国はこれを英国憲法上の問題であると主張した。仲裁裁判所は、同約束は、①チャゴス諸島がモー

リシャスから分離される際の重要な条件を規定したものであること、および②英国自身が拘束力を負う形で表記していること、の 2 点より拘束力を有するものとした。また、仮にモーリシャスが英国の一部としてとどまった状態であれば、約束は英国憲法上の問題であったが、モーリシャスが独立したことにより、国際的な合意になったと判断した。

この約束に加え、仲裁裁判所は、禁反言の観点からもモーリシャスの権利を認めた。仲裁裁判所は、禁反言の要件として、(1)国家が明白かつ一貫した表明を行っていること、(2)その表明が権限のある当局によってなされていること、(3)禁反言を主張する国家が、その表明により不利益を被るようになったこと、(4)そのような信頼が正統であること、の四つをあげている。そして、英国が一貫して約束に規定されるモーリシャスの権利を保障してきたこと、モーリシャスもチャゴス諸島の主権を主張するのでなく、約束に保障される権利を行使してきたことから、これらの要件を満たすと判断した。

このように、約束と禁反言の二つの観点からモーリシャスの権利を確認したのは、いずれか一方では、国際法上の権利として主張する根拠として、十分とは言い難いとの認識があったからかもしれない。

(2)　英国による義務違反

モーリシャスは、英国による MPA の設置が、領海について規定した国連海洋法条約 2 条、EEZ について規定した56条、海洋環境の汚染防止に関する194条、権利濫用の300条に違反すると主張した。

仲裁裁判所はまず、領海においても、2 条 3 項に基づけば、沿岸国は他の国際法規則に従って主権を行使しなければならないとした。そのため英国は、(1)のモーリシャスの権利を保障する義務を負うのである。また、EEZ については、56条 2 項に明示されているように、他国に対して妥当な考慮を払う義務があるとした。したがって、沿岸国は、領海や EEZ に対する措置いかんによっては、国際法上の義務違反を構成しうる。仲裁裁判所によれば、英国の MPA の設置は、漁業権

を中心としたモーリシャスの利益に影響を及ぼすにもかかわらず、その点を考慮せず、モーリシャスと十分な協議もないままに設置されたものである。そのため、裁判所は、そのような形でのMPAの設置は、国連海洋法条約2条3項および56条2項に違反するとした。

194条は、1項および4項がMPAの設置に関係する。仲裁裁判所は、1項については、あくまでも海洋汚染を防止・軽減するための努力義務を規定したものであり、英国はこれまでにこの義務違反をしたとはいえないとした。4項は、海洋汚染を防止・軽減するための措置を講じる際に、他国の権利義務に干渉しないことを規定している。仲裁裁判所によれば、MPAのような環境への配慮が漁業権への干渉を正当化することはありうる。しかしながら、本件における英国のMPAの設置は、その必要性を説明したり、より制限的ではない代替手段を検討したりすることを欠いていたため、4項に違反すると判断した。

これらの英国の義務違反を理解するうえで、仲裁裁判所は、英国のMPAの設置それ自体が国連海洋法条約に違反すると判断したわけではない点に留意しなければならない。モーリシャスは、MPAについては、以下の2点を主張した。第一に、漁業を全面的に禁止するMPAの設置それ自体が実体的義務に違反するという点と、第二に、設置方法が手続的義務に違反するという点である。つまり、実体と手続両方の義務違反を主張していたが、仲裁裁判所は、後者の義務違反のみを認定し、前者については判断することを回避したのである。

そのため、漁業を全面的に禁止するようなMPAの設置それ自体が国連海洋法条約と整合的であるのか否か、という現在、国家管轄権外区域の海洋生物多様性（BBNJ）に関する新実施協定の文脈でも注目を集める論点に関し、本裁定のもつ意義は限定的といえる。他方で、国連海洋法条約という、環境法そのものではなく海洋法と分類される条約体系においても、手続的義務の重要性が示された点について、本裁定は一定程度の意義を有するといえよう。

4　その後の動き

このように、仲裁裁判所の判断が、英国の手続的義務違反の認定にとどまったことにより、その後、本裁定によって両国の紛争が解決に向かったとは言い難い。裁定が出された後、英国は再度モーリシャスと協議を行ったものの、設置それ自体が違反と認定されたわけではないため、MPAの撤回などの措置を講じることはなかったのである。そのためモーリシャスは、国連総会やアフリカ連合のフォーラムにおいて、MPAの違法性やチャゴス諸島の返還を求める主張を継続した。

その結果、2017年6月22日、総会決議71/292により、賛成94・反対15・棄権65で、①チャゴス諸島の分離を含むモーリシャスの非植民地化のプロセスが国際法上合法であるか否か、そして、②チャゴス諸島の住民が帰還できない英国の統治が続いていることの国際法上の帰結、について、国際司法裁判所（ICJ）に対して勧告的意見を要請した。

このような勧告的意見の要請については、一度裁定が下された仲裁裁判の再開となることや、実質的には、争訟事件で扱うような領域主権の問題であることから、ICJは勧告的意見を出すことを慎むべきとの主張も、勧告的意見の手続においてなされた。しかしながらICJは、勧告的意見は国家に要請されたものではなく、国連総会という国際機構に要請されたことや、仲裁裁判と勧告的意見とでは取り扱う問題が異なるとした。また、国連総会は脱植民地化を進める機関であり、勧告的意見はその助けとなることや、勧告的意見において領域主権について問われているわけではないとして、2019年2月25日に勧告的意見において総会からの諮問に回答することとした。

総会からの諮問についてICJは、脱植民地化のプロセスは国際法上、違法であったと認定した。また、英国は、可能な限り早急にチャゴス諸島の統治を終了させる義務を負うとし、さらに、国連全加盟国が、モーリシャスの脱植民地化を完了させることに協力する義務を負うとした。

（瀬田　真）

国際環境法　基本判例・事件⑩　南シナ海事件

フィリピン対中国　仲裁裁判　判決
（2015年10月29日）
（管轄権・受理可能性段階）

The South China Sea Arbitration (The Republic of Philippines v. The People's Republic of China), Award on Jurisdiction and Admissibility (29 October 2015)
https://pcacases.com/web/send Attach/2579

（本案段階）

The South China Sea Arbitration (The Republic of Philippines v. The People's Republic of China), Award (12 July 2016)
https://pcacases.com/web/send Attach/2086

1　申立事項

　2013年1月22日に、フィリピンは、国連海洋法条約（以下、海洋法条約）第15部に基づき、中国を相手として義務的仲裁手続を開始した。本件の主たる争点は、下記の3点に分類できる。
① 南シナ海で中国が九段線内で主張する主権的権利・管轄権・歴史的権利は、海洋法条約に違反し無効であるか否か（申立1〜2）
② 南シナ海における海洋地形は島、岩、低潮高地のいずれに該当するか、また当該海洋地形は排他的経済水域や大陸棚に対する権原を生むか否か（申立3〜7）
③ 南シナ海における中国の建設活動や法執行等の行為は海洋法条約の違反を構成するか否か（申立8〜15）

　このように、本件の争点は多岐にわたるが、海洋環境の保護・保全にかかわる申立ては、③のうち、下記の申立11と申立12(b)である。下線部は、本案で付加され、裁判所によって認められた部分である。

〈申立11〉中国は、スカボロー礁、セカンド・トーマス礁、クアテロン礁、ファイアリー・クロス礁、ガヴェン礁、ジョンソン礁、ヒューズ礁およびスビ礁において、海洋環境を保護し保全する条約上の義務に違反してきた。

〈申立12〉中国によるミスチーフ礁の占拠および建設活動は……(b)条約上の海洋環境を保護し保全する中国の義務に違反する。

2　管轄権段階

(1)　海洋法条約上の紛争解決手続

　海洋法条約の当事国は、287条1項のもとで、書面による宣言を行うことにより、海洋法条約の解釈・適用に関する紛争解決のために、下記の手段を選択することができる。

(a) 附属書Ⅵによって設立される国際海洋法裁判所
(b) 国際司法裁判所
(c) 附属書Ⅶによって組織される仲裁裁判所
(d) 附属書Ⅷに規定する一または二以上の種類の紛争のために同附属書によって組織される仲裁裁判所

　これらの手段を選択する宣言をしていない場合、287条3項により、上記の(c)の附属書Ⅶに定める仲裁手続を受け入れているとみなされる。本件の両紛争当事国は、当該宣言を行っていなかったため、同3項の仲裁手続が開始されることになった。

　ただし、仲裁裁判所が組織されても、紛争当事国が298条の選択的除外を宣言していた場合、裁判所の事項管轄は及ばないことになる。選択的除外事項は、(a)海洋の境界画定や歴史的湾・歴史的権原に関する紛争、(b)軍事的活動等に関する紛争、(c)国連安保理の任務遂行中の紛争である。中国は、2006年8月25日に(a)〜(c)のすべての選択的除外の宣言を行っていたため、当該事項について仲裁裁判所の管轄権は排除されることになる。

(2)　管轄権判断

　フィリピンによる提訴後、中国は、2014年12月7日に「立場声明」（Position Paper）をウェブサイト上で公表し、仲裁手続に参加しないことを明らかにしている。また、2015年2月6日と7月1日に在蘭中国大使から中国の立場を示す書簡が送付された。裁判所はこれらを先決的抗弁として扱い、管轄権・受理可能性の審理を行った。

申立11について先決的問題とされたのは、海洋法条約と生物多様性条約の紛争解決手続との関係性である。裁判所は、両者は「併行的環境レジーム」を構成し、生物多様性条約27条は海洋法条約第15部の義務的手続を明示的に排除しているわけではないとして、管轄権を認定した（詳細は4　解説 (1)参照）。

申立12(b)については、南シナ海における建設活動が軍事的性格を有し、中国の宣言した上記の選択的除外事項(b)に該当するか否かが問題となる。しかし、この点は、先決的性質をもたない争点を含んでいるため、本案で判断を行うべきであるとされた。

3　本案段階

(1)　留保された管轄権問題

南シナ海における中国の建設活動が軍事的性格を有するかは、埋立活動が軍事的行動ではないと中国が一貫して主張しているので管轄権は認められると判断された。これにより、裁判所は、フィリピンの申立11と12(b)における海洋環境の保護・保全に関する中国の義務違反の有無の検討に移ることになった。

(2)　海洋法条約の関連規定

裁判所は、本件の関連規定として、下記の規定をあげて解釈を行っている。

前文
第9部　閉鎖海又は半閉鎖海
第123条（閉鎖海又は半閉鎖海に面した国の間の協力）
第12部　海洋環境の保護及び保全
　第1節　総則
第192条（一般的義務）
第194条（海洋環境の汚染を防止し、軽減し及び規制するための措置）
　第2節　世界的及び地域的な協力
第197条（世界的又は地域的基礎における協力）
　第4節　監視及び影響評価
第204条（汚染の危険又は影響の監視）
第205条（報告の公表）
第206条（活動による潜在的な影響の評価）

まず、裁判所は、海洋法条約は、前文で「この条約を通じ、すべての国の主権に妥当な考慮を払いつつ、国際交通を促進し、かつ、海洋の平和的利用、海洋資源の衡平かつ効果的な利用、海洋生物資源の保存並びに海洋環境の研究、保護及び保全を促進するような海洋の法的秩序を確立することが望ましいことを認識し」ている点を確認し、海洋環境にかかわる実体規定を第12部で定めているとする。

次に、192条にいう海洋環境の保護・保全に関する一般的義務とは、将来の損害からの海洋環境の「保護」と現状を維持し改善する意味での「保全」の双方にまで及ぶ。かくして、192条は、海洋環境を保護し保全する能動的な措置をとる積極的義務と海洋環境を劣化させない消極的義務をも伴うことになる。192条の一般的義務は、海洋環境の汚染に関する194条を含めた第12部の規定等によって詳細化されている。192条と194条は、国家とその機関の直接的な活動だけでなく、自国の管轄・管理内の活動が海洋環境を害さないよう確保する義務をも含む。後者の義務は、旗国が、適当な規則や措置を採択するとともに、当該規則や措置を執行し、行政上の管理権を実施するにあたって一定の警戒水準で行うという意味での「相当の注意」を要求するものである。なかでも、194条5項は、希少またはぜい弱な生態系と絶滅危惧種等の生息地を保護し保全するのに必要な第12部のもとのすべての措置を対象としている。これは、チャゴス諸島海洋保護区事件でも確認されたように、第12部が、狭義の海洋汚染の管理を目的とする措置に限定されないことを示している。また、海洋法条約には生態系の定義はないが、生物多様性条約2条における「植物、動物及び微生物の群集とこれらを取り巻く非生物的な環境とが相互に作用して一の機能的な単位を成す動態的な複合体」との定義が国際的に受け入れられている。裁判所は、本件の有害な活動の対象となっている海洋環境には、当然に希少またはぜい弱な生態系が含まれ、また絶滅危惧種等の生息地もこれにあたるとしている。

さらに、197条は、世界的または地域的基礎における協力を定める。MOX工場事件において、国際海洋法裁判所は、協力義務は海洋法条約第12部や一般国際法上の海洋環境の汚染防止における基本原則であると強調している。地域的な協力に関しては、123条が南

シナ海のような半閉鎖海にも関係してくる。

最後に、裁判所は、監視と環境評価に関する204条から206条に触れる。204条は、「海洋環境の汚染の危険又は影響を観察し、測定し、評価し及び分析するよう」実行可能な限り努力し、海洋環境を汚染するおそれがあるか否かを決定するため、「自国が許可し又は従事する」活動の影響を監視するよう国家に求めている。そして、205条は、204条の監視によって得られた結果を公表し、あるいは権限のある国際機関に提供する。206条は、自国の管轄または管理のもとにおける計画中の活動が実質的な海洋環境の汚染または海洋環境に対する重大かつ有害な変化をもたらすおそれがあると信ずるに足りる合理的な理由がある場合には、当該活動が海洋環境に及ぼす潜在的な影響を実行可能なかぎり評価するよう国家に要求している。また、環境影響評価を行う義務は、海洋法条約上の直接的な義務であり、慣習国際法上の一般的義務でもある。そして、「合理的な」とか「実行可能な」という文言には関係国の裁量の要素が含まれているが、評価の結果の報告を提供する義務は絶対的であるとの見解を裁判所は示している。

(3) 違反の認定

本件で問題とされた有害行為は、①スカボロー礁における中国漁船のサンゴ、ウミガメ、サメ、オオシャコガイ、二枚貝等の採取と、②セカンド・トーマス礁における中国漁船やそれに同行した中国海軍・政府船舶のサンゴやオオシャコガイの採取や礁の浚渫などである。これらの有害行為は海洋法条約違反を構成するか。

裁判所は、まず、192条の一般的義務は、ぜい弱な生態系の文脈では194条5項によってとくに具体化されていることに鑑み、192条は、希少またはぜい弱な生態系と絶滅危惧種等の生息地を保護し保全するために必要となる相当の注意義務を課すものであると指摘する。それゆえ、国際的に消滅の脅威にさらされていると認識されている種の直接的な採取に加えて、192条は、生息地の破壊を通じて、間接的に、絶滅危惧種等への影響が見込まれる損害の防止にまで及んでいると判示した。中国船舶によるサンゴやオオシャコガイの採取は、その規模からも、ぜい弱な海洋環境への有害な影響を及ぼすといえる。また、この点に関してフィリピンから数度にわたる懸念の表明等がなされていることからも、中国は当該採取を了知していたといえる。中国が、192条と194条5項で求められる有害な慣行を禁止する規則や措置を執行したとの証拠はないので、当該採取を許容し保護したことにつき、中国は海洋環境を保護し保全する義務に違反したと認定する。

これに対し、スカボロー礁やセカンド・トーマス礁での中国漁船によるシアン化物やダイナマイトの使用については、中国が了知しながら防止を怠っていたとの証拠は不明確であるので、第12部の違反をさらに検討することはしない。ただし、シアン化物やダイナマイトの使用は海洋環境の汚染に該当するので、一般的に言って、これらの使用を禁止する措置を講じないことは、192条、194条2項および同5項の違反を構成するであろう。

中国の建設活動について、裁判所は、主に、地域における前例のない規模で礁に影響を及ぼしてきたとする専門家の報告書に依拠しながら、中国の人工島建設活動が海洋環境に破壊的で長期にわたり継続する損害を引き起こしてきたことは疑いないと結論づける。したがって、中国は、当該建設活動を通じて、192条上の海洋環境を保護し保全する義務に違反し、土砂による海洋環境の汚染につながった浚渫活動は、194条1項に違反し、また希少またはぜい弱な生態系と絶滅危惧種等の生息地を保護し保全するために必要な措置をとる194条5項にも違反しているとした。

さらに、中国の建設活動に関しては、フィリピンやその他の近隣諸国から抗議を受けていた。しかし、中国がこれらの国々との協力や調整を試みたとの説得的な証拠はなく、197条および123条に違反していると認定された。また、監視と評価に関しては、とくに206条が取り上げられた。裁判所は、建設活動の規模と影響に鑑み、当該建設が海洋環境に重大かつ有害な変更をもたらしうるという以外の信念を中国がもちえなかったというのは合理的ではないとし、中国は実行可能なかぎり環境影響評価を準備し、評価の結果を提

供する義務を負っていたとする。そして、中国が環境影響評価を準備してこなかったとは明確には認定できないものの、206条の義務を満たすためには、環境影響評価の準備だけでなく、その結果を提供することも必要であるが、書面の形式で評価を送付したものはないので、中国は海洋法条約206条の義務を満たしていないと認定した。

4　解説

（1）併行的環境レジーム

　海洋法条約は、281条と282条において、紛争解決に関する他の条約や合意との関係性を規定している。本件では、フィリピンの申立11と12(b)が海洋環境の保護・保全にかかわるものであったため、裁判所は職権で、生物多様性条約27条の紛争解決手続が海洋法条約第15部の紛争解決手続に優先されるかを問題にした。282条は、他の手続が拘束力を有する決定を伴う場合に優先される旨が規定されているが、生物多様性条約は拘束力のある決定をもたらすものではないので、本件では適用されない。

　他方、281条は、紛争当事国が選択する平和的手段に関する合意のある場合は、当該平和的手段によって解決が得られず、かつ、他の手続の可能性が排除されていないかぎりにおいて、第15部の紛争解決手続が適用されると規定する。みなみまぐろ事件において、紛争当事国は、みなみまぐろ保存条約の紛争が存在することを認めながらも、同時に海洋法条約の解釈・適用をめぐる紛争も構成するか否かを争った。仲裁裁判所は、みなみまぐろ保存条約の紛争解決手続は海洋法条約第15部を含む他の紛争解決手続を明文で排除していないが、当事国の意思から第15部の義務的解決手続を排除していると判断し、管轄権を否定した。これに対して、本件では、個別の環境条約が海洋法条約第15部の紛争解決手続を明示的に排除していないかぎり、併行的環境レジームとして、裁判所の管轄権が認められるとしており、みなみまぐろ事件とは異なる判断がなされたと評価できる。

（2）海洋環境の保護・保全にかかわる義務の違反認定

　本件では、主に、私人（漁船等）を通じた海洋環境への有害行為が問題となっている。そのため、裁判所は、192条や194条5項が、私人の有害行為を相当の注意をもって防止する義務を定めている点を明確にしている。そして、相当の注意義務の違反の存否については、私人の有害行為に関する「了知」（awareness）が中国側にあったかどうかが決定的な要素の一つとして扱われている。裁判所は、本件では、適切な救済方法を検討していないが、中国が自国の活動との関連で海洋法条約の違反につき責任を負いうる範囲を述べるとの言明があるように、国家責任の発生要件との関係で違反を認定している点は注目に値する。このように「了知」の要素を重視した相当の注意義務の違反認定は、国際司法裁判所のコルフ海峡事件、在イラン米国大使館事件、ジェノサイド条約適用事件等にもみられる。それゆえ、一般国際法と同様、海洋法条約における海洋環境の保護・保全にかかわる相当の注意義務においても、私人の有害行為を知りながら規則の採択や執行等の適当な防止措置を講じなかった場合に違法行為責任が発生するとされた点は、今後の海洋法条約の当事国による条約遵守のあり方に一定の指針を示す判断であったといえよう。

〈参考文献〉

石橋可奈美「海洋環境保護に関する紛争処理と予防―南シナ海に関する仲裁裁判判決の考察を通じて」『東京外語大学論集』93号（2016年）21-14頁。

坂元茂樹「九段線の法的地位―歴史的水域と歴史的権利の観点から」松井芳郎・富岡仁・坂元茂樹・薬師寺公夫・桐山孝信・西村智朗編『21世紀の国際法と海洋法の課題』（東信堂、2016年）164-202頁。

玉田大「フィリピン対中国事件（国連海洋法条約附属書VII仲裁裁判所）管轄権及び受理可能性判決（2015年10月29日）」『神戸法学雑誌』66巻2号（2016年）125-161頁。

西本健太郎「南シナ海仲裁判断の意義―国際法の観点から」『東北ローレビュー』4巻（2017年）15-52頁。

（萬歳　寛之）

国際環境法　基本判例・事件⑪　ナホトカ号重油流出事故

1　事実

　ナホトカ号は、ロシアの海運会社プリスコ社が所有していたロシア船籍の石油輸送タンカーである。総トン数は約1万3,000総トン、船齢28年の高齢船であった。ナホトカ号は、1997年1月2日、中国舟山からロシアのカムチャッカまで、日本海を経由してC重油約1万9,000キロリットルを輸送中であったところ、島根県隠岐島沖の北方約100キロメートルの地点で大時化（シケ）に遭い、船首部を折損、本体は同地点の海底約2,500メートルに沈没した。同日、緊急通報を受けた第八管区海上保安部により、船長1名を除く31名の乗組員が救出された。1月4日、プリスコ社が手配した海難救助のためのサルベージ船により、船首部を曳航する作業が試みられたが荒天により実現せず、船首部は、冬の荒れた日本海の強風に流され、1月7日、福井県三国町沖合へ漂着した。その際、折損部分などから積載していた重油推定6,240キロリットルが9府県（島根、鳥取、兵庫、京都、福井、石川、新潟、山形、秋田）の沿岸地域に漂流し、大規模な石油汚染被害をもたらした。

　船首部および重油の回収は、日本海の荒天もあいまって困難を極めた。海上災害防止センターは、5日、船舶所有者代理人からの要請を受け、7日より漂流油の回収作業を開始した。船首部からの油抜き取り作業については、14日に海上保安庁長官から海上災害防止センターに対して措置実施の指示が出され、船首部が福井県沖に漂着後1週間以上が経過した16日より開始された。海上漂流油の回収は特殊船、油回収船、ロシア船、巡視艦、自衛艦、小型漁船など多数の船舶によって実施されたほか、数カ月にわたって、地方自治体、多数の地域住民、ボランティアなどが漂着油の回収、清掃活動を行った。その過程で、過酷な環境ゆえに少なくとも5名が死亡したとされる。流出油は、水鳥や海岸植生の汚染のほか、岩のり漁などの漁業者への漁業損害、原子力発電所への油の漂着、油回収に追われて漁民が出漁できないといった直接的損失のみならず、風評被害による水産物売上の減少、観光業者の減収損害などの間接的な被害を招いた。日本政府が設置したナホトカ号事故原因調査委員会は、事故の主な原因として、船体腐食による強度不足を指摘している。その一方で、政府に対しては、例年にない強風の影響で船首部と重油が日本海沿岸域に到達することを想定していなかった政府が船舶所有者の判断を待ったことで、初動対応が遅れ、被害拡大を招いたとの指摘がなされている。

　本件事故では、国際油濁損害賠償制度の枠組みに基づき損害賠償手続が進められた。国、地方自治体、ボランティアなどが、1999年に福井地裁および東京地裁にて、プリスコ社および同社と契約する英国船主責任相互保険組合（以下、UKクラブ）、ならびに1971年油濁汚染損害補償のための国際基金設立条約によって設立された油による汚染損害の補償のための国際基金（以下、国際基金）を相手取って、合計458件、総額約358億円の損害賠償を求めて訴えを起こし、和解の結果、総額261億円の補償を受けた。

2　油濁事故に関する日本の国内法制度―海洋汚染防止法

　油濁事故に対する日本国内法上の公法的規制として、「海洋汚染及び海上災害防止に関する法律（以下、海洋汚染防止法）」が存在する。同法は、1967年、日本のOILPOL条約加入と同時に制定された「海水油濁防止法」に起源をもち、その後、油濁公海措置条約、ロンドン海洋投棄条約、MARPOL73／78条約、OPRC条約、ロンドン条約議定書、船舶バラスト水規制管理条約といった海洋汚染対策に関する条約に加入する際に、それら内容を反映する改正などが施されてきた。

　海洋汚染防止法は、船舶からの油排出の禁止（4条）および油排出による海洋汚染の防止（2条）を一般的に義務づけ、船舶の船長または所有者に対しては、海上災害の際の防

除措置の実施を義務づけている（2条、39条）。このように海上災害の第一次的な責任を船舶側に負わせるとともに、1976年改正により、海上災害防止センターに関する規定が盛り込まれた（平成24年改正により現在は「指定海上防災機関」と記載）。同規定に基づき、海上保安庁長官は、防除措置を講ずるべき者が措置を講じない場合または措置を命ずるいとまがない場合に、センターに対し必要な措置を指示することができる（42条の15）。その際要した費用は、異常な天災地変の場合等の例外を除き、船舶の所有者に負担させることができる（41条）。同センターの任務には、海上災害の際、海上保安庁長官の指示または船舶所有者の委託を受けて、防除措置を実施することが含まれている（42条の14）。

3　民事損害賠償手続
(1)　国際的な民事損害賠償制度
　日本とロシアに適用される国際油濁損害賠償制度には、1969年油濁汚染民事責任条約（以下、1969CLC）および1971年油濁汚染損害補償のための国際基金設立条約（以下、1971FC）ならびにそれらの議定書がある。油濁汚染事故の場合、1969CLCに基づき、例外的な免責事由を除いて船舶所有者に厳格責任が課せられ、一定限度額までは船舶所有者が賠償責任を負うという制限責任が適用される。油濁被害者には、原則として船舶側の過失を立証することなく請求が認められる。1971FCは、1969CLCの賠償が適切でない場合に、一定の限度額まで被害者に補償する基金を設立するものである。CLCとFCともに1992年に改正議定書が作成され、CLCの賠償限度額およびFCの補償限度額が引き上げられた（以下、それぞれ1992CLC、1992FC）。1992CLC・FCは1996年に発効したが、経過規定により、FC議定書当事国の拠出油受取量が一定量に達する日（1998年5月15日）までは原条約の廃棄の効力は発生しない。そのため、ナホトカ号事故発生時には1969CLC、1971FC双方が加盟国に対して拘束力をもっていた。日本は1975年に「船舶油濁損害賠償保障法」の制定とともに1969CLC

と1971FCに加入し、1994年の同法改正と同時に1992CLC・FCに加入している。他方で、ロシアは、本件事故発生時には1969CLCと1971FCのみに加入、1992CLC・FCには未加入であった。また、現在では2003年に採択された追加基金議定書により、損害額がFCに基づく国際基金の補償額を上回る場合でも、上乗せして一定額の補償がなされるが、本件事故発生時にはこの追加基金議定書は存在しない。

　日本は1992FCに加入しているため、引上げ後の補償限度額1.35億SDR（＝国際通貨基金の定める特別引出権。約225億円）まで補償が受けられる点には争いがなかった。問題となったのは、本件事故に1969CLCと1992CLCどちらを適用するのか、船舶所有者の制限責任が認められるかという点である。1992CLCに基づく賠償限度額は、ナホトカ号のトン数規模では640万SDR（約10億円）であるが、ロシアが1992CLCに入っていないことから、1969CLCに従えば、プリスコ社側が賠償義務を負うのは低い上限額（158万8,000SDR、約2億6,000万円）までに限定される。ただし、制限責任の適用条件は1969CLCがより厳格である。1992CLCに基づけば、事故が船舶所有者の意図したものまたは損害発生の危険を認識した無謀な行為によるものでないかぎり制限責任が可能になる（1992CLC 5条2項）のに対して、1969CLCにおいては、事故が船舶所有者の過失に基づく場合には責任制限が認められず、すべての責任を船舶所有者が負うことになる（1969CLC 5条2項）。

(2)　本件事故における賠償・補償の手続
　本件事故の賠償・補償の請求の多くは、他の油濁損害賠償請求と同様に、三つの段階、すなわち示談交渉、訴訟手続、和解という手順を踏んでいる。第一の示談交渉は、UKクラブと国際基金が共同で神戸市に事務所を設置し、被害者との間で直接実施された。その際、船舶所有者の責任範囲、賠償額の確定には時間を要するため、船主責任制限手続の決着に先行して請求容認額の合計が補償限度額を超えない範囲での示談金の暫定支払いが行

われた。これは、実務上の慣行となっており、国際基金は暫定支払いの範囲で被害者の請求権を取得し訴訟に参加している。

第二の訴訟手続に関して、1969CLC 8条および船舶油濁損害補償法10条の規定上、タンカー油濁損害発生日から3年以内に裁判上の請求がなされない場合には、損害賠償請求権が消滅する。よって、時効の成立を防ぐため、1999年11月、福井地方裁判所にて被害者たる地方公共団体、漁業者、観光業者、電力会社、ボランティアが、また同年12月に東京地方裁判所にて国と海上災害防止センターが、プリスコ社とUKクラブ（以下、船舶側）に対して訴えを起こした。加えて、船舶側も負担した油回収・清掃費用などの補償を求め、国際基金に対して訴訟を提起した。

福井地裁では、船舶側への制限責任適用の可否が争われた。国際基金は、ナホトカ号の老朽化により安全性に問題があったにもかかわらず航行させた点が、1969CLC上の制限責任の適用除外事由である過失ないし無謀な行為に該当するため、賠償責任が制限されない旨主張した。他方、船舶側は、ナホトカ号が本国で定期検査済みであったこと、本件事故は「異常な天災地変」という無過失責任の例外事由に該当するため、責任制限ないし責任免除が認められる旨主張した。しかし、これら主張の法的判断を待つことなく、本件事故は和解で解決されている。船舶の油濁汚染損害の賠償請求は示談による解決が一般的であり、日本では油濁損害賠償法上の争いで判決が出されたのは、韓国籍タンカーオーソン号事件（長崎地裁平成12年12月6日判決、平成12年（ワ）第164号損害賠償請求事件）のみとされる。

（3）賠償と補償の内容

示談の結果としての補償金合計約261億円は、UKクラブが約109億5,000万円、国際基金が約151億3,000万円（内、1992FC国際基金が約74億、1971FC国際基金が約77億）を負担した。プリスコ社は、油回収経費として7億7,400万円の補償を受けたが、これを相殺しても、船舶側の支払いは1969CLCのみならず1992CLCの賠償限度額をも上回って

おり、制限責任は条約どおりには適用されていないことがわかる。各請求主体が受け取った補償額は以下のとおりである。

表　請求者ごとの請求額と補償額（値は四捨五入）

請求内容	請求主体	請求額	支払額
油防除・回収・清掃	海上災害防止センター	約154億円	約125億円
	国	約15億円	約19億円
	自治体	約71億円	約56億円
	船主	約11億円	約8億円
	その他	約27億円	約21億円
	小計	約279億円	約229億円
漁業被害		約50億円	18億円
観光被害		約28億円	13億円
合計		約358億円	約261億円

1992CLCによると、補償の対象となる損害は、環境悪化による利益喪失を除いては、実際に講じられる合理的（reasonable）な回復措置の費用および、合理的な防止措置の費用に限られる（1条6、7項）。具体的な補償の内容と範囲の確定には、国際基金が作成した「請求の手引き」が基準とされている。同手引きは、賠償・補償の対象となる損害の項目として、①油の回収・清掃費用、②財産損害、③間接損害、④純経済的損害、⑤環境損害をあげる。

1）防止措置費用（①）

手引きによれば、CLC 1条の合理性の要件は、措置に要する費用と得られるまたは得られると期待される利益との間に密接な関連性を必要とする。そのため、請求額よりも実際の支払額は小さく、国に対する支払額が請求額を上回るのは、遅延損害金が加算されているためである。

2）財産損害、間接損害と純経済的損害、環境損害（②〜⑤）

財産損害（②）とは、油によって汚染した財産の所有者が被った利益の喪失をいい、本件事故では京都府での定置網汚染が該当する。これに対して、間接損害（③）とは、汚染された財産が使用できないことによって、本来得られたはずの金銭的収入が損失された場合をいい、上記の定置網汚染の結果として失われた漁獲金額などが該当する。純経済的

損害（④）は、自分の所有物が油濁被害に遭っていない場合において、例えば通常操業している海域で水産資源が汚染され、代わりの漁場もないことで生じる漁業の損失がこれにあたる。最盛期であったイワノリ漁者が石川を中心に大きな被害を受けたほか、風評被害で売上が減少した水産業、観光業、卸売業の減収もここに含まれる。ただし、これら損害に対する補償の基準として手引きが示すのは、定量化可能なものであること、汚染と被害との間の十分に密接な因果関係の存在、損害の証明などである。請求者にとってこの基準を満たすことは容易でなく、結果として、漁業被害および観光被害は、請求額に対して補償額が著しく低く、また請求しなかった被害者も多く存在したため、実際の被害額と補償額との間にはかなりの差があると推定される。さらに、環境損害（⑤）は、純経済的損害（④）にあてはまらない文字通りの汚染被害であり、その修復、回復に要した費用が補償の対象となるが、防止措置費用と部分的に重なる。その他の環境損害に関して、理論モデルによる抽象的計算を根拠とした補償は認められないこともあり、本件の補償対象として独立した計上はなされていない。

（4）本件事故を受けた国内法・国際条約改正

本件事故を受けて、いくつかの法および条約の改正がなされたが、そのうち主なものは以下のとおり。まず国内法に関して、事故発生直後の政府の対応の遅れが問題となったことから、海洋汚染防止法が次のとおり改正された。すなわち、油濁汚染に対して防除措置を講じるべき者が措置を講じない場合または講じるべき者の措置のみによっては海洋の汚染を防止することが困難であると認められる場合に、海上保安庁長官は、必要な措置を講じるよう海上災害防止センターに指示するのに加え、関係行政機関および関係地方公共団体の長などに対しても措置を要請できる旨明記された（41条の2）。さらに、領海外の外国船舶から大量の油が排出された場合も、このような必要な措置の対象とされた（41条の2の2）。

また、MARPOL条約が改正された。事故当時、MARPOL条約は、1993年以降の新造船の重油タンカー（5,000トン以上）に対し船底構造の二重化（ダブルハル）による船体強化を義務づけていたが、現存船のうちナホトカ号規模（3万トン以下）は規制の対象外であった。そのため、1999年の条約改正により、ナホトカ号と同規模で二重構造化していない（シングルハル）タンカーについては船齢25年までに実質的に廃船されることとなった。その後も、1999年エリカ号事件、2002年プレステージ号事件を受け、シングルハル重油タンカーの規制が強化された。

なお、日本政府は、2001年燃料油による汚染損害についての民事責任に関する国際条約および2007年難破物の除去に関するナイロビ国際条約に対応するため、2019年に船舶油濁損害賠償保障法を改正した。これは、被害者の保険会社への直接支払い請求、一定国際総トン以上の船舶の無保険での航行禁止により、被害者への賠償支払いを強化している。

〈参考文献〉
小林寛『船舶油濁損害賠償・補償責任の構造』（成文堂、2017年）7-20頁。
高橋大祐「海洋汚染事故における損害賠償実務と企業の法的・社会的責任」49巻9号『環境管理』（2013年9月）57-71頁。
谷川久「ナホトカ号流出油事故と法的問題点」『ジュリスト』1117巻（1997年8月）185-191頁。
除本理史『環境被害の責任と費用負担』（有斐閣、2007年）155-172頁。
馬場﨑靖「ナホトカ号事故後の流出油海難に対する世界とわが国の法整備」『海と安全』（2007年）532巻。
藤田友敬「海洋環境汚染」落合誠一ほか編集代表『海法大系』（商事法務、2003年）79-88頁。
吉田文和「油濁汚染による損害の賠償補償問題─ナホトカ号事故を事例として」村上隆編著『サハリン大陸棚石油・ガス開発と環境保全』（北海道大学出版会、2003年）129-137頁。　　　　（掛江　朋子）

国際環境法　基本判例・事件⑫　モーリシャス燃料油流出事故

事件発生　座礁：2020年7月25日
燃料油流出　2020年8月6日
国際災害チャーター発動：2020年8月8日

1　事故の経緯

(1)　事故の概要

　2020年7月25日、日本の長鋪汽船の子会社であり、日本法人であるOKIYO MARITIME CORP. が所有し、商船三井が傭船していたパナマ船籍の「わかしお号（MV WAKASHIO、以下W号）」が、通常の大型船舶航路から大きく逸脱して航行し、モーリシャス共和国（以下モーリシャス）の南部沿岸において座礁した。W号は総トン数10万

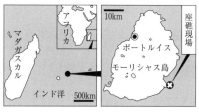

図1　わかしお号の座礁現場（共同通信社）

図2　人工衛星画像から算出された油濁汚染想定区域（黒色部分）（出典：OCHA, 17 August 2020, Mauritius: MV Wakashio Oil Spill, Flash Update No. 4をもとに筆者修正）

1,932トン、全長299.95mの大型のばら積み貨物船であった。

　モーリシャス政府は座礁翌日に国家油濁緊急時計画を発動し、オイルフェンスを設置するなど油流出リスクの低減措置を講じていたが、荒天の影響や、当初は海水検査の結果油流出はないとされていたことから、油の抜取回収は遅れていた。このような状況のなか、座礁から約2週間後の8月6日、荒天によりW号の船体に亀裂が発生し、積載の4,000トンの燃料油のうち、約1,000トンが流出した。

　現場はラムサール条約の登録湿地であるPointe D'Esny や Blue Bay Marine Park等の周辺に位置することから、当初はサンゴ礁やマングローブ林など、沿岸の海洋生態系に対する影響が懸念された。その後の地元専門家のモニタリングによれば、油はモーリシャスの沿岸約30kmにわたり漂着したが、防除措置の甲斐もあってラムサール条約の登録湿地に対する油濁汚染の影響はなかった。海面に浮遊していた油の回収、沿岸に漂着した油の除去作業も2021年1月にほぼ完了した。2021年7月現在、モーリシャスでは請求に向けた国内賠償請求額の情報収集の段階にある。

(2)　関係国の対応

　事故発生の領域国であるモーリシャス政府は、油の流出が開始した8月6日、外務省を通じて国際連合や関係各国の政府に対して支援を要請した。国際連合や各国の政府はこれに応じて専門家・援助隊や防除機材や物資の送付を行った。

　さらにモーリシャス政府は8月18日、「安全航行を危険にさらした罪」の嫌疑により、W号の船長と一等航海士を逮捕、その後本件事故において被害を被ったとされる国内のステークホルダー向けに、損害賠償取りまとめのための電子プラットフォームを設置した。

　W号の旗国であるパナマは、旗国として海難事故専門家をモーリシャスへ派遣し、国際海事機関（IMO）の海難事故調査規定に基

づき事故調査を実施した。当該調査は国際海上人命安全条約（SOLAS 条約）、満載喫水線条約（LL 条約）、船舶汚染防止条約（MARPOL 条約）における旗国の義務に対応したものであり、この事故調査の結果、W号の航行計画が船長の指示で変更されたこと、航海用電子海図の誤使用があったことなどが判明している。

2　法的な枠組み

本件事故において船舶から生じた汚染損害は、通常各種の民事責任条約に基づき、民事賠償・補償の枠組みおよび国内裁判所によって処理される。たとえば、国民の損害を政府がまとめて請求する、あるいは国自身が油の防除対応を行った場合等は、国が被害者（国）として民事請求を行うことになる。

これまで多くの船舶起因の油濁汚染に関する民事責任条約は、賠償主体を船舶所有者に一元化し、厳格責任制度と強制保険制度により、技術的に被害者・被害自治体・被害国等（以降、単に「被害者」とする）への支払が担保される仕組みを採用してきた。本件の適用条約においても基本的にはこの仕組みを採用するが、船舶所有者の定義や責任を集中させる対象等についてはオイルタンカーを対象とした法的枠組み（⇒基本判例・事件⑪を参照）との相違点が存在する（⇒1）。

また(1)の内容と関連して、本件ではモーリシャスと日本が批准する条約の違いから、賠償額の上限に争いが生じる可能性がある。

船舶所有者は民事責任条約に従い、賠償主体の一元化と厳格責任制度により高額な賠償

のリスクを負うことになるが、このような賠償リスクから船舶所有者を保護するため、賠償額上限を一定額までに制限する船主責任制限制度が存在する。本件においても当該責任制限制度を定める条約が適用されるが、前述の通り関係国間において批准している条約が異なるため、賠償額上限について争いが生じる可能性がある（⇒2）。

(1)　適用条約と責任主体

油濁汚染に関する民事責任条約は、オイルタンカーを対象とするものと、その他の一般船舶を対象としたものに分類される。本件W号は貨物船であることから、一般船舶を対象とした責任条約「2001年の燃料油による汚染損害についての民事責任に関する国際条約（バンカー条約、2008年発効）」が適用される。

バンカー条約の適用範囲は「締約国の領域や排他的経済水域で生じた汚染損害（同2条）」とされているため、事故船舶の旗国等の加入状況にかかわらず、条約の適用は損害発生国の加入状況により属地的に決定される。本件では損害発生国であるモーリシャスがすでに締約国であったことから、同領域における汚染損害の民事請求はバンカー条約の適用を受ける。

本件における登録船主 OKIYO MARITIME CORP. は長鋪汽船の100%子会社であり、長鋪汽船が乗員配乗等の実質的な管理を行っていたため、モーリシャス政府からの賠償請求は長鋪汽船（および長鋪汽船の保険加入先である日本船主責任相互保険組合〈Japan P&I Club〉）に対して予定されている。

現在、モーリシャス政府からの具体的な賠償請求額は未定であるが、船舶所有者が負う賠償額の法的な上限については若干の争いがある。

(2)　賠償上限額の相違と判決の相互承認

本件で適用されるバンカー条約は、条約内に船主責任制限規定を持たない。このため、一般船舶の船舶所有者は、バンカー条約の外の制度（国内制度および海事債権責任制限条約）に基づく船主の責任制限制度を利用することになる（バンカー条約6条）。

表　船舶の種別と適用条約、責任・強制保険義務の主体

船舶種別	オイルタンカー	一般船舶 （オイルタンカー以外）
適用条約	1992年の油による汚染損害に関する民事責任条約（CLC 条約）など	2001年の燃料油による汚染損害についての民事責任に関する国際条約（バンカー条約）
賠償責任主体	狭義の船舶所有者（登録船主のみ）	広義の船舶所有者（登録船主、管理人、運航者、裸備船者）
強制保険義務の主体	登録船主	登録船主

バンカー条約中に言及のある海事債権責任制限条約は、油濁汚染に限らず一般貨物や身体に関する賠償について一般的・包括的に規定する条約である。1976年に元条約（1976年LLMC条約）が採択されたのち、1996年に改正議定書（1996年LLMC議定書）が採択されている。

本件W号に関連して、領域国であるモーリシャスは1976年LLMC、登録船主の本国である日本は1996年LLMC議定書の締約国であり、両国に共通して適用される責任制限条約は存在しない。W号の総トン数に照らした両者の賠償限度額は、約19億円（1976年LLMC条約）および約69億円（1996年LLMC議定書）と開きがあることから、適用条約と賠償額の上限は一つの争点である。

いずれの賠償限度額が採用されるのかについては、賠償請求が提起される国内裁判所の判断により決定される。バンカー条約上、賠償請求は事故が生じた締約国の裁判所に対してのみ提起することができる（同9条1項）ため、本件においてはモーリシャスの国内裁判所の確定判決により、賠償限度額が決定されることになる。

なお、バンカー条約は当該国内判決を締約国間で相互承認することを定めている（同10条1項）ため、日本はモーリシャスの国内裁判所の判決を承認し、執行する義務を有する。日本はバンカー条約の実施法である船舶油濁損害賠償保障法の12条においてこの義務の履行を定めており、仮にモーリシャスにおいて確定判決が出された場合、日本は当該判決を承認し、自国の船舶所有者である長鋪汽船（実際には保険会社）による支払いがなされない場合等に強制執行等の手続を行って当該判決の執行を行うことになる。

3　論点：「一般船舶」による油濁汚染損害

バンカー条約が策定されるまで、タンカー以外の一般船舶から生じる油濁事故は、通常の事故と同様に過失責任で処理されてきた。しかし、一般船舶は大型化が進んでおり、貨物船が燃料油として積載する油のほうが小型のオイルタンカーの積載する油の量よりも多

くなることもある。さらに一般船舶の油濁事故件数がオイルタンカーのそれと比べて増加したことも相俟って、一般船舶による油濁汚染事故においても、厳格責任と強制保険によって被害者への損害賠償が容易になるようバンカー条約が策定された。

（1）バンカー条約における責任配分

オイルタンカーの場合に適用されるCLC条約では、責任主体は登録船主に一元化されている。他方でバンカー条約は、登録船主のほかに運航者等をも含む広義の「船舶所有者」が責任主体とされる。バンカー条約の起草過程においても、被害者救済の利便性から、CLCと同様に登録船主へ責任主体を一元化すべきとの提案もあった。しかし、これまでCLC条約等で責任主体を登録船主に一本化したのはタンカーという特別な油濁リスクを伴う輸送手段を提供している者であることを考慮したからであって、本来は事故当時に船舶を運航していたものが責任を負うべき、といった主張を受け、現行案のように運航者等を含む広義の船舶所有者が責任主体とされることになった。

これにより、バンカー条約に基づく賠償の場合、広義の船舶所有者（管理人および運航者ならびに裸傭船者）のいずれかが具体的な事故内容に応じて賠償責任を負う場合には、まず保険会社から被害者に賠償が行われ、その後広義の船舶所有者間で負担割合について協議・求償を行うことになる。なお、被害者が賠償請求をする際に対象を絞ることが困難になることを防止するため、保険の付保義務を負う対象は、CLC条約と同様、登録船主に一元化されている。

バンカー条約に基づかない場合には各国法の不法行為責任制度のもとで過失責任が適用されるのに対し、バンカー条約に基づけば厳格責任に基づき被害者には一定の賠償が保障される。この点のみを考慮するならば、バンカー条約の枠組みはCLCと同様の被害者救済を達成しているといえるが、後述の責任上限額に関する問題は残されている。

（2）船主責任制限と被害者への賠償確保

とくに大規模な油濁汚染損害の場合、船主

からの賠償に船主責任制限が適用されることで被害に対する賠償が不十分になることは、防除対応のコストを負担する各国とも避けたい事態である。他方で、多額の賠償のリスクを船舶所有者に負わせることは、海運を伴う商業活動を過度に抑制し、委縮させることにつながるとされ、歴史的に船主の責任制限が制度化されてきた。このような賠償・補償の確保と船舶所有者への賠償負担軽減という相反する要請を達成するため、各条約法制度においては対処のための工夫が重ねられている（⇒基本判例・事件⑪を参照）。

2(2)ですでに言及したように、バンカー条約は条約内部に船主責任制限規定を持たず、一般の海事債権責任制限条約に依拠する仕組みを採用している。このため責任制限制度という観点からみれば、一般船舶からの油濁損害は、油濁汚染と環境保護といった特定の領域に位置づけられるのではなく、一般の貨物損害等と同様の制度のなかに位置づけられる。

バンカー条約には、オイルタンカーの法的枠組みのような補償基金も存在しない。このような状況において一般船舶からの油濁汚染への賠償に対処するため、海事債権責任制限条約（LLMC）では2012年に責任限度額の引上げが行われている。一般の貨物債権に対する責任にも適用されるLLMCの責任限度額の引上げには反対意見（あくまで油濁汚染についてはバンカー条約の改正で対応すべき）もある。ただし、船舶所有者にとってはバンカー条約に紐づく独自の基金を新たに創設するよりもコストがかからないという肯定意見も存在する。

現在のバンカー条約では、オイルタンカーの法的枠組みのように、厳格責任・責任制限・追加基金による補償体制により船舶所有者の負担と被害者救済のバランスをとる方法は取られていない。「一般船舶という運航形態」と「油濁汚染という損害の形態」の二つの性質を併せ持つ条約体制として、今後船舶所有者の負担と被害者救済のバランスをどのように取っていくのかは引き続き議論を注視する必要があるだろう。

4　本件事故を受けたその他の動き

本件W号の事故においては、運航者であった日本の大手商社である商船三井の対応に注目が寄せられた。商船三井は、国際法的な責任はなくとも社会的責任があるとして、事故当初より社員の現地派遣、油の回収除去作業のための物資提供、中長期的な再発防止策の検討等、積極的な対応を行った。また現地のマングローブやサンゴ礁などの自然環境保護、経済的な被害を受けた現地住民の生活支援のため、約3億円規模の基金の設立を行ったほか、複数年で総額10億円程度の拠出を予定しているとされる。

日本政府も、船主国籍国の道義的な政策判断として、国際緊急援助隊・専門家チームを複数回にわたって派遣するなどモーリシャスの防除対応を支援した。

これらの商船三井や日本政府の対応は、国際法上の法的責任のない主体が「社会的責任」の要請に応えた例である。

〈参考文献〉
富岡仁『船舶汚染規制の国際法』（信山社、2018年）。
小林寛『船舶油濁損害賠償・補償責任の構造』（成文堂、2017年）。
笹川平和財団海洋政策研究所：モーリシャス油流出事故関連情報 https://www.spf.org/opri/sp_issue/mus-oilspill_event.html
藤井麻衣・樋口恵佳「船舶による油汚染事故の民事責任制度と費用分担——モーリシャスにおけるWAKASHIO事故を契機として」『海洋政策研究』15巻（2021年）。
井口俊明「『2001年バンカー油による汚染損害の賠償に関する条約』について」『海事法研究会誌』No.176（2003年）。
星誠「海事債権についての責任の制限に関する条約1996年議定書（LLMC96）責任限度額改正：その背景と船主責任制限制度の将来を考える」『海事法研究会誌』No.225（2014年）。

（樋口　恵佳・藤井　麻衣）

国際環境法　基本判例・事件⑬　2017年米州人権裁判所「環境と人権」勧告的意見

米州人権裁判所　勧告的意見（2017年11月15日）
URL: https://www.corteidh.or.cr/docs/opiniones/seriea_23_ing.pdf

1　コロンビアの諮問内容

　2016年3月、コロンビア共和国政府（以下「コロンビア」）は、米州人権条約64条1項に基づき米州人権裁判所に勧告的意見を要請した（OC-23/17）。諮問内容は、隣国ニカラグアによるカリブ海での大規模なインフラ整備事業を念頭に置く。すなわち、同事業が海洋環境に深刻な影響を及ぼし、その結果として、沿岸・島嶼部の住民の人権侵害のおそれを生じたときに、米州人権条約は、国際環境法分野の慣習国際法および適用可能な諸条約に照らし、どのように解釈されるべきか、である（para. 1）。

　コロンビアによる上記諮問は、1983年のカリブ海海洋環境保護条約（以下「カルタヘナ条約」）と関連づけて行われた。すなわち、カルタヘナ条約の締約国（ニカラグアを想定）が同条約4条に規定する海洋環境保護義務に反して活動を行った結果、カルタヘナ条約の管轄区域内（コロンビア）の住民の人権および環境を侵害するというときに、米州人権条約1条1項に基づき、当該住民を、ニカラグアの「管轄」のもとにあるとみなせるかというものである（para. 3）。この管轄が肯定されると、ニカラグアは同条項のもとで尊重・確保義務を負うことになり、同義務の違反があれば国家責任が生じる。

2　意見要旨

(1)　検討事項の特定

　コロンビアが行った上記諮問は、カルタヘナ条約の締約国のみならず、今や地球上のすべての国の重要な関心事であるから、上記諮問に対する応答を海洋環境の場面に限定することは賢明ではない（para.35）。裁判所が検討すべき課題は次の3点である（下記図1も

併せて参照）。第一は、米州人権条約の締約国（A国）を起源として、他国（B国）の住民に環境被害を生じさせ、同条約で認められる人権を侵害するという場合に、B国の被害者（B´）は同条約1条1項に定める「管轄」のもとにあるといえるか、第二は、もしいえるならば、起源国（A国）が甚大な越境環境損害を引き起こし、米州人権条約4条（生命に対する権利）および5条（人格的健全性への権利）を侵害するとき、A国の同条約違反が生じるか、第三は、米州人権条約は、B国内の人権を保護するために、A国に対し、国際環境法の諸原則の履行を要求しているか、要求しているとすれば、かかる原則とはどのようなものか（paras.36-37）。

(2)　米州人権条約1条1項の「管轄」の範囲と越境損害防止義務

　米州人権条約1条1項は次のように規定する。「この条約の締約国は、この条約において認められる権利及び自由を尊重し、その管轄の下にあるすべての人に対して、……これらの権利及び自由の自由かつ完全な行使を確保することを約束する」。同条項の「管轄」の範囲を裁判所は次のように解する。

　締約国が条約の違反に対して責任を問われるのは、被害を受けたと主張する個人または集団に関し、当該締約国が「管轄」を行使し得る場合に限られる（para.72）。同条項の「管轄」とは、ウィーン条約法条約31条に規定される用語の通常の意味に従って解釈すれば、国家の尊重・確保義務が国家領域内のあらゆる人々のみならず、国家領域外であっても、その権限、責任または支配に服する人々にも適用されることを意味する（paras.73-78）。

　もっとも、国家による域外的管轄の行使は例外的であり、制限的に解釈されなければならない。人が国家の「管轄」に服するのは、当該国家領域の内であるか外であるかにかかわらず、当該国家が人に対して権限を行使しているとき、あるいは、その人が実効的支配のもとにあるときに、当該国家の領域外で行

われた行為（域外的活動）または当該国家領域を越えて影響を及ぼす行為に関連する（para.81）。つまり、米州人権条約のもとでの「管轄」は、領域外に影響を及ぼす国家の諸活動を含む（para.95）。

裁判所は、越境環境損害に関する管轄の検討に移る。国際環境法上の越境環境損害防止義務も同様、国家の管轄または支配下にある「活動」を規制の対象としている（paras.97-99）。国家は、その領域外の個人（集団）の人権に悪影響を与えるような越境環境損害を回避する義務を負う。米州人権条約に基づく諸権利に影響を与えるような越境損害を生じさせる場合、その領域を起源とする行為と、その領域外の人々の人権侵害との間に因果関係が認められ、かつ、起源国が当該諸活動に実効的支配を及ぼしているときに、諸権利を侵害された人々は、当該起源国の管轄のもとにあると解される（paras.101, 104）。

以上から、越境環境損害防止義務は、国家が、その領域を起源とする諸活動により、あるいは、実効的支配のもとに置くことにより、その国境の外にいる人々に生じさせたあらゆる重大な損害に対して責任を負いうる義務である（para.103）。

(3) 米州人権条約上の環境保護に関する人権

健全な環境に対する権利（以下「健全な環境権」）の法的基礎は、サン・サルバドル議定書11条にある（para.56）。同権は米州人権条約26条のもとで保障される経済的、社会的及び文化的権利にも包含されると解すべきである（para.57）。

環境の悪化は人間に回復不可能な損害を生じさせることがあるので、健全な環境は人類生存の基本的権利である（para.59）。同権は、米州人権条約4条および5条等の他の諸権利とも結びついている（para.64, 108-114）。自律的権利としての健全な環境権は、たとえ個人（集団）への危険の確実性または証拠を欠如していても、森林、河川海洋等の環境構成要素を、それ自体、法的利益として保護するものである（para.62）。

国家は、米州人権条約上の義務を履行する際に「相当の注意」を払わなければならない。

相当の注意義務は、同条約上の諸権利を保護し保全するためにすべての適切な措置をとることを国家に要求する（para.123）。環境に関する義務の多くが同様に相当の注意義務に基づいている。したがって、環境保護との関連において、生命に対する権利および人格的健全性への権利の尊重・確保義務を履行するために国家が充足すべき義務として、防止、予防、協力といった環境法の諸原則および環境法に関する手続的義務を検討することが求められる（para.125）。

今日、慣習国際法として承認されている環境損害防止原則は次のような特徴をもつ。すなわち、重大な損害の危険が認識されるときに生じる義務であること、かかる危険の重大な性質の決定は実施される事業や状況の性質・規模に依拠すること、国家は、規制、監視・監督、環境影響評価の要求および承認、緊急時対応計画の策定、環境損害発生後の緩和といった具体的措置をとることである（paras.129, 135, 145）。

国際環境法の予防原則について、活動が環境に甚大かつ回復不可能な損害を生じさせる妥当な兆候が認められる場合には、たとえ科学的確実性を欠如していても、国家は、生命に対する権利および人格的健全性への権利を保護すべく予防原則に従って行動しなければならない（para.180）。

3 解説

米州人権裁判所は、米州人権条約の解釈・適用を担う機関として1979年に設立された。勧告的意見に法的拘束力はないが、権威ある裁判所の意見であり、その影響力は無視できない。

本意見の主な特徴として、以下2点が指摘できる。第一は、米州人権条約のもとで健全な環境権が自律的権利として成立していることを初めて認めたこと、第二は、越境環境損害の局面において、米州人権条約の領域外適用に係る判断基準を明確にしたこと、である。以下、順番にみていく。

(1) 健全な環境権の自律的性格

本意見は、健全な環境権が米州人権条約の

社会権規定である26条のもとで自律的権利として成立していることを認めた初の米州人権裁判先例である。もっとも、本意見には、2名の裁判官の少数意見が付された。ヴィオ・グロッシ裁判官は、健全な環境権が26条のもとで権利として成立していることを否定しなかったが、同権の裁判可能性については、条約等でそれが明記されないかぎり、認めるべきではないとの立場を示した。またシエラ・ポルト裁判官は、コロンビアの諮問が4条と5条の解釈に限定されていたにもかかわらず、本意見において健全な環境権の根拠を26条に求めることを示唆したことに疑問を提起した。両裁判官とも健全な環境権が米州人権条約のもとで成立していることに異議を唱えるものではないが、同権の違反の検討の根拠を同条約のどの規定に求めるかで多数意見とは見解を相違している。

　これに関し、2020年2月6日の米州人権裁判所判決であるラカ・ホンハット協会先住民族対アルゼンチン事件において、アルゼンチンによる先住民族の健全な環境権の違反が26条に基づいて認定された。しかし、ここでも、健全な環境権の違反の根拠を26条ではなく、4条や5条等の自由権に求めるべきとする少数意見が付されるなど、同権の違反認定の法的根拠をめぐる論争が現在も継続している。

　もっとも、本意見は、米州人権条約に規定される既存の人権（自由権）との対比において、健全な環境権の存在価値を浮かび上がらせている点が先進的である。すなわち本意見は、健全な環境権の保護法益を、森林、河川、海洋といった「環境それ自体」と認識する。かかる法益は、既存の自由権では保障の射程内に収めることが困難である。ゆえに、健全な環境権の承認の法的効果としては、個人（集団）に具体的な害が発生していなくとも、環境への害があれば同権の違反が認定可能な点にある。以上、本意見は、環境保護のあり方について、生命に対する権利や人格的健全性への権利を通じた間接的な保護（人間中心主義）から環境それ自体の直接的な保護（自然中心主義）への転換を示唆することで、環境という価値に重みを付与したといえる。

(2)　越境環境損害の局面における米州人権条約の領域外適用

　本意見は、環境問題との関連において、米州人権条約の域外的範囲を明確にしたことが特筆に値する。裁判所は、本意見の結論で次のように述べた。「米州人権条約1条1項の目的に照らして、国境を越える害により、同条約の諸権利を侵害された個人（集団）は、その害の起源国がその領域又は管轄下で実施された諸活動に対し実効的支配を及ぼす場合には、当該起源国の管轄に服する。」(para.244)このように、本意見は、越境環境損害の場合において、起源国による諸活動に対する「実効的支配」(effective control)の要素を判断基準として、米州人権条約1条1項の「管轄」の該当性を判断することを示した。裏を返せば、起源国に確保義務違反が生じるのは、同国が越境損害を生じさせる諸活動に対し実効的支配を及ぼしている場合に限られることを意味する。

　もっとも、本意見のように、「活動に対する実効的支配」基準に依拠して「管轄」の意味を解釈するにせよ、かかる実効的支配の具体的な中身が明確にされなければ、その基準は実際上の効果をもちえない。これに関し、実効的支配の有無を判断するための具体的な要素として、本意見から抽出可能なのは、①相当の注意の懈怠、②環境損害および人権侵害の発生、③因果関係、の三つである（下記図1）。この三つの要素がすべて満たされたときに、実効的支配が肯定され、起源国の確保義務違反の認定が可能となる。

　以下では、三つの要素の内容を順にみていく。まず、相当の注意は、「予見可能性」と「すべての必要な措置の採否」に分けられる。予見可能性とは、起源国が領域外の個人（集団）の生命に対する差し迫った危険を認識していたか、または認識すべきであったことである(para.120)。また、本意見は、必要な措置の例示として、規制措置（国内法の整備、活動の規制、環境影響評価の実施・要求）、監視および監督（活動開始後の継続的モニタリング、アカウンタビリティ制度の構築等）、緊急時対策、環境損害発生後の軽減措置（浄化

および回復措置、損害の封じ込め、情報収集、緊急時における被影響国への通報）、協力義務、をあげる（paras.104(g), 144-173）。

次に、上記②の要素の中身について、本意見は、起源国の活動によって領域外に環境損害（＝健全な環境権の侵害）を生じさせること、およびその結果として、領域外の個人（集団）の人権を侵害していることをあげる（para.101）。かかる人権侵害は、米州人権条約4条1項に規定される生命に対する権利（とりわけ、水、食料、健康へのアクセスおよび質といった個人の尊厳ある生活）を奪う行為であると認識される（para.109）。尊厳ある生活の剥奪は、米州人権条約5条の人格的健全性への権利の侵害も引き起こす（para.114）。

最後に、上記③の因果関係とは、起源国のなかの活動と、領域外の個人（集団）の人権侵害との間に原因と結果の関係（前者がなければ後者がなかったであろうという関係）が存在することである（paras.101, 104(h), 120, 238）。因果関係の証明は、原則、人権を侵害されたと主張する側が十分な科学的証拠に基づいて行う必要があり、被害者には重い負担となる。このことは、米州人権条約1条1項の「管轄」の成立範囲を狭める。もっとも、本意見の特筆すべき点は、因果関係の要素に関し、被害者側の証明の負担を、「予防原則」の適用によって、一定程度、緩和したと解せることである。本意見は、活動が環境に甚大かつ回復不可能な損害を生じさせる妥当な兆候が認められる場合には、たとえ科学的確実性を欠如していても、国家は、生命に対する権利および人格的健全性への権利を保護すべく予防原則に従って行動しなければならないと述べた（para.180）。

なお、予防原則に依るにせよ、環境損害が「甚大かつ回復不可能な」というレベルに達していないと判断される場合には、被害者側には、因果関係の証明にあたり、予防原則は適用されず、従来から認められている科学的証拠に裏づけられた証明責任が課せられることに注意しなければならない。

本意見が示した「管轄」概念に関する実効

的支配基準とその結果生じる確保義務は、これまで被害国政府しか保護しえなかった国際環境法分野の慣習法規である越境環境損害防止義務を補完し、被害者自身を直接的に保護する道筋を示すことで、環境損害に起因する人権保障を強化した点で意義深い。

〈参考文献〉

Maria L. Banda, "Inter-American Court of Human Rights' Advisory Opinion on the Environment and Human Rights," *ASIL Insights*, Vol. 22 (6) (2018), https://www.asil.org/insights/volume/22/issue/6/inter-american-court-human-rights-advisory-opinion-environment-and-human.

Angeliki Papantoniou, "Advisory Opinion on the Environment and Human Rights," *American Journal of International Law*, Vol. 112 (3) (2018), pp. 460-466.

鳥谷部壌「環境損害における米州人権条約の領域外適用」『摂南大学地域総合研究所報』5号（2020年）127-148頁。

鳥谷部壌「米州人権条約における『健全な環境に対する権利』の法的根拠」『摂南法学』59号（2021年）33-97頁。

（鳥谷部　壌）

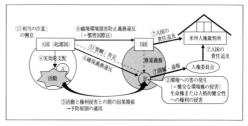

図1　越境環境損害について、米州人権条約1条1項の「管轄」のもとにある起源国の確保義務違反が成立する場面

（注）図中の〇内の番号は、損害発生から回復までのおおよその時系列を示している。

（出典：筆者作成）

あとがき

　本書『国際環境法講義〔第2版〕』のねらいや位置づけは「はしがき」で共編著者の西井正弘先生に記していただいた通りである。本書は国際環境法の授業の教科書として用いることを主たる目的としている。地球規模あるいは国際的な広がりを有する環境にまつわるさまざまな問題状況の防止・改善・克服に国際環境法がいかなる役割を果たしているのか。これからの国際環境法が果たすべき役割とは何か。受講生のみなさんには、問題解決に関心を置きながら、そのための資源のあくまでも一つである（しかし重要な一つである）国際環境法の学びを進め・深めていただきたい。

　貴重な時間を割いて本書にご寄稿いただいた先生方、企画段階から刊行まで本書をご担当いただいた有信堂高文社の高橋明義社長、本書の組版・印刷・製本をご担当いただいた亜細亜印刷のみなさまをはじめ、本書の刊行にたずさわった多くの方々に心より御礼を申し上げる。

　2021年冬、白金台にて

共編著者　鶴田　順

多数国間環境関連条約　年表・索引

　本書において引用される環境関連条約を収録するが、国際環境法にとっても重要な国際法の基本文書も一部掲げる。多数国間条約には、地域的な条約も含まれる。
　以下の年表は、原則として、次の順に掲載する。**採択年**（作成年）、**条約名称**（公定訳がない場合は正式条約名の翻訳）、**条約略称**（通常引用される略称を2種類まで。英文略称を掲げる場合もある）、**英文条約名称**、**引用頁**（本書該当頁）。

294

編著者

西井　正弘　　（京都大学）　　　　　はしがき、1章、8章

鶴田　順　　　（明治学院大学）　　　6章、9章、13章、コラム②、コラム③、
　　　　　　　　　　　　　　　　　　コラム⑧、コラム⑪、コラム⑭、あとがき

執筆者（執筆順）

西村　智朗　　（立命館大学）　　　　　　2章、5章

高村　ゆかり　（東京大学）　　　　　　　3章、7章

佐俣　紀仁　　（武蔵野大学）　　　　　　コラム①、基本判例・事件⑤、基本判例・
　　　　　　　　　　　　　　　　　　　　事件⑧

児矢野　マリ　（北海道大学）　　　　　　4章、基本判例・事件⑦

久保田　泉　　（国立環境研究所）　　　　コラム④、コラム⑤

岡松　暁子　　（法政大学）　　　　　　　コラム⑥

堀口　健夫　　（上智大学）　　　　　　　10章

本田　悠介　　（神戸大学）　　　　　　　11章、コラム⑩

小坂田　裕子　（中央大学）　　　　　　　コラム⑨

遠井　朗子　　（酪農学園大学）　　　　　12章

瀬田　真　　　（横浜市立大学）　　　　　コラム⑦、コラム⑫、基本判例・事件⑨

真田　康弘　　（早稲田大学）　　　　　　コラム⑬

小林　友彦　　（小樽商科大学）　　　　　14章

鳥谷部　壌　　（摂南大学）　　　　　　　15章、基本判例・事件③、基本判例・事件⑬

柴田　明穂　　（神戸大学）　　　　　　　コラム⑮

青木　節子　　（慶応義塾大学）　　　　　16章

石井　由梨佳　（防衛大学校）　　　　　　コラム⑯

権　南希　　　（関西大学）　　　　　　　コラム⑰

平野　実晴　　（立命館アジア太平洋大学）基本判例・事件①、基本判例・事件②

岡田　淳　　　（東京大学大学院）　　　　基本判例・事件④

南　諭子　　　（津田塾大学）　　　　　　基本判例・事件⑥

萬歳　寛之　　（早稲田大学）　　　　　　基本判例・事件⑩

掛江　朋子　　（広島大学）　　　　　　　基本判例・事件⑪

樋口　恵佳　　（東北公益文科大学）　　　基本判例・事件⑫

藤井　麻衣　　（海洋政策研究所）　　　　基本判例・事件⑫

国際環境法講義〔第2版〕

2020年4月24日　　初　版　第1刷発行　　　　　　　　　　〔検印省略〕
2022年5月7日　　第2版　第1刷発行

編　者©西井 正弘・鶴田 順
発行者　髙橋 明義　　　　　　　　　　　　　印刷・製本／亜細亜印刷

東京都文京区本郷1-8-1　振 替00160-8-141750
　　　〒113-0033　TEL（03）3813-4511　　　　　　　　　発行所
　　　　　　　　　FAX（03）3813-4514　　　　　　　株式
　　　　　　http://www.yushindo.co.jp　　　　　会社　有信堂高文社
　　　　ISBN978-4-8420-4066-0　　　　　　　　　Printed in Japan

★表示価格は本体価格〔税別〕